全国高等职业教育技能型紧缺人才培养培训推荐教材

# 电工与电子技术基础

（建筑设备工程技术专业）

本教材编审委员会组织编写

裴　涛　主　编

韩俊玲　王庆良　副主编

刘春泽　主　审

中国建筑工业出版社

图书在版编目（CIP）数据

电工与电子技术基础/裴涛主编. —北京：中国建筑工业出版社，2005

全国高等职业教育技能型紧缺人才培养培训推荐教材. 建筑设备工程技术专业

ISBN 978-7-112-07153-1

Ⅰ.电... Ⅱ.裴... Ⅲ.①电工技术-高等学校：技术学校-教材②电子技术-高等学校：技术学校-教材 Ⅳ.①TM②TN

中国版本图书馆CIP数据核字（2005）第067491号

---

全国高等职业教育技能型紧缺人才培养培训推荐教材

## 电工与电子技术基础

（建筑设备工程技术专业）

本教材编审委员会组织编写

裴　涛　主　编

韩俊玲　王庆良　副主编

刘春泽　主　审

\*

中国建筑工业出版社出版、发行（北京西郊百万庄）

各地新华书店、建筑书店经销

廊坊市海涛印刷有限公司印刷

\*

开本：787×1092毫米　1/16　印张：17　字数：414千字

2005年8月第一版　2013年10月第五次印刷

定价：29.00元

ISBN 978-7-112-07153-1

（21713）

**版权所有　翻印必究**

如有印装质量问题，可寄本社退换

（邮政编码　100037）

本书是建筑设备工程技术专业的基础课程教材，主要介绍的内容是电工与电子技术的基础理论和基本应用。

本书综合了电工、电子技术和晶闸管变流技术的有关知识，针对目前二年制高等职业教育教学需要，并吸取了多方的意见和建议编写而成。编写过程中彻底打破了原来教材按章节编写的体例，以单元和课题的形式组织教材内容，突出实践教学环节，体现了内容的先进性、实用性和可操作性，便于案例教学，更加适合高职教学需要。

本书主要内容有：电工学基础知识，正弦交流电路，变压器与电动机，常用的电工工具和电工材料，建筑防雷与安全用电，电子技术基础，电力电子技术等。

\* \* \*

本书在使用过程中有何意见和建议，请与我社教材中心（jiaocai@china-abp.com.cn）联系。

责任编辑：齐庆梅
责任设计：郑秋菊
责任校对：刘　梅　张　虹

# 本教材编审委员会名单

主　任：张其光

副主任：陈　付　刘春泽　沈元勤

委　员：(按拼音排序)

陈宏振　丁维华　贺俊杰　黄　河　蒋志良　李国斌
李　越　刘复欣　刘　玲　裴　涛　邱海霞　苏德全
孙景芝　王根虎　王　丽　吴伯英　邢玉林　杨　超
余　宁　张毅敏　郑发泰

# 序

改革开放以来，我国建筑业蓬勃发展，已成为国民经济的支柱产业。随着城市化进程的加快、建筑领域的科技进步、市场竞争的日趋激烈，急需大批建筑技术人才。人才紧缺已成为制约建筑业全面协调可持续发展的严重障碍。

面对我国建筑业发展的新形势，为深入贯彻落实《中共中央、国务院关于进一步加强人才工作的决定》精神，2004年10月，教育部、建设部联合印发了《关于实施职业院校建设行业技能型紧缺人才培养培训工程的通知》，确定在建筑施工、建筑装饰、建筑设备和建筑智能化等四个专业领域实施技能型紧缺人才培养培训工程，全国有71所高等职业技术学院、94所中等职业学校、702个主要合作企业被列为示范性培养培训基地，通过构建校企合作培养培训人才的机制，优化教学与实训过程，探索新的办学模式。这项培养培训工程的实施，充分体现了教育部、建设部大力推进职业教育改革和发展的办学理念，有利于职业院校从建设行业人才市场的实际需要出发，以素质为基础，以能力为本位，以就业为导向，加快培养建设行业一线迫切需要的高技能人才。

为配合技能型紧缺人才培养培训工程的实施，满足教学急需，中国建筑工业出版社在跟踪"高等职业教育建设行业技能型紧缺人才培养培训指导方案"编审过程中，广泛征求有关专家对配套教材建设的意见，组织了一大批具有丰富实践经验和教学经验的专家和骨干教师，编写了高等职业教育技能型紧缺人才培养培训"建筑工程技术"、"建筑装饰工程技术"、"建筑设备工程技术"、"楼宇智能化工程技术"4个专业的系列教材。我们希望这4个专业的系列教材对有关院校实施技能型紧缺人才的培养培训具有一定的指导作用。同时，也希望各院校在实施技能型紧缺人才培养培训工作中，有何意见和建议及时反馈给我们。

建设部人事教育司

2005年5月30日

# 前　言

本书是建筑设备工程技术专业的基础课程之一。主要介绍的内容是电工与电子技术的基础理论和基本应用。

本书综合了电工、电子技术和晶闸管变流技术的有关知识，针对目前二年制高等职业教育教学需要，并吸取了多方的意见和建议编写而成。编写过程中彻底打破了原来教材按章节编写的体例，以单元和课题的形式组织教材内容，突出实践教学环节，体现了内容的先进性、实用性和可操作性，便于案例教学，更加适合高职教学需要。

本书共分七个单元，裴涛任主编，韩俊玲、王庆良任副主编，刘春泽任主审。其中第一、二单元由辽宁建筑职业技术学院裴涛编写，第三单元由辽宁建筑职业技术学院王庆良编写，第四、五单元由辽宁建筑职业技术学院韩俊玲编写，第六单元由辽宁建筑职业技术学院毛金玲编写，第七单元由辽宁建筑职业技术学院张铁东、范蕴秋编写。

在本书编写过程中，辽宁建筑职业技术学院的刘春泽教授提出了许多宝贵的意见和建议，并以高度负责的态度，在百忙之中对书稿进行审查，同时得到中国建筑工业出版社有关同志的大力支持，在这里一并表示感谢。

由于编者时间仓促，水平有限，书中难免有不妥之处，恳请读者批评指正。

# 目 录

单元1　电工学基础知识 ·········································································· 1
　课题1　直流电路 ·············································································· 1
　课题2　基本定律 ·············································································· 6
　实验　电阻串联、并联实验 ································································· 11
　思考题与习题 ··················································································· 12
单元2　正弦交流电路 ············································································ 14
　课题1　单相正弦交流电 ····································································· 14
　课题2　三相交流电路 ········································································ 33
　实验一　荧光灯电路的安装及其功率因数的提高 ···································· 45
　实验二　三相交流电路中功率的测量 ··················································· 46
　思考题与习题 ··················································································· 47
单元3　变压器与电动机 ········································································ 49
　课题1　变压器 ················································································· 49
　课题2　三相异步电动机 ····································································· 63
　实验一　焊接操作实习训练 ································································ 85
　实验二　三相异步电动机拆装和清洗 ··················································· 89
　思考题与习题 ··················································································· 91
单元4　常用的电工工具和电工材料 ························································ 93
　课题1　常用的电工工具 ····································································· 93
　课题2　常用的电工仪表 ··································································· 105
　课题3　常用的电工材料 ··································································· 120
　实验一　电工基本操作实习 ······························································ 139
　实验二　常用电工仪表的使用练习 ····················································· 139
　思考题与习题 ················································································· 141
单元5　建筑防雷与安全用电 ································································ 142
　课题1　建筑防雷 ············································································ 142
　课题2　触电与急救知识 ··································································· 150
　课题3　低压配电系统的接地与接零保护 ············································· 157
　实验　触电急救实训练习 ································································· 171
　思考题与习题 ················································································· 172
单元6　电子技术基础 ·········································································· 174
　课题1　电子技术基础知识 ································································ 174
　课题2　基本放大电路 ······································································ 186
　课题3　其他基本放大电路 ································································ 202
　实验一　半导体二极管的识别与测试 ················································· 209
　实验二　分压偏置共发射极放大器 ····················································· 213

7

  思考题与习题 ································································ 214
单元7 电力电子技术 ································································ 216
  课题1 晶闸管的结构及工作原理 ·············································· 216
  课题2 可控整流电路 ···························································· 224
  实验 晶闸管的简易测试及其导通、关断条件 ································ 259
  思考题与习题 ································································ 261
参考文献 ································································ 264

# 单元 1  电工学基础知识

**知 识 点**：交直流电路中基本电学量、基本定律及其分析方法。

**教学目标**：通过本单元的学习，使学生了解电路模型，理解电压和电流参考方向的意义；理解基尔霍夫定律，学会应用基尔霍夫定律求解电路中电压、电流；了解叠加定理；了解电功率和定额值的意义。

本单元主要介绍直流电路，单相、三相交流电路的基本电学量、基本定律及其分析方法，这些内容是电工学的重要理论基础，也是以后学习变压器、电动机、电子技术等各种电路、电器的工作原理和分析计算的基础。从理论上讲，直流电路要比交流电路简单得多，而在实际应用中，如实现电能和其他能量的转换、供配电过程等，交流电会给我们带来极大的方便，且具有较高的经济效益。直流电路的理论在物理学中已经讨论过，在本单元中研究电路运行规律时，将以交流电路为主。

## 课题 1  直 流 电 路

### 1.1 基 本 概 念

#### 1.1.1 电路的组成

电路就是电流的通路。电路通常由电源、负载和中间环节三部分组成。如图 1-1（$a$）所示，电路是由一干电池、灯泡、刀开关和连接导线组成的。当开关闭合时，电路中就有电流流过，灯泡发光。

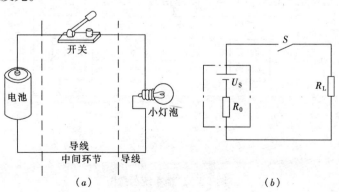

图 1-1  电路
（$a$）电路的组成；（$b$）电路模型

由此可知，要构成一电路，至少需要三部分：

(1) 电源

电源是指电路中供给电能的设备。它将非电能转换成电能，如干电池和蓄电池将化学能转换成电能；发电机将热能、水能、核能等转换成电能，它们是推动电路中电流流动的原动力。常用的电源有电池、发电机、整流电源、变频电源等。

(2) 负载

负载是取用电能的设备和器件。它的作用是将电能转换成其他形式的能量。如电灯将电能转换成光能，电炉将电能转换成热能，电动机将电能转换成机械能等。常见的负载有电灯、电炉、扬声器、电动机等。

(3) 中间环节

中间环节主要包括连接导线和一些控制电器，它们将电源和负载连接成一个闭合的回路。它们是起传送、分配和控制的作用。例如导线、开关、熔断器等。

电源、负载和中间环节构成一个完整的电路。对电路而言，把电源内部的电流通路称为内电路，把负载和中间环节构成的电流通路称为外电路。

电路有两个主要功能：其一是电力电路，用于实现电能的传送、转换和分配。如图 1-2 所示，发电机将机械能转换成电能，再通过升压变压器和降压变压器，输配电线路将电能送到用户负载，负载又将电能转换成机械能、光能、热能等其他形式的能量。

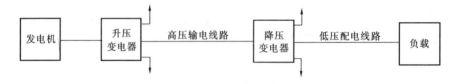

图 1-2 电力系统示意图

其二是信息电路，用于实现信息的传递、处理和转换。如电话、电视、广播等系统，如图 1-3 所示。这类电路的作用是将输入信号（如声音信号、图像信号）进行处理，放大后送到负载，负载将信号还原成声音、图像信号。

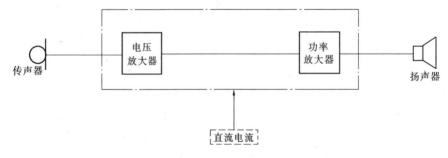

图 1-3 广播系统示意图

在电工技术中，为了分析问题方便，可以将实际器件抽象成理想化的模型，用国家统一规定的图形符号来表示各种理想的电路元件，将实际电路用电路模型来表示，如图 1-1(b) 所示。其中 $U_S$（或用 $E$ 表示）为理想电压源又称电压源，点划线框内为一个实际电源的含内阻电压源模型。内阻为 $R_0$，负载电阻用 $R_L$ 来表示。

### 1.1.2 基本物理量

**(1) 电流**

电路中的电流是电荷有规律地做定向运动形成的。电流强度（工程上简称电流），在数值上等于单位时间内通过导体某一截面的电荷量。当在极短的时间 $dt$ 内通过导体横截面的电荷量为 $dq$ 时，则瞬时通过该导体的电流为

$$i = \frac{dq}{dt} \tag{1-1}$$

式中 $dt$——时间，单位为秒（s）；

$dq$——通过导体截面的电荷量，单位为库仑（C）；

$i$——电流值，单位为安培（A）。

上式表示电流是随时间变化的，是时间的函数。

通常规定正电荷的移动方向为作为电流的正方向。所以自由电子移动时形成的电流，其方向与正电荷移动的方向相反。

大小和方向都不随时间变化的电流称为直流电，简称直流（DC），电流强度用符号 $I$ 来表示。直流电流强度 $I$ 与电荷量 $Q$ 的关系为

$$I = \frac{Q}{t} \tag{1-2}$$

在国际单位制中，电流强度的单位为安培（A），简称安，即每秒内通过导体截面的电量为1库仑（C）时，则电流为1A。电流较小的单位是毫安（mA）和微安（μA），它们的关系为：

$$1A = 10^3 mA = 10^6 \mu A$$

我们把大小和方向都随时间周期性变化，且在一周期内平均值为零的电流称为交流电，简称交流（AC），日常生活中使用的电流就是正弦交流电。

在分析和计算电流时，开始往往难以判断电路中电流的实际方向，通常可以先任意选定某一方向作为电流的正方向（称为参考方向），把电流看成代数量进行计算。如果计算后电流值为正值，说明电流的实际方向与参考方向相同，反之，电流值为负值，则该电流的实际方向与参考方向相反。

**(2) 电位与电压**

电荷在电场或电路中具有一定的能量，电场力将单位正电荷从某一点沿任意路径移到参考点所做的功称为该点的电位或电势。电路中某两点间的电位差称为电压，例如 $A$、$B$ 两点的电位分别为 $V_A$、$V_B$，则两点之间的电压为：$U_{AB} = V_A - V_B$。电位与电压的单位是伏特（V），简称伏。电场力将1库仑（C）正电荷从 $A$ 点移到 $B$ 点所做的功为1焦耳（J）时，$A$、$B$ 两点之间的电压为1V。电压的单位还有毫伏（mV）和微伏（μV）及千伏（kV）。

在电子电路中，常要计算某点的电位，进行电位计算时，首先要选好参考点，即零电位。计算电路中某一点的电位，实际就是计算该点与参考点之间的电位之差。而电路中参考点的选择是任意的，一旦参考点确定后，不可更改。当选定的参考点不同，则各点的电位也不同，但任意两点之间的电位差不变。

参考点常用接地符号"⏚"表示。电力系统中"⏚"表示接大地，电子电路中"⏚"表示接机壳。

(3) 电动势

从电源的外电路看，正电荷在电场力的作用下，从高电位向低电位移动，形成了电流，即电源使电荷移动做功。为了使电流维持下去，电源必须依靠其他非电场力（如电池的化学能），把正电荷从电源的低电位端（负极）移向高电位端（正极）。将单位正电荷从电源的负极移到电源的正极所做的功，称为电源的电动势，用符号 $U_S$ 表示，电动势的单位也是伏特（V）。

电动势是衡量电源做功能力的一个物理量，这和前面讲述的电压是衡量电场力做功的能力是相似的。它们的区别在于电场力能够在外电路中把正电荷从高电位端（正极）移向低电位端（负极），电压的正方向规定为自高电位端指向低电位端，是电位降低的方向；而电动势能把电源内部的正电荷从低电位端（负极）移向高电位端（正极），电动势的正方向规定为在电源内部自低电位指向高电位端，也就是电位升高的方向。

(4) 电功率

单位时间内电路元件吸收或输出的电能称为电功率，简称功率，用 $P$ 表示。即

$$P = \frac{W}{t} \tag{1-3}$$

由于电压 $U$ 等于电场力将单位正电荷从高电位端移向低电位端所做的功（$U_{ab} = W/t$），电流 $I$ 等于单位时间内在电场力的作用下，通过导体截面的电荷量（$I = q/t$），所以，电功率也是电压与电流的乘积，电功率的单位为瓦特，简称瓦（W），即

$$P = UI = RI^2 = \frac{U^2}{R}$$

在电气系统中，电功率以千瓦（kW）为单位。

在电路中，当电源向电路提供电能，即产生功率时，起电源作用；当电源在电路中消耗电能，即吸收功率时，起负载作用。

在选定参考方向以后，计算出的电流 $I < 0$ 时，则 $P = U_S I < 0$，吸收功率；当 $I > 0$，则 $P = U_S I > 0$，释放功率。

## 1.2 电路的三种状态

电路有三种工作状态，即有载、开路和短路状态。

### 1.2.1 有载状态

将图 1-4 所示电路的开关 $S$ 闭合，电源与负载接通，电路处于有载状态，电路中的电流为

$$I = \frac{U_S}{R_o + R_L} \tag{1-4}$$

式中，$U_S$ 为电源电动势；$R_o$ 为电源内阻，通常 $R_o$ 很小；$R_L$ 为负载电阻。负载的端电压为

$$U_L = IR_L = U_S - IR_o \tag{1-5}$$

上式表明，负载的端电压 $U_L$ 等于电源电动势减去电源内阻电压降 $IR_o$。负载端电压恒小于电源电动势，电流 $I$ 越大，$IR_o$ 越大，$U_L$ 下降越多。负载消耗的功率 $P$ 为

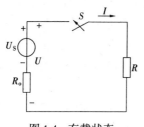

图 1-4 有载状态

$$P = U_S I - R_o I^2 \qquad (1\text{-}6)$$

上式表明，理想电压源产生的功率 $U_S I$ 减去电源内阻消耗的功率 $\Delta P(=I^2 R_o)$，等于提供给外电路的功率，即负载消耗的功率 $UI$。电路的有载状态可分为满载、过载和轻载三种状态。满载时，负载两端电压、电流和所消耗的功率都为额定值，负载工作于正常状态。在实际应用中，我们应尽量使负载工作在正常状态。过载时，负载的电流增大，严重时将烧坏用电设备，应避免出现。轻载时，负载工作效率较低，不经济，也应尽量避免这种工作状态。

### 1.2.2 开路状态

开路状态又称空载状态。在电路空载时，可视外电路电阻无穷大。开关将负载与电源断开，负载电路中没有电流，也没有能量的输送和转换，如图 1-5 所示。开路状态具有以下特征：

$$I = 0$$
$$U = U_o = U_S$$
$$P_S = U_S I = 0$$
$$U' = 0$$

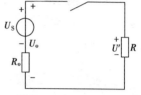

图 1-5 开路状态

开路时，电源端电压等于理想电压源的电压 $U_S$，此电压称开路电压或空载电压，用 $U_o$ 表示。电源产生的功率 $P_S = 0$，负载吸收的功率也为零。

### 1.2.3 短路状态

当电源两端 $a$ 和 $b$ 未经负载而直接由导线接通，形成闭合回路的状态称为短路状态，如图 1-6 所示。电源短路时，外电路电阻可视为零，短路状态时的电路特征为：

$$I_S = \frac{U_S}{R_o}$$
$$U = U_S - R_o I_S = 0$$
$$P_S = U_S I_S = \frac{U_S^2}{R_o} = I_S^2 R_o$$

式中理想电压源的电压基本上全部落在内阻 $R_o$ 上，因为电源内阻 $R_o$ 很小，故短路电流 $I_S$ 很大。电源短路时由于外电路的电阻为零，故电路的端电压为零。电源短路所产生的电能全部消耗在内阻上。由于短路电流很大，很有可能导致烧毁电源及其他电气设备。

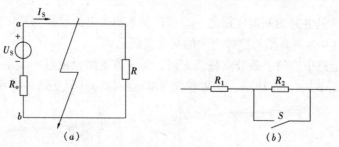

图 1-6 短路状态

电源短路是一种严重事故，应力求防止，通过在电路中接入熔断器或断路器，可在发生短路时迅速自动切除故障电路。

有时为了满足电路工作的某种需要，人为地把电路中的某一段或一个元件两端短路，如图 1-6 所示。当开关 S 闭合时，电流通过电路开关 S 而不经过 $R_2$ 电阻，通常把这种有用的短路称为"短接"。

## 课题 2 基 本 定 律

### 2.1 欧 姆 定 律

2.1.1 一段电路的欧姆定律

如图 1-7 所示电路，设一个电阻 $R$ 上的电压为 $U$，流过的电流为 $I$，则各量之间的关系为

$$I = \frac{U}{R} \quad \text{或} \quad U = IR \tag{1-7}$$

上式反映了一段电路中三者的关系，称为一段电路的欧姆定律。

2.2.2 全电路欧姆定律

图 1-8 为一个最简单的闭合回路。信号源 $U_S$、电流 $I$、电阻 $R$ 和内阻 $R_o$ 的关系为

$$I = \frac{U_S}{R + R_o} \quad \text{或} \quad U_S = I(R + R_o) = IR + IR_o = U + U_o \tag{1-8}$$

上式表明，电源电动势等于负载两端电压与电源内阻上的压降之和。

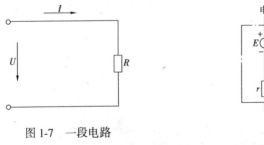
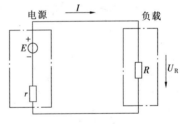

图 1-7 一段电路　　　　　　图 1-8 全电路图

### 2.2 基尔霍夫定律

基尔霍夫定律是电路的基本定律之一，包括基尔霍夫电流定律和基尔霍夫电压定律两部分。下面以图 1-9 为例介绍与定律有关的几个名词术语：

（1）支路　电路中的每一条分支称为支路，每一条支路只流过一个电流。在图 1-9 中共有三条支路，即 $acb$、$adb$ 和 $ab$，前两者含有电压源称为有源支路，后者称为无源支路。

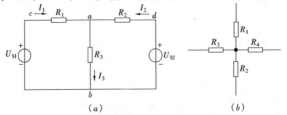

图 1-9 支路、节点、回路和网孔示意图

(2) 节点  电路中 3 条或 3 条以上的支路相连接的点称为节点。图 1-9 中有 $a$ 和 $b$ 两个节点。如果为三条以上支路汇集处，则"·"不可省去。

(3) 回路  电路中任一闭合路径均称为回路。在图 1-9 中有三个回路，分别为 $abca$、$abda$、$cadbc$。

(4) 网孔  中间没有其他支路的回路称为网孔。在图 1-9 中有 $abca$、$abda$ 两个网孔。

### 2.2.1 基尔霍夫电流定律（KCL）

基尔霍夫电流定律也称节点电流定律，应用于电路中的节点，确定连接在同一节点上的各条支路电流之间的关系。

该定律指出：在任一瞬间，流入任一节点的电流之和等于流出该节点的电流之和。可记作

$$\Sigma I = 0 \quad 或 \quad \Sigma I_\text{入} = \Sigma I_\text{出} \tag{1-9}$$

KCL 定律是电路中电荷守恒的一种反映，它表示了电流的连续性，即在任一瞬间，电路中任一节点均无电荷的堆集或消失。

在图 1-9 中所示电路中，由式 (1-9) 可得

节点 $a$        $I_1 + I_2 = I_3$

节点 $b$        $I_3 = I_1 + I_2$

显然这两个方程是一致的。对于有 $N$ 个节点的电路，可以依据 KCL 定律写出 $N-1$ 个电流方程。在应用时，表达式中电流要有确定的方向，必须首先对各支路电流设定参考方向。对于每一个节点，在设定参考方向时，流进、流出电流必须同时存在。

### 2.2.2 基尔霍夫电压定律（KVL）

基尔霍夫电压定律也称回路电压定律，应用于回路，确定电路的任一回路中各段电压之间相互关系的基本定律。

该定律指出：在任一瞬间，沿任一回路循行方向（顺时针或逆时针方向）循行一周，在该循行方向上的电压降的代数和等于各理想电压源电动势的代数和。可记作

$$\Sigma U = \Sigma U_\text{S} \quad 或 \quad \Sigma IR = \Sigma U_\text{S} \tag{1-10}$$

此方程称为回路电压方程。列方程时，先给回路确定一个顺时针（或逆时针）绕行参考方向，其中理想电压源电动势的参考方向与回路循行方向一致时，取正号，反之取负号；电流的参考方向与回路的循行方向一致，该电流在电阻上产生的电压降取正号，反之取负号。

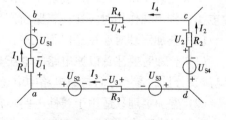

图 1-10  例 1-1 电路图

【例 1-1】  列出图 1-10 所示电路的回路电压方程。

【解】  各支路电流的参考方向如图 1-10 所示。选定回路循行方向为逆时针方向，即 $adcba$，则：

$$-U_1 - U_3 + U_2 + U_4 = -U_\text{S1} - U_\text{S2} + U_\text{S3} - U_\text{S4}$$

即    $-R_1 I_1 - R_3 I_3 + R_2 I_2 + R_4 I_4 = -U_\text{S1} - U_\text{S2} + U_\text{S3} - U_\text{S4}$

或    $R_2 I_2 + R_4 I_4 + U_\text{S1} + U_\text{S2} + U_\text{S4} = R_1 I_1 + R_3 I_3 + U_\text{S3}$

由上式可看出，沿任意闭合回路绕行一周，回路中各电压的代数和（或各电势的升高

之和）必等于各理想电源电动势的代数和（或各电势降低之和）。

对于有 $M$ 个网孔的电路，可以依据 KVL 列出 $M$ 个电压方程。

### 2.2.3 基尔霍夫定律的应用

对于简单的电路，可以应用欧姆定律来求解，对于较复杂的电路，则可以应用基尔霍夫定律来求解。其具体步骤为：

(1) 标出各条支路电流的参考方向。

(2) 对于 $N$ 个节点的电流应用 KCL 列出 $N-1$ 个电流方程。

(3) 标出每个网孔的绕行方向。

(4) 对于 $M$ 个网孔，应用 KVL 列出 $M$ 个电压方程。

(5) 联立电流和电压方程，求解各支路电流。

【例 1-2】 电路如图 1-11 所示，已知 $U_{S1} = 80V$，$U_{S2} = 40V$，$R_1 + R_2 = 5\Omega$，$R_3 = 10\Omega$。求各支路电流。

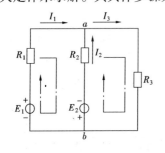

图 1-11 例 1-2 电路图

【解】 电流的参考方向及网孔的绕行方向如图所示，列出电流方程和电压方程为

$$\begin{cases} I_1 + I_2 = I_3 \\ U_{S1} + I_2 R_2 + U_{S2} = I_1 R_1 \\ U_{S2} + I_2 R_2 + I_3 R_3 = 0 \end{cases}$$

将题中给出的数值代入

$$\begin{cases} I_1 + I_2 = I_3 \\ 80 + 5I_2 + 40 = 5I_1 \\ 40 + 5I_2 + 10I_3 = 0 \end{cases}$$

解之得　　　　　　　　$I_1 = 12.8A$　　$I_2 = -11.2A$　　$I_3 = 1.6A$

$I_2$ 为负值，说明它的实际方向与参考方向相反。

## 2.3 叠 加 定 理

叠加定理指出：由线性和多个电源组成的电路中，任何一条支路的电流或电压等于各个电源分别单独作用时，在该支路所产生的电流或电压的代数和。

应用叠加定理时应注意以下几点：

(1) 叠加时要注意以原电路的电压与电流的参考方向为准，各单个电源电路中的电压（电流）分量的参考方向与原电路中电压（电流）的参考方向一致时取正，不同时取负。

(2) 叠加定理只适用于线性电路。在非线性电路中，电阻不是常数，上述推导不能成立。在线性电路中，叠加原理只适用于电流和电压的计算，而不适用于功率的计算，因为功率和电流、电压的关系不是线性关系。

(3) 在考虑某个电源单独作用时应假定其余的电压源电压都等于零，即将其余的电压源短接。若被短接的电压源有内阻，在短接电源时，相应的内阻不能短接。

【例 1-3】 电路如图 1-12 所示，利用叠加定理，求电流 $I_1$、$I_2$、$I_3$。

【解】 由叠加定理可知，电路中 $U_{S1}$、$U_{S2}$ 共同作用，在各支路产生的电流 $I_1$、$I_2$、$I_3$ 应该是 $U_{S1}$ 单独作用在各支路中产生的电流 $I'_1$、$I'_2$、$I'_3$ 和 $U_{S2}$ 单独作用在各支路中产生的电流 $I''_1$、$I''_1$、$I''_1$ 叠加的结果。

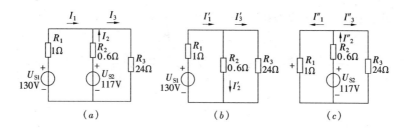

图 1-12 例 1-3 电路图

图 1-12（b）电路中，$U_{S1}$ 单独作用时，有

$$I'_1 = \frac{U_{S1}}{R_1 + \frac{R_2 R_3}{R_2 + R_3}} = \frac{130}{1 + \frac{0.6 \times 24}{0.6 + 24}} = 82\text{A}$$

$$I'_2 = \frac{R_3}{R_2 + R_3} \times I'_1 = \frac{24}{0.6 + 24} \times 82 = 80\text{A}$$

$$I'_3 = I'_1 - I'_2 = 82 - 80 = 2\text{A}$$

图 1-12（c）电路中，$U_{S2}$ 单独作用时有

$$I''_1 = \frac{U_{S2}}{R_2 + \frac{R_1 R_3}{R_1 + R_3}} \times \frac{R_1 R_3}{R_1 + R_3} = \frac{117}{0.6 + \frac{1 \times 24}{1 + 24}} \times \frac{24}{1 + 24} = 72\text{A}$$

$$I''_2 = \frac{U_{S2}}{R + \frac{R_1 R_3}{R_1 + R_3}} = \frac{117}{0.6 + \frac{1 \times 24}{1 + 24}} = 75\text{A}$$

$$I''_3 = I''_2 - I''_1 = 3\text{A}$$

根据所选电流参考方向可得：

$$I_1 = I'_1 + (-I''_2) = (82 - 72) = 10\text{A}$$

$$I_2 = -I'_2 + I''_2 = (-80 + 75) = 5\text{A}$$

$$I_3 = I'_3 + I''_3 = (2 + 3) = 5\text{A}$$

## 2.4 电路的基本连接方式

负载的连接方式很多，最基本的是串联和并联，下面以电阻性负载为例，简要分析串联和并联的特点以及电压与电流的关系。

### 2.4.1 电阻的串联及分压作用

电路中由两个或多个电阻一个接一个地顺序相连，通过这些电阻的电流相同，这样的连接方式称为电阻的串联。图 1-13 为 $R_1$ 和 $R_2$ 的串联电路，其等效电阻为

$$R = R_1 + R_2 \quad (1-11)$$

在图示电流、电压参考方向情况下，电路电流为

$$I = \frac{U}{R_1 + R_2} \quad (1-12)$$

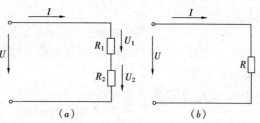

图 1-13 电阻串联及等效电路图

由基尔霍夫电压定律可以写出

$$U = U_1 + U_2 \tag{1-13}$$

由上式表明了串联电阻 $R_1$ 和 $R_2$ 具有分压的作用，其中

$$U_1 = IR_1 = \frac{R_1}{R_1 + R_2}U \tag{1-14}$$

$$U_2 = IR_2 = \frac{R_2}{R_1 + R_2}U \tag{1-15}$$

式（1-14）和式（1-15）是两个电阻串联时的分压公式，表明各电阻上的电压分配与各电阻的大小成正比。

$R_1$ 和 $R_2$ 消耗的功率分别为

$$P_1 = U_1 I = I^2 R_1 \tag{1-16}$$

$$P_2 = U_2 I = I^2 R_2 \tag{1-17}$$

式（1-16）和式（1-17）表明各电阻消耗的功率与电阻的大小成正比。

### 2.4.2 电阻并联及分流作用

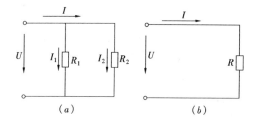

图 1-14 电阻的并联及等效电路
（a）电阻的并联；（b）等效电路

由两个或多个电阻首端与首端相连，尾端与尾端连接，构成两个节点，每个电阻两端承受同一电压，这样的连接方式称为电阻的并联。图 1-14 为 $R_1$ 和 $R_2$ 并联电路，其等效电阻的倒数等于各个电阻倒数之和，即

$$\frac{1}{R} = \frac{1}{R_1} + \frac{1}{R_2} \tag{1-18}$$

或

$$R = \frac{R_1 R_2}{R_1 + R_2} \tag{1-19}$$

每个电阻两端的电压相同，等于电源电压，即

$$U = U_1 = U_2 \tag{1-20}$$

由基尔霍夫电流定律可以写出

$$I = I_1 + I_2 \tag{1-21}$$

式（1-21）表明并联电阻 $R_1$ 和 $R_2$ 的分流作用。其中

$$I = \frac{U}{R} = \frac{R_1 + R_2}{R_1 R_2}U \tag{1-22}$$

$$I_1 = \frac{U}{R_1} = \frac{IR}{R_1} = \frac{R_2}{R_1 + R_2}I \tag{1-23}$$

$$I_2 = \frac{U}{R_2} = \frac{IR}{R_2} = \frac{R_1}{R_1 + R_2}I \tag{1-24}$$

式（1-23）和式（1-24）是两个电阻并联的分流公式，表明各电阻的电流分配与各电阻大小成反比。

$R_1$ 和 $R_2$ 消耗的功率分别为

$$P_1 = UI_1 = \frac{U^2}{R_1} \tag{1-25}$$

$$P_2 = UI_2 = \frac{U^2}{R_2} \tag{1-26}$$

式（1-25）和式（1-26）表明各电阻消耗的功率与电阻的大小成反比。

**【例1-4】** 有一个电阻电路如图1-15所示。已知电源电压 $U = 12V$。试求电路总等效电阻和各支路电流值。

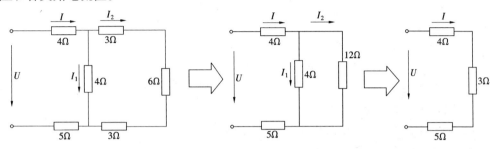

图 1-15　例 1-4 电路图

**【解】** 从电路的最右边开始计算电阻串、并联的等效电阻，最后得到总等效电阻为

$$R = 4 + [4 /\!/ (3 + 6 + 3)] + 5 = 12\Omega$$

总电流为

$$I = \frac{U}{R} = \frac{12}{12} = 1A$$

利用分流公式可得各支路电流值

$$I_1 = \frac{12}{4 + 12} \times I = 0.75A$$

$$I_2 = \frac{4}{4 + 12} \times I = 0.25A$$

## 实验　电阻串联、并联实验

### 一、实验目的
1. 进一步加深对欧姆定律的理解。
2. 熟悉电流表、电压表的使用。
3. 掌握电阻串联、并联的接线方法。
4. 通过实验进一步了解电阻串联、并联电路的特点。

### 二、实验设备、仪器
直流电源 1 台（0～12V）

电阻器 2 只（0～300Ω）

直流电流表 3 只（0～50mA）

直流电压表 3 只（0～10mV）

### 三、实验线路图（如图 1-16 所示）

### 四、实验步骤
1. 电阻的串联

（1）按图 1-16（*a*）接线；

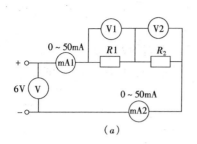 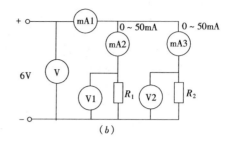

图 1-16 电阻串联、并联实验电路图
（a）串联电路图；（b）并联电路图

(2) 将直流电源调整为输出 6V；
(3) 将电路接上 6V 的直流电源；
(4) 读出电压表、电流表的数据，并记录在表 1-1 中。

2．电阻的并联

(1) 按图 1-16（b）接线；
(2) 将直流电源调整为输出 6V；
(3) 将电路接上 6V 的直流电源；
(4) 读出电压表、电流表的数据，并记录在表 1-2 中。

表 1-1

| 实 验 数 据 | | | | | 计 算 结 果 | | | | | |
|---|---|---|---|---|---|---|---|---|---|---|
| $I_1$ | $I_2$ | $U_1$ | $U_2$ | $U$ | $R_1$ | $R_2$ | $R$ | $P_1$ | $P_2$ | $P$ |
| | | | | | | | | | | |

表 1-2

| 实 验 数 据 | | | | | 计 算 结 果 | | | | | |
|---|---|---|---|---|---|---|---|---|---|---|
| $I_1$ | $I_2$ | $U_1$ | $U_2$ | $U$ | $R_1$ | $R_2$ | $R$ | $P_1$ | $P_2$ | $P$ |
| | | | | | | | | | | |

注：$R$ 为电路总电阻，$P$ 为电路总功率。

# 思 考 题 与 习 题

1．住宅内的照明电路由哪些部分组成？各起什么作用？
2．在电路中为什么要对电压、电流设定参考方向？怎么样判断电压、电流的实际方向？
3．如果人体电阻为 1200Ω，通过人体的安全电流为 10mA，试计算安全工作电压。

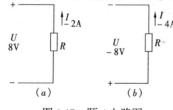

图 1-17 题 4 电路图

4．图 1-17 所示电路中的电流和电压都是参考方向，试列出欧姆定律的表达式，并求电阻 $R$ 的大小。
5．试写出图 1-18 中电流 $I$ 的表达式，并分别指出在这种情况下电池 $U_S$ 的作用？是作电源还是负载？为什么？
6．图 1-19 所示电路中，$R_1 = R_2 = R_3 = 10Ω$，当 0 为参考点时，$V_b = 4.5V$，$V_c = 2.5V$。

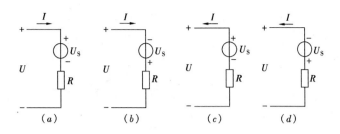

图 1-18　题 5 电路图

求（1）$a$ 点的电位 $U_a = ?$（2）若取 $c$ 点为参考点时，$a$、$b$ 的电位变不变？电压 $U_{ba}$ 变不变？为什么？

7. 图 1-20 所示电路中当开关 $S$ 合上及断开后，求流过 4kΩ 电阻上的电流 $I$。

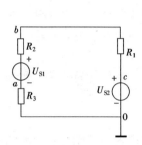

图 1-19　题 6 电路图

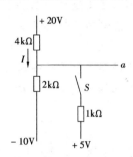

图 1-20　题 7 电路图

8. 图 1-21 为某复杂电路的一部分，已知 $I_1 = 2A$，$I_2 = 1A$，$I_4 = 1A$，$U_{S1} = 4V$，$U_{S3} = 5V$，$U_{S5} = 3V$。试求：电压 $U_{ae}$ 和 $c$、$d$ 两点的电位 $V_c$、$V_d$。

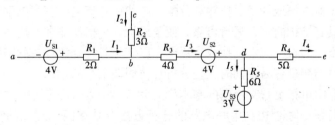

图 1-21　题 8 电路图

9. 图 1-22 中，已知 $U_{S1} = 90V$，$U_{S2} = 30V$，$R_1 = R_2 = R_4 = R_5 = 10Ω$，$R_3 = 20Ω$，用叠加原理求电流 $I_3$。

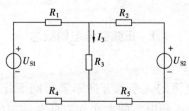

图 1-22　题 9 电路图

13

# 单元 2　正 弦 交 流 电 路

**知 识 点**：单相正弦交流电的基本概念和表示方法；分析单一参数电路的电压、电流关系和功率问题；讨论 RLC 串联电路的分析方法及功率因素提高的意义和方法；三相电源、三相负载的连接方式和电压、电流的相值与线值之间的关系以及功率的关系。

**教学目标：**

（1）理解正弦交流电的三要素、相位差、有效值及相量表示法；理解电路基本定律的相量表示法，理解阻抗和相量图，掌握相量图法计算简单正弦交流电路的方法。

（2）了解正弦交流电路的瞬时功率、有功功率、无功功率、视在功率和功率因数的概念，了解提高功率因数的经济意义。

（3）掌握三相四线制电路中三相负载的正确连接，了解中线的作用；掌握三相对称电路的计算。

在现代电力系统中，电能的生产、输送和分配几乎都采用三相正弦交流电，这种供电方式的电路叫做三相交流电路。交流电在生产和生活中被普遍应用，在实现电能和其他能量的转换过程中，交流电会给我们带来极大的方便。从电源上讲，交流发电机比直流发电机结构简单，造价低，维护方便。现代的电能几乎都是以交流的形式和生产出来的；交流电能可以利用变压器方便地转换、传输和分配；与使用直流电的直流电动机相比，使用交流的交流电动机具有结构简单，运行可靠，便于维护，价格低廉和使用寿命长等优点；采用整流设备可以方便的将交流电变换成直流电，以满足各种直流设备的需要；正弦是最简单周期函数，计算的测量容易，同时又是分析正弦周期电路的基础。

本单元主要介绍单相正弦交流电的基本概念和表示方法；分析单一参数电路的电压、电流关系和功率问题；讨论 RLC 串联电路的分析方法及功率因素提高的意义和方法；三相电源、三相负载的连接方式和电压、电流的相值与线值之间的关系以及功率的关系。

## 课题 1　单相正弦交流电

### 1.1　正弦交流电的概念

#### 1.1.1　正弦交流电

在直流电路中，电压和电流的大小和方向不随时间变化，是恒定的，如图 2-1（$a$）所示。而正弦交流电电路中电压和电流的大小和方向是随时间变化的，如图 2-1（$b$）所示。由于正弦交流电的方向是随时间作周期性变化的，而电路中标出的电压、电流的方向是它们的参考方向，当交流电正半周时，实际方向与参考方向一致，其值为正，当交流电负半周时，实际方向与参考方向相反，其值为负。一般将大小和方向随时间按正弦规律变化的电压和电流称作交流电压和交流电流。

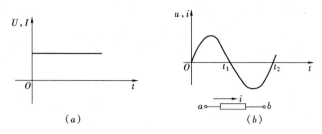

图 2-1 电流、电压波形图

### 1.1.2 正弦交流电的三要素

交流电路的电压和电流都是按正弦规律变化的，统称这些物理量为正弦量。任何一个正弦量都可以用频率（或周期）、幅值和初相位这三个要素来确定。下面分别介绍这三个物理量。

(1) 周期、频率与角频率

正弦量变化一次所需要的时间称为周期，用 $T$ 表示，单位为秒（s）。正弦量每秒变化的次数称为频率，用 $f$ 表示，单位为赫兹（Hz），1 赫兹（Hz）即表示每秒变化一周。根据定义，频率与周期是互为倒数关系，即，

$$f = 1/T \tag{2-1}$$

我国规定工业电力网的标准频率（简称工频）是 50Hz，对应于工频的周期为 0.02s。

频率与周期用来衡量交流电变化的快慢。频率越高或周期越短，表示交流电变化越快。周期在正弦量波形上的表示，如图 2-2 所示。

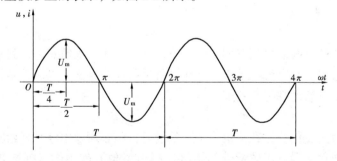

图 2-2 正弦量的波形图

正弦量变化的快慢除了用周期和频率表示外，还可以用角频率 $\omega$ 表示，正弦量每秒钟所经历的弧度数称为角频率，单位为弧度/秒（rad/s）。由于正弦交流电一个周期内经历了 $2\pi$ 弧度，所以角频率为

$$\omega = \frac{2\pi}{T} = 2\pi f \tag{2-2}$$

对于工频 $f=50$Hz 的交流电来讲，其角频率为 314rad/s。

(2) 幅值与有效值

按正弦规律变化的正弦交流电在任一瞬间的实际值称为瞬时值，用小写字母表示。如电压和电流的瞬时值用 $u$，$i$ 表示。瞬时值中的最大值为幅值或最大值，用带下标 $m$ 的大

写字母表示，如 $U_m$、$I_m$ 分别表示交流电压和交流电流的幅值。

交流电是随时间不断变化的，其瞬时值、最大值不能真实反应交流电做功的实际效果，为此，引出了一个能衡量交流电做功效果的物理量，来表示交流电大小，该物理量称为交流电的有效值，分别用大写字母 $U$、$I$ 表示。

交流电的有效值是根据电流的热效应来确定的。不论是直流电还是正弦交流电，当它们流过电阻时都会产生热效应。为此，将两个阻值相同的电阻分别通以直流电 $I$ 和交流电 $i$，如果在相同的时间内，两个电阻所消耗的电能相等，说明这两个电流是等效的，这时直流电流的数值就称为交流电的有效值。

根据上述，在相同时间 $T$（如一个周期）内，电阻上消耗的直流电能为

$$W_- = I^2 RT$$

在相同时间内，电阻上消耗的交流电能为

$$W_\sim = \int_0^T i^2 R \mathrm{d}t$$

根据定义有

$$W_- = W_\sim \quad 即 \quad I^2 RT = \int_0^T i^2 R \mathrm{d}t$$

由上式可知，交流电的有效值等于它的瞬时值的平方在一个周期内的平均值的开方，因此，有效值也称为方均根值。

对于正弦交流电电流 $I = I_m \sin\omega t$，得到其有效值与最大值的关系：

$$I = I_m \sqrt{\frac{1}{T} \int_0^T \sin\omega t \mathrm{d}t} = \frac{1}{\sqrt{2}} I_m = 0.707 I_m \tag{2-3}$$

$$U = \frac{1}{\sqrt{2}} U_m = 0.707 U_m \tag{2-4}$$

正弦量的幅值和有效值之间有固定的关系，它可以代替幅值作为正弦量的一个要素。

一般仪器、接触器及交流电动机等交流设备上所标的电压、电流都是指有效值，交流电流表、电压表的读数也都指有效值。

（3）相位

正弦量是随时间变化的，在确定一个正弦量时，还必须考虑计时开始时（$t=0$）的情况，所取的计时起点不同，正弦量的初始值（$t=0$ 的值）就不同，到达幅值或某个特定值所需的时间也不同。在图 2-2 中，正弦交流电的瞬时值为 $I = I_m \sin\omega t$，它的初始值（$t=0$ 时）为零。

正弦交流电一般可以用下式表示：

$$I = I_m \sin(\omega t + \psi) \tag{2-5}$$

其波形图如图 2-3 所示，它的初始值（$t=0$）并不等于零。

由式（2-5）可知，正弦电流的瞬时值除与幅值有关外，还与 $(\omega t + \psi)$ 有关，$(\omega t + \psi)$ 称为正弦量的相位角，简称相位。相位是随时间变化的，它决定交流电瞬时值大小和正负。

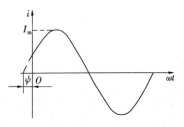

图 2-3 初相位不等于零的正弦波形图

时间 $t=0$ 时的相位角 $\psi$，称为初相位角，简称初相位。初相位与计时起点有关，初相位决定正弦交流电的初始值（$t=0$ 时的值），如图 2-2 所示，其初始值为零。在交流电路中，要比较多个同频率正弦量之间的相位关系，为了方便起见，可以选择其中任一正弦量为参考正弦量，令参考正弦量的初相位 $\psi=0$。如 $I=I_m\sin\omega t$（参考正弦电流），然后将其他正弦量进行相位比较。不同频率正弦量之间作相位比较没有意义。

对于任意两个频率相同，但初相位不一定相同的正弦量

$$u = U_m\sin(\omega t + \psi_u)$$
$$i = I_m\sin(\omega t + \psi_i) \tag{2-6}$$

来说，它们的初相位不同，分别为 $\psi_u$、$\psi_i$，它们的波形如图 2-4（a）所示，电压和电流之间的相位差为

$$\varphi = (\omega t + \psi_u) - (\omega t + \psi_i) = \psi_u - \psi_i \tag{2-7}$$

上式表明，同频率正弦量的相位差等于初相位之差，相位差不随时间变化，仅由它们的初相位决定。由波形图可知，$u$ 先达到正幅值，$i$ 后达到正幅值，因此称 $u$ 超前 $i$ 一个 $\varphi$ 角，或称 $i$ 滞后于 $u$ 一个 $\varphi$ 角。

当 $\varphi=\psi_u-\psi_i=0$ 时，其波形如图 2-4（b）所示，$u$ 与 $i$ 同时到达最大值，也同时到达零点，称同相位，简称同相。当 $\varphi=\psi_u-\psi_i=180°$ 时，波形图如图 2-4（c）所示，电压与电流相位相反，简称反相。

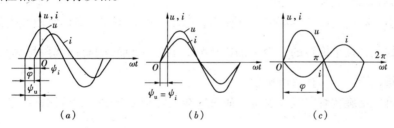

图 2-4　$u$ 和 $i$ 的初相位和相位差
(a) $\varphi$ 为 $u$ 和 $i$ 的相位差；(b) $\varphi=0°$ 同相；(c) $\varphi=180°$ 反相

### 1.1.3　正弦量交流电的相量表示法

正弦交流电用三角函数和波形图可以明确地表达正弦量的三要素及它们的瞬时值，但如用这两种方法进行交流电路的分析与计算很不方便。因此，工程上广泛采用旋转相量表示法，来简化交流电路的分析和计算，旋转相量法是把正弦量变换成为相量图，正弦量运算变换为相量的运算。

正弦量是由幅值、频率和初相位三要素确定的。在交流电路中，电动势、电压和电流都是同频率的正弦量。因此，只要知道它们的幅值和初相位，则该电压和电流就被惟一确定了。

设有一正弦电压 $u=U_m\sin(\omega t+\psi)$，其波形图如图 2-5（b）所示，它可以用一个旋转有向线段来表示：过直角坐标的原点做一旋转有向线段，该旋转有向线段的长度等于该正弦量的幅值 $U_m$，旋转有向线段与横轴正向的夹角等于该正弦初相位角，旋转有向线段以逆时针方向旋转，其旋转的角速度 $\omega$ 等于该正弦量的角频率，在任一瞬间，旋转有向线段在纵轴投影就等于该正弦量的瞬时值。

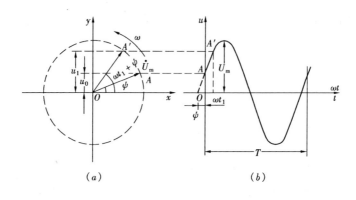

图 2-5 正弦交流电的相量表示法

当 $t=0$ 时，有向线段在纵轴上的投影为 $u = U_m\sin\psi$，这就是 $t=0$ 时正弦交流电压的瞬时值。经过 $t_1$ 时间后，有向线段旋转了 $\omega t_1$ 角度，此时它与横轴的夹角为 $(\omega t + \psi)$，它在纵轴上的投影为 $u = U_m\sin(\omega t_1 + \psi)$，即 $t_1$ 时刻的瞬时值，如图 2-5（a）所示。这就是说正弦量可以用一个旋转有向线段表示，由于交流电路中，电压和电流都是同频率的正弦量，因此，可以用 $t=0$ 初始位置时的有向线段来表示正弦量，由于在实际电路中各电量的频率都是相同的，所以旋转的角速度可以省去，通常只需用一个有一定长度并与横轴有一定夹角的有向线段来表示正弦量。

应当指出，有向线段与空间矢量（如力、磁场强度）不同，有向线段代表正弦交流电是时间的函数，并且是旋转的，为了加以区别，我们把旋转的有向线段称为相量，用 $\dot{I}_m$ 表示幅值相量，用 $\dot{I}$ 表示有效值相量。

正弦量可以用旋转有向线段表示，而有向线段可用复数表示，所以正弦量也可用复数表示。

如复数的代数形式

$$\dot{A} = a + jb \tag{2-8}$$

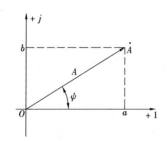

图 2-6 用复平面上的有向线段表示复数

式中，$a$、$b$ 均为实数，分别称为复数的实部和虚部。横轴表示实部，以 $+1$ 为单位，称为实轴。纵轴表示虚部，称为虚轴，以 $+j$ 为单位。实轴与虚轴构成平面称为复平面。复数 $\dot{A}$ 也可以用实轴与虚轴组成的复平面上的有向线段表示，如图 2-6 所示。

$$A = \sqrt{a^2 + b^2} \tag{2-9}$$

$A$ 是复数的大小，称为复数的模。

$$\psi = \arctan\frac{b}{a} \tag{2-10}$$

$\psi$ 是复数与实轴正方向间的夹角，称为复数的辐角。

$$a = A\cos\psi \quad b = A\sin\psi$$

于是，得到复数三角函数形式

$$\dot{A} = A(\cos\psi + j\sin\psi) \tag{2-11}$$

根据欧拉公式 $e^{j\psi} = \cos\psi + j\sin\psi$ 代入到式（2-11）得复数的指数

$$\dot{A} = Ae^{j\psi} \tag{2-12}$$

或变成极坐标形式

$$\dot{A} = A\angle\psi \tag{2-13}$$

复数的加减运算用代数形式运算最为方便。复数的乘除运算以指数形式或极坐标形式运算最为方便。

如上所述，正弦交流电流 $i = I_m\sin(\omega t + \psi)$ 的相量为

$$\dot{I}_m = I_m(\cos\psi + j\sin\psi) = I_m e^{j\psi} = I_m\angle\psi$$

或用有效值相量表示为

$$\dot{I} = I(\cos\psi + j\sin\psi) = Ie^{j\psi} = I\angle\psi$$

只有正弦周期量才能用相量表示法，相量不能表示非正弦周期量，注意，相量只表示正弦量，而不是等于正弦量。

研究多个同频率正弦交流电的关系时，可按照各个正弦量的大小和相位关系用初始位置的有向线段画出若干个相量的图形，称为相量图。由于交流电一般用有效值来计算，因此，相量图中相量长度通常用有效值来表示，如用 $\dot{U}$、$\dot{I}$ 等符号表示。为了方便起见，画相量图时复数坐标一般可以不画出来，但要注意各正弦量之间的相位差，可以取其中一相量令其初相位为零，其他相量的位置按与此相量之间的相位差定出，如图 2-7 所示。

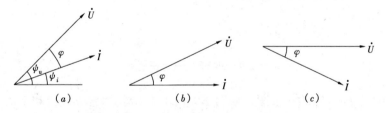

图 2-7 电压和电流的相量图

【例 2-1】 两个正弦量的瞬时值表达式为

$$u = 220\sqrt{2}\sin(314t + 30°)$$

$$i = 20\sqrt{2}\sin(314t - 30°)$$

求：(1) 试分别写出它们的幅值、有效值、初相位和相位差。
(2) 分别用正弦波形、相量图和复数式表示。

【解】 (1) $U_m = 220\sqrt{2} = 311V$ $U = 220V$

$I_m = 20\sqrt{2} = 28.2A$ $I = 20A$

$\psi_u = 30°$ $\psi_i = -30°$

$$\varphi = \psi_u - \psi_i = 30° - (-30°) = 60°$$

（2）波形图如图 2-8 所示。

相量的长度等于有效值，相量和横轴正方向的夹角等于正弦量的初相位。相量图如图 2-8 所示。

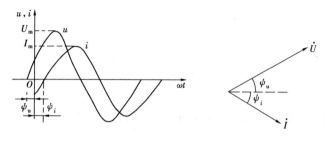

图 2-8　例 2-1 电路图

复数表示　　　　　$\dot{U} = Ue^{j\psi} = U\angle\psi = 220\sqrt{2}\angle 30°$

$\dot{I} = Ie^{j\psi} = I\angle\psi = 20\sqrt{2}\angle -30°$

【例 2-2】　已知图 2-9 电路中，$i_1 = 6\sqrt{2}\sin(314t + 30°)$，$i_2 = 8\sqrt{2}\sin(314t + 60°)$，求 $i = i_1 + i_2$，并画出相量图。

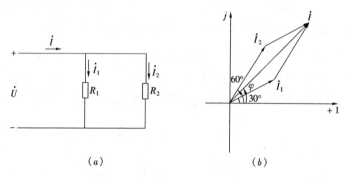

图 2-9　例 2-2 电路与相量图

【解】　画出 $\dot{I}_1$、$\dot{I}_2$ 的相量图，如图 2-9（b）所示，然后以该两相量为边作平行四边形，平行四边形的对角即为总电流量 $\dot{I}$，$\dot{I}$ 的有效值为

$$I = \sqrt{(I_1\cos\psi_1 + I_2\cos\psi_2)^2 + (I_1\sin\psi_1 + I_2\sin\psi_2)^2}$$
$$= \sqrt{(6\times\cos 30° + 8\times\cos 60°)^2 + (6\times\sin 30° + 8\times\sin 60°)^2}$$
$$= 13.5A$$

总电流与横轴的夹角，即为总电流的初相位

$$\varphi = \arctan\frac{I_1\sin\psi_1 + I_2\sin\psi_2}{I_1\cos\psi_1 + I_2\cos\psi_2}$$
$$= \arctan\frac{9.9}{9.2}$$
$$= 47°$$

所以总电流 $i$ 的瞬时表达式为

$$i = 13.5\sqrt{2}\sin(314t + 47°)$$

复数形式为 $\dot{I} = 13.5\angle 47°\text{A}$

两个同频率的正弦量相减时,也可以用类似的方法求得。如计算 $i = i_1 - i_2$ 时,可以看作是 $i = i_1 + (-i_2)$,这样将减法运算转换成加法运算,其计算过程与例2-2相同。

### 1.2 单一参数的正弦交流电路

与直流电路相似,交流电路主要是研究电路中电流和电压之间的关系以及能量转换问题。由于交流电路中的电流、电压大小和方向都要随时间作周期性变化,因而交流电路要比直流电路复杂。例如一个电感线圈在直流电路中,处于稳定状态时,可以相当于一段导线,而在交流电路中,由于变化的电流要产生自感电动势,因此对电路中原来的电流产生影响;一个电容器在直流电路中,处于稳定状态时,它起着隔断的作用,而在交流电路中,由于不断地反复充放电,隔断作用也就消失了。因此,在直流电路中,起作用的元件就是 $R$,而在交流电路中,起作用的元件,除电阻 $R$ 外,还有电感线圈 $L$ 和电容器 $C$。

为了掌握交流电路的运行规律以及计算方法,必须首先了解电阻、电感、电容三个基本元件在交流电路中的作用,为此首先分析只含一个元件的交流电路。

#### 1.2.1 纯电阻电路

(1) 电流和电压的关系

图2-10是仅具有电阻元件的交流电路,在电阻 $R$ 两端加上交流电压 $u_R$,则电路中就有电流 $i$ 流过。根据图中所示的正方向,由欧姆定律得

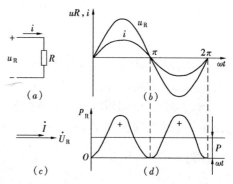

图2-10 电阻元件的交流电路
(a) 电路图;(b) $u_R$ 和 $i$ 的波形;
(c) 相量图;(d) 功率波形图

$$i = \frac{u_R}{R} \quad (2\text{-}14)$$

可见,在任何瞬间通过电阻的电流 $i$ 与该瞬间外电压 $u_R$ 成正比。

设加在电阻两端的正弦电压为

$$u_R = U_{Rm}\sin\omega t \quad (2\text{-}15)$$

则

$$i = u_R/R = U_{Rm}\sin\omega t/R = I_m\sin\omega t \quad (2\text{-}16)$$

由以上分析可知,在纯电阻电路中,电压 $u_R$、$i$ 之间具有如下关系:
1) 电压和电流同频率;
2) 电压和电流相位相同,相位差 $\varphi = 0°$;
3) 电压和电流的最大值和有效值之间的关系为

$$U_{Rm} = I_m R \quad U = IR$$

若用相量表示,则 $\dot{U}_m = \dot{I}R$。

(2) 功率关系

1) 瞬时功率 电阻元件两端电压瞬时值和流过电阻的电流瞬时值的乘积,称为电阻

元件的瞬时功率，用 $p_R$ 表示。

$$\begin{aligned} p_R = u_R i &= U_{Rm}\sin\omega t I_m \sin\omega t \\ &= U_{Rm} I_m \sin^2 \omega t \\ &= \frac{1}{2} U_{Rm} I_m (1 - \cos 2\omega t) \\ &= U_R I (1 - \cos\omega t) \end{aligned} \quad (2\text{-}17)$$

瞬时功率 $p_R$ 随时间变化的曲线如图 2-10 所示，瞬时功率由两部分组成，一部分是常数 $U_R I$，另一部分是变量，其幅值为 $U_R I$，并以 $2\omega$ 的角频率变化。瞬时功率总是正值，即 $p_R > 0$，这表示任一瞬间电阻元件始终从电源吸收能量，并转化为热能。这是一种不可逆转的过程。

2）平均功率　由于瞬时功率时刻都在变化，不便于测量和计算，且无多大意义。通常取瞬时功率在一个周期内的平均值来衡量电阻上所消耗的功率，称为平均功率或有功功率，简称功率，用大写字母 $P_R$ 表示，即

$$\begin{aligned} P_R &= \frac{1}{T}\int_0^T p_R \mathrm{d}t = \frac{1}{T}\int_0^T U_R I(1-\cos\omega t)\mathrm{d}t \\ &= U_R I = I^2 R = \frac{U^2}{R} \end{aligned} \quad (2\text{-}18)$$

交流电阻电路的平均功率等于电压、电流有效值的乘积，它的计算公式与直流电路中功率的计算公式相同。当电压用单位伏（V），电流用单位安（A），平均功率的单位为瓦（W）。

【例 2-3】　已知用电设备的电阻值为 $55\Omega$，接在电压为 220V 的交流电源上，求该用电设备的电流及每天使用 1h、一个月（按 30d 算）所消耗的电能。

【解】

$$I = \frac{U_R}{R} = \frac{220\text{V}}{55\Omega} = 4\text{A}$$

有功功率　　　　$P_R = U_R I = 220\text{V} \times 4\text{A} = 880\text{W}$

消耗电能　　　　$W = Pt = 880\text{W} \times 1\text{h} \times 30 = 26.4\text{kW}\cdot\text{h}$

### 1.2.2　纯电感电路

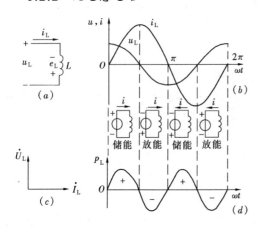

图 2-11　电感元件的交流电路

(a) 电路图；(b) 电压与电流的正弦波形；
(c) 电压与电流的相量图；(d) 功率波形

交流接触器、继电器的线圈、电动机的绕组、日光灯的镇流器等都是电感线圈。若线圈的内阻很小可以忽略时，就可以看成只有电感的纯电感电路。

(1) 电压与电流的关系

当通过电感中的电流变化时，电感中就会产生感应电动势，如图 2-11 所示。

根据电磁感应定律，变化的电流流过线圈时，在线圈中会产生自感电动势 $e_L$ 来阻止电流的变化。根据基尔霍夫定律有

$$u_L + e_L = 0$$

$$u_L = -e_L = -L\frac{\mathrm{d}i}{\mathrm{d}t} \quad (2\text{-}19)$$

式（2-19）中，负号表明自感电动势的实际方向总是企图阻止电流的变化。当电流增大时，即 $\frac{di}{dt} > 0$，此时 $e_L$ 为负值，$e_L$ 的实际方向和电流的方向相反，阻止电流增大；当电流减小时，即 $\frac{di}{dt} < 0$，此时 $e_L$ 为正值，$e_L$ 的实际方向与电流的方向相同，阻止电流减小。

如设
$$i = I_m \sin\omega t \tag{2-20}$$

则
$$\begin{aligned} u_L &= -e_L = L\frac{di}{dt} = L\frac{dI_m\sin\omega t}{dt} \\ &= \omega L I_m \cos\omega t = \omega L I_m \sin(\omega t + 90°) \\ &= U_{Lm}\sin(\omega t + 90°) \end{aligned} \tag{2-21}$$

由式（2-20）和式（2-21）可知，电压和电流的角频率都是 $\omega$，故它们是同频率的正弦量。

式（2-21）中，电压与电流的大小关系为
$$U_{Lm} = I_m \omega L$$

其有效值之间的关系为
$$U_L = I\omega L$$

电感电路中的电压、电流最大值或有效值之间的关系具有欧姆定律的形式。当电压一定时，$\omega L$ 越大，电路中的电流越小，$\omega L$ 具有阻碍电流流过的性质。令 $X_L = \omega L = 2\pi f L$，则

$$U_L = X_L I \tag{2-22}$$

式中，$X_L$ 称为电路的感抗，频率 $f$ 的单位为赫（Hz），电感 $L$ 的单位为欧（Ω）。

感抗与电阻具有相同的量纲，在电路中都起阻碍电流通过的作用，但它们具有本质的不同。在交流电路中 $X_L$ 与电流的频率成正比，在 $L$ 一定时，频率越高，$\frac{di}{dt}$ 变化率越大，线圈中产生的自感电动势越大，它对电路中电流的阻碍作用也越大，使电路中的电流减小，所以自感电动势对电流的阻碍作用是通过 $X_L$ 反映出来的。若 $f \to \infty$，则 $X_L \to \infty$，此电电感可视为开路。对直流电流，由于频率 $f \to 0$，故 $X_L \to 0$，它对直流电流没有阻碍作用。电感线圈接在直流电路中可视为短路。电感线圈具有"通直流、阻交流"的性质。

由以上分析可知电感元件两端电压与电流的关系为

1）电压与电流同频率；

2）电压在相位上超前电流 90°，即 $\varphi = \psi_u - \psi_i = 90°$，其波形图和相量图如图 2-11（b）、（c）所示；

3）电压和电流的幅值或有效值之间的关系为：$U_{Lm} = I_m\omega L$，$U_L = I\omega L$。

（2）功率关系

1）瞬时功率

$$\begin{aligned} p_L &= ui = U_{Lm}\sin(\omega t + 90°)I_m\sin\omega t \\ &= U_{Lm}I_m\sin\omega t\cos\omega t \\ &= (U_{Lm}I_m/2)\sin\omega t \\ &= U_L I \sin 2\omega t \end{aligned} \tag{2-23}$$

电感电路中,瞬时功率的最大值为 $U_L I$,它的频率是电源电压频率的两倍,其波形图如图 2-11 所示。

2) 平均功率　由功率波形图看出,$p_L$ 出现了负值,而且正、负半波是对称的,所以在一个周期内平均功率等于零,即

$$P_L = \frac{1}{T}\int_0^T p_L dt = \frac{1}{T}\int_0^T U_L I \sin 2\omega t\, dt = 0 \qquad (2\text{-}24)$$

上式说明电感 $L$ 不消耗功率。波形图还说明:电感在每个 1/4 周期内的瞬时功率并不等于零,在第一个和第三个 1/4 周期内,$p_L > 0$,电感中的电流增大,建立磁场,电感从电源吸取电能,并转换为磁能,储存在线圈的磁场内;在第二个和第四个 1/4 周期内,$p_L < 0$,电感中的电流在减小,磁场在逐渐消失,线圈释放原先储存在磁场中的能量,并转换为电能,归还电源。因此,当 $p_L$ 为正值时,电感向电源吸取电能,当 $p_L$ 为负值时,电感把磁能转换为电能,归还电源。在一个周期内,电感向电源吸取电能和归还给电源的能量相等。可见,在电感电路中,电感不消耗有功功率,即没有能的消耗只有电感与电源之间进行磁能和电能的交换。

3) 无功功率　把衡量电感和电源之间能量交换的规模称为无功功率,无功功率的大小为电感与电源之间能量交换的最大值。无功功率的含义是能量的交换,而不是能量的消耗,为了和有功功率相区别,用符号 $Q$ 表示无功功率,即

$$Q = U_L I = X_L I^2 = \frac{U_L^2}{X_L} \qquad (2\text{-}25)$$

无功功率的单位为乏(var)或千乏(kvar)。

**【例 2-4】**　一个 100mH 的电感元件,接在 $u_L = 100\sqrt{2}\sin(314t + 60°)$ 的交流电源上,求电路的电流 $i$ 和电感元件的无功功率。

**【解】**　已知 $L = 100\text{mH} = 0.1\text{H}$, $U_L = \frac{U_{Lm}}{\sqrt{2}} = \frac{100\sqrt{2}}{\sqrt{2}} = 100\text{V}$, $\omega = 314\text{rad/s}$

感抗　　　　　　$X_L = \omega L = 314 \times 0.1\Omega = 31.4\Omega$

电流　　　　　　$I = \frac{U_L}{X_L} = \frac{100\text{V}}{31.4\Omega} = 3.18\text{A}$

$$\varphi = \psi_u - 90° = 60° - 90° = -30°$$

$$i = 3.18\sin(\omega t - 30°)$$

无功功率　　　　$Q = U_L I = 100\text{V} \times 3.18\text{A} = 318\text{var}$

### 1.2.3　纯电容电路

将中间夹有介质的两块极板引出两根电极就构成了电容器,其模型如图 2-12 所示。

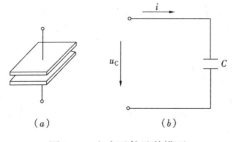

图 2-12　电容元件及其模型

当它两端加有电压后,两个极板就分别会聚集起等量异性电荷,两极板间产生电场。电压越高,聚集的电荷越多,产生的电场越强,储存的能量也越多。电荷 $q$ 与电压 $u_C$ 的比值称为电容量,即 $C = \frac{q}{u_C}$,若 $q$ 的单位为库仑,$u_C$ 的单位为伏特,则 $C$ 的单位为法拉(F)。

在交流电压作用下,电容器两极板上的电

压极性不断地变化，电容器将周期性地充电和放电，两极板上的电量也随着发生变化，在电路中就引起电流

$$i = \frac{dq}{dt} = C\frac{du}{dt} \quad (2\text{-}26)$$

上式可写成

$$u_C = \frac{1}{C}\int i\,dt \quad (2\text{-}27)$$

(1) 电压与电流的关系

图 2-13 中标出了电压 $u_C$ 与电流 $i$ 的正方向。设电容器两端电压为参考正弦量

$$u_C = U_{Cm}\sin\omega t$$

则电流为

$$\begin{aligned}
i &= C\frac{du_C}{dt} = C\frac{d(U_{Cm}\sin\omega t)}{dt} \\
&= U_{Cm}C\omega\cos\omega t \\
&= U_{Cm}C\omega\sin(\omega t + 90°) \\
&= I_m\sin(\omega t + 90°)
\end{aligned} \quad (2\text{-}28)$$

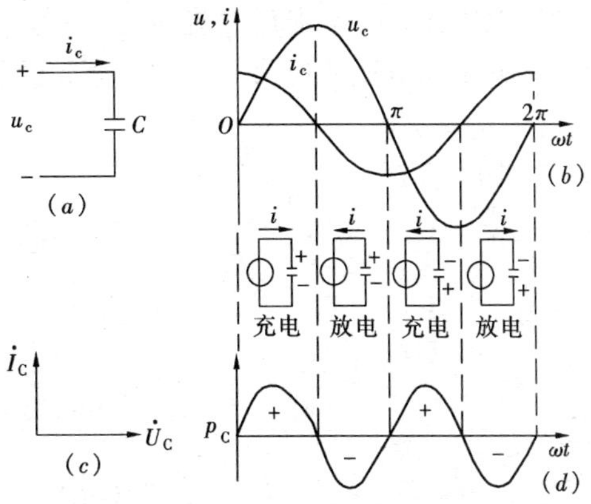

在电容电路中，电压和电流均为同频率的弦量。

在式 (2-28) 中

$$I_m = \omega C U_{Cm} \quad \text{或} \quad U_{Cm} = I_m\frac{1}{\omega C} \quad (2\text{-}29)$$

或用有效值表示

$$I = U_C\omega C \quad \text{或} \quad U_C = I\frac{1}{\omega C} \quad (2\text{-}30)$$

令 $X_C = \dfrac{1}{\omega C} = \dfrac{1}{2\pi fC}$，则

$$I_m = \frac{U_{Cm}}{X_C} \quad \text{或} \quad I = \frac{U_C}{X_C} \quad (2\text{-}31)$$

图 2-13  电容元件的交流电路
(a) 电路图；(b) 电压与电流的正弦波形；
(c) 电压与电流的相量图；(d) 功率波形

电容电路中的电压、电流最大值或有效值之间的关系具有欧姆定律的形式。

$X_C$ 称为容抗，它在电路中对电流具有阻碍作用。$X_C$ 具有欧姆的量纲，当频率为赫兹 (Hz)，电容单位为法 (F) 时，容抗 $X_C$ 的单位为欧姆 (Ω)。

从式 (2-31) 可知，当电压一定时，容抗 $X_C$ 越大，电流越小，因此容抗具有阻碍电流通过的作用。容抗与电容器的容量 $C$ 和电源频率 $f$ 成反比。在 $C$ 一定时，频率 $f$ 越高，电容器充、放电速度越快，电路中电荷流动速度就加快，电流增大，容抗在减小，对电流的阻碍作用也减小。若 $f\to\infty$ 则 $X_C\to 0$，此时电容器可视为短路；对直流电流而言。由于 $f=0$，则 $X_C\to\infty$，此时电容器相当于开路。即电容器在直流电路中起"隔直"作用。所以电容器具有"通交流、隔直流"的特性。

当电压为参考正弦量，其初相位 $\psi_u=0°$ 时，电流的初相位为 90°，其相位差为

$$\varphi = \psi_u - \psi_i = -90°$$

由以上的分析可知电容元件两端电压与电流的关系为

1) 电压与电流频率相同；
2) 电压在相位上滞后电流 90°；
3) 电压和电流的幅值或有效值之间的关系为：$U_{Cm} = I_m X_C$ 或 $U_C = I X_C$。

(2) 功率关系

1) 瞬时功率

$$p_C = u_C i = U_{Cm}\sin\omega t I_m \sin(\omega t + 90°)$$
$$= U_{Cm} I_m \sin\omega t \cos\omega t$$
$$= \frac{U_{Cm} I_m}{2} \sin 2\omega t \qquad (2\text{-}32)$$
$$= U_C I \sin 2\omega t$$

由式 (2-32) 可知，电容元件与电感瞬时功率一样，按正弦规律变化，其角频率也为电压角频率的 2 倍，如图 2-13 所示。在第一个和第三个 1/4 周期，$p$ 为正值，表明电容器充电，从电源吸收电能，将其转换成电场能储存起来；在第二个和第四个 1/4 周期，$p$ 为负值，表明电容器放电，将储存的电场能转换成电能送回电源。

2) 平均功率

$$P_C = \frac{1}{T}\int_0^T p\,dt = \frac{1}{T}\int_0^T U_C I \sin 2\omega t \,dt = 0 \qquad (2\text{-}33)$$

式 (2-33) 表明，电容器不消耗电能，和电感一样，只是和电源不断地进行能量交换，我们仍以瞬时功率的幅值 $U_C I$ 来衡量能量交换的规模，即无功功率 $Q$，单位为乏 (var) 或千乏 (kvar)，即

$$Q = U_C I = I^2 X_C = \frac{U_C^2}{X_C} \qquad (2\text{-}34)$$

【例 2-5】 已知电容 $C = 31.8\mu F$，$f = 50Hz$，当 $u = 220\sqrt{2}\sin\omega t$ 时，求电流 $i$ 和无功功率。

【解】 容抗 $\quad X_C = \dfrac{1}{2\pi f C} = \dfrac{1}{2 \times 3.14 \times 50 \times 31.8 \times 10^{-6}} = 100\Omega$

电流有效值 $\quad I = \dfrac{U_C}{X_C} = \dfrac{220V}{100\Omega} = 2.2A$

相位差 $\quad \varphi = \psi_u - \psi_i = 0 - (-90°) = 90°$

电流 $\quad i = 2.2\sqrt{2}\sin(314t + 90°)$

无功功率 $\quad Q = U_C I = 220V \times 2.2A = 484var$

## 1.3 RLC 串联电路

### 1.3.1 RL 串联电路

RL 串联电路如图 2-14 所示。在正弦交流电压作用下，电路中将有电流 $i$ 流过。该电

流分别在 RL 上产生的电压降为 $u_R$、$u_L$，电压和电流的参考方向标示于图中。由于串联电路中通过的是同一个电流，为讨论方便起见，设电流为参考正弦量。

(1) 电压与电流的关系

设　　$i = I_m \sin\omega t$

通过对单一参数电路的讨论，可以得到：

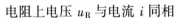

图 2-14　RL 串联电路

电阻上电压 $u_R$ 与电流 $i$ 同相

$$u_R = U_{Rm}\sin\omega t \qquad U_{Rm} = I_m R$$

电感上电压 $u_L$ 超前电流 90°

$$u_L = U_{Lm}\sin(\omega t + 90°) \qquad U_{Lm} = I_m X_L$$

由基尔霍夫定律可列出：

$$u = u_R + u_L$$

由于 $u_R$、$u_L$ 是同频率正弦量，故可用相量表示，即

$$\dot{U} = \dot{U}_R + \dot{U}_L \tag{2-35}$$

相量图如图 2-14，由相量 $\dot{U}_R$、$\dot{U}_L$ 和 $\dot{U}$ 组成的直角三角形称为电压三角形。从这个三角形可以看出，电源电压 $u$ 超前电流一个 $\varphi$ 角，即

$$\varphi = \arctan\frac{U_L}{U_R} = \arctan\frac{LX_L}{IR} = \arctan\frac{X_L}{R} \tag{2-36}$$

根据电压三角形各边长度的关系符合勾股定理，电源电压的有效值为

$$U = \sqrt{U_R^2 + U_L^2} = \sqrt{(IR)^2 + (LX_L)^2} = I\sqrt{R^2 + X_L^2} = IZ \tag{2-37}$$

式（2-37）可以认为是交流电路中欧姆定律的一般表达式。式中：

$$Z = \sqrt{R^2 + X_L^2}$$

$Z$ 称为 RL 串联电路的阻抗，也是起阻碍电流作用的参量，单位也是欧姆（Ω）。电阻 $R$、感抗 $X_L$ 和阻抗 $Z$ 也可以画出一个直角三角形，称为阻抗三角形，如图 2-15 所示。阻抗三角形的各边不是相量，不能用箭头的有向线段表示。电压与电流的相位差 $\varphi$ 也称为阻抗角，其大小由 $R$、$L$ 两元件的参数所决定，如式（2-36）所示。

由式（2-36）和式（2-37）可计算出电压有效值 $U$ 和相位角 $\varphi$，就可以写出 RL 串联电路两端的电压瞬时表达式：

$$u = \sqrt{2}U\sin(\omega t + \varphi)$$

(2) 功率关系

在 RL 串联交流电路中，既有耗能元件 $R$ 也有储能元件 $L$，因此电路中既有能量的消耗，也有能量的转换，功率波形图如图 2-16 所示。

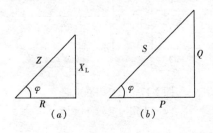

图 2-15　阻抗三角形和功率三角形

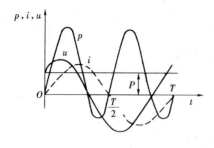

图 2-16 功率波形图

1) 有功功率 在 RL 串联电路中，只有电阻 R 消耗电能，所以整个电路的有功功率为

$$P = U_R I = I^2 R$$

由电压三角形得 $U_R = U\cos\varphi$，代入到上式得

$$P = UI\cos\varphi \quad (2\text{-}38)$$

式 (2-38) 中 $\cos\varphi$ 称为交流电路的功率因数，$\varphi$ 称为功率因数角，也是阻抗角。

2) 无功功率 RL 串联电路中储能元件为电感，其本身不消耗功率，但与电源之间存在能量交换，这种能量交换的规模就是无功功率。即

$$Q = U_L I = I^2 X_L$$

由电压三角形得 $U_L = U\sin\varphi$，代入到上式得

$$Q = UI\sin\varphi \quad (2\text{-}39)$$

3) 视在功率 式 (2-38) 和式 (2-39) 说明 RL 串联电路两端电压有效值和电流有效值的乘积，既不是电路中的有功功率，也不是无功功率，我们称之为视在功率，即

$$S = UI \quad (2\text{-}40)$$

由以上分析可知，电源向感性负载提供的视在功率可以分成两部分，一部分为有功功率，另一部分为无功功率，三者的关系也可用一个直角三角形表示，如图 2-15 (b) 所示，即

$$S = \sqrt{P^2 + Q^2} \quad (2\text{-}41)$$

功率三角形、阻抗三角形和电压三角形互为相似三角形，所以电源电压和电流的相位差为

$$\varphi = \arctan\frac{U_L}{U_R} = \arctan\frac{X_L}{R} = \arctan\frac{Q}{P}$$

### 1.3.2 RLC 串联电路

在分析研究了 RL 串联电路以后，我们也不难求出 R、L、C 三个元件串联在一起的交流电路，如图 2-17 (a) 所示。

(1) 电压与电流的关系

由于串联电路中流过的是同一个电流，为讨论方便，设电流为参考正弦量。

设 $\quad i = I_m \sin\omega t$

通过对 RL 串联电路的讨论，可以得到：

电阻上电压 $u_R$ 与电流 $i$ 同相

$$u_R = U_{Rm}\sin\omega t \quad U_{Rm} = I_m R$$

电感上电压 $u_L$ 超前电流 90°

$$u_L = U_{Lm}\sin(\omega t + 90°) \quad U_{Lm} = I_m X_L$$

电容上电压 $u_C$ 滞后电流 90°

$$u_C = U_{Cm}\sin(\omega t - 90°) \quad U_{Cm} = I_m X_C$$

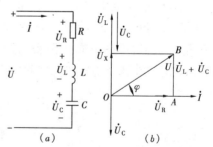

图 2-17 RLC 串联电路
(a) 电路图；(b) 相量图

由基尔霍夫定律可列出：
$$u = u_R + u_L + u_C \tag{2-42}$$
由于 $u_R$、$u_L$、$u_C$ 是同频率的正弦量，故可用相量表示，即
$$\dot{U} = \dot{U}_R + \dot{U}_L + \dot{U}_C \tag{2-43}$$

图 2-17（b）所示的是 $U_L > U_C$ 的相量图，由于 $\dot{U}_L$ 与 $\dot{U}_C$ 反相，故（$\dot{U}_L + \dot{U}_C$）的值实际上是 $\dot{U}_L$ 与 $\dot{U}_C$ 的有效值之差，由 $\dot{U}_R$、（$\dot{U}_L + \dot{U}_C$）和 $\dot{U}$ 三个相量组成电压三角形，如图 2-18（a）所示，同时也可得到阻抗三角形，如图 2-18（b）所示。

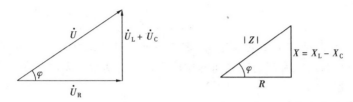

图 2-18　电压三角形和阻抗三角形
(a) 电压三角形；(b) 阻抗三角形

由上述分析可得出总电压与总电流之间的大小关系为
$$U = \sqrt{U_R^2 + (U_L - U_C)^2} = \sqrt{(RI)^2 + (X_L I - X_C I)^2} = I\sqrt{R^2 + (X_L - X_C)^2} = IZ$$
总电压与电流之间的相位差 $\varphi$ 为
$$\varphi = \arctan\frac{U_L - U_C}{U_R} = \arctan\frac{U_X}{U_R} = \arctan\frac{X_L - X_C}{R} \tag{2-44}$$
当电流频率一定时，$\varphi$ 角的大小，即电路的性质由电路参数 $R$、$L$、$C$ 决定。

由以上分析可写出总电压 $u$ 的瞬时表达式和相量表达式
$$u = u_R + u_L + u_C = \sqrt{2}U\sin(\omega t + \varphi)$$
$$\dot{U} = U\angle\varphi$$

当 $X_L > X_C$ 时，$\varphi > 0$，电压 $U_L$ 大于 $U_C$，即电感的作用大于电容的作用，整个电路呈电感性，称为感性电路，其相量图如图 2-19（a）所示。

当 $X_L < X_C$ 时，$\varphi < 0$，电压 $U_L$ 小于 $U_C$，即电容的作用大于电感的作用，整个电路

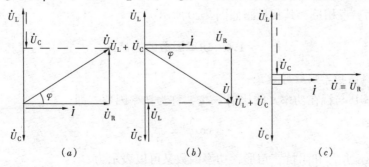

图 2-19　RLC 串联电路电流和电压的相量图
(a) $X_L > X_C$；(b) $X_L < X_C$；(c) $X_L = X_C$

呈容性，称为电容性电路，其相量图如图2-19（b）所示。

当 $X_L = X_C$ 时，$\varphi = 0$，电压与电流同相位，$U_L = U_C$，即电感的作用与电容相同，整个电路呈纯电阻性质，称为电阻性电路，其相量图如图2-19（c）所示。

(2) 功率关系

1) 有功功率

$$P = U_R I = I^2 = UI\cos\varphi \tag{2-45}$$

2) 无功功率

$$Q = U_X I = (U_L - U_C)I = UI\sin\varphi \tag{2-46}$$

3) 视在功率

$$S = UI \tag{2-47}$$

【例2-6】 已知某线圈电阻为8Ω，电感为15mH，接于220V、50Hz的交流电源上，试求通过线圈的电流以及电流与电压之间的相位差、有功功率、无功功率、视在功率，并画出电压与电流的相量图。

【解】 线圈的感抗

$$X_L = 2\pi f L = 2 \times 3.14 \times 50 \times 15 \times 10^{-3} \Omega = 4.71\Omega$$

线圈的阻抗

$$Z = \sqrt{R^2 + X_L^2} = \sqrt{8^2 + 4.71^2} \Omega = 9.3\Omega$$

线圈中的电流

$$I = \frac{U}{Z} = \frac{220}{9.3}\text{A} = 23.7\text{A}$$

电流与电压之间的相位差

$$\varphi = \arctan\frac{X_L}{R} = \arctan\frac{4.71}{8} = 30.5°$$

有功功率

$$P = UI\cos\varphi = 23.7 \times 220 \times \cos 30.5° \text{W} = 4.9\text{kW}$$

无功功率

$$Q = UI\sin\varphi = 23.7 \times 220 \times \sin 30.5° \text{var} = 2.6\text{kvar}$$

视在功率

$$S = UI = 23.7 \times 220 \text{V·A} = 5.2\text{kV·A}$$

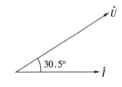

图2-20 例2-6相量图

设电流为参考相量，其相量图如图2-20所示。

## 1.4 功率因数的提高

### 1.4.1 提高功率因数的意义

有功功率 $P$ 与视在功率 $S$ 的比值 $\cos\varphi$，称为功率因数，即

$$\cos\varphi = \frac{P}{S} \tag{2-48}$$

根据电压三角形和阻抗三角形，功率因数又可以表示为

$$\cos\varphi = \frac{U_R}{U} = \frac{R}{Z} \tag{2-49}$$

由式（2-49）可以看出，电路的功率因数决定于负载的性质，是负载的一个非常重要的物理量。只有电阻性负载（如白炽灯、电热水器）的功率因数等于1，一般电感性负载的功率因数小于1。例如交流异步电动机，空载时功率因数约为0.2～0.3，满载时约为0.85～0.90，提高电路的功率因数在供电工程中有着重要的经济意义。

(1) 充分发挥电源设备的利用率

一个电源设备的额定容量 $S_N$ 是由额定电压和额定电流的乘积来决定的，即

$$S_N = U_N I_N$$

而电路实际取用的功率 $P$ 等于 $S_N$ 与功率因数 $\cos\varphi$ 的乘积，即

$$P = S_N \cos\varphi$$

当负载的功率因数越低时，电源提供的有功功率就越小，电源的利用也越低。

例如，容量为 100kV·A 的交流发电机，如果负载的功率因数 $\cos\varphi = 1$，即输出的最大有功功率

$$P = S_N \cos\varphi = 100 \times 1\text{kW} = 100\text{kW}$$

这台发电机可以向10台定额功率为10kW，功率因数为1的用电设备供电。

如果功率因数 $\cos\varphi = 0.5$，即输出的最大有功功率为

$$P = S_N \cos\varphi = 100 \times 0.5\text{kW} = 50\text{kW}$$

这台发电机只能向5台同样的用电设备供电。

可见，负载的功率因数越高，电源设备的利用率也越高。

(2) 减少线路的电能损耗和节约材料

当发电机（或变压器）输出电压和输出的有功功率一定时，发电机输出的电流（即线路中的电流）为

$$I = \frac{P}{U\cos\varphi}$$

电流 $I$ 与功率因数成反比，若线路电阻为 $R$，则输电线路的电能损耗为

$$\Delta W = I^2 RT$$

可见线路的功率因数越高，线路的电流就越小，线路上的电能损耗就会减少。相应地线路输电导线的截面也可以减小，节约材料。

(3) 减少线路电压损失，提高用户供电质量

线路的电压降 $\Delta U$（电压损失）等于线路电流 $I$ 乘以线路电阻 $R$，即

$$\Delta U = IR$$

用户端电压 $U_2$ 等于电源端电压减去电路电压降，即

$$U_2 = U_1 - \Delta U$$

当线路电阻为定值时，线路功率因数越高，线路电流就越小，线路电压降就越少，用户端电压越高，供电质量越好。

### 1.4.2 提高功率因数的措施

提高线路功率因数，一般采用的方法是在电感性负载两端并联电容器，使电感的无功功率与电容的无功功率进行补偿。此外，还可以采用同步电动机来提高线路的功率因数和减少异步电动机轻载或空载的方法。电容补偿简单易行，损耗小，是用户采用较多的补偿方法。

感性负载并联电容器后，电感性负载所需的无功功率被电容提供的无功功率补偿了一部分。在并联补偿电容之前，电感性负载的电流就是线路电流即总电流。电流 $i_1$ 滞后电压 $\varphi_1$ 角度，其功率因数为 $\cos\varphi_1$，并联电容后其支路电流 $i_C$ 在相位上超前电压 90°，此时总电流较原来要减少了，降低了线路上的电压和电能损耗。由图 2-21（b）所示，总电压与总电流之间的相位差也减少了，由原来的 $\varphi_1$ 减小为 $\varphi$，而 $\cos\varphi > \cos\varphi_1$，功率因数得到了提高。

并联补偿电容后，通过电感性负载的电流及负载的功率因数均未改变，而是用补偿电容去补偿负载所需要的无功功率，使电源与电感性负载之间能量交换的规模减小。即无功功率减小，电源输出的总电流由原来的 $I_1$ 变为 $I$，使供电设备和线路的功率损耗减少，功率因数得到提高。

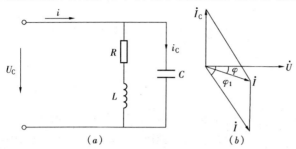

图 2-21 并联补偿电容提高功率因数
（a）电路图；（b）相量图

并联补偿电容的计算公式可以由相量图得到

$$I_C = I_1\sin\varphi_1 - I\sin\varphi$$

由于并联补偿电容 C 前后，有功功率不变，故

$$P = UI_1\cos\varphi_1 = UI\cos\varphi$$

得

$$I_1 = \frac{P}{U\cos\varphi_1} \quad I = \frac{P}{U\cos\varphi}$$

即

$$I_C = \frac{P}{U\cos\varphi_1}\sin\varphi_1 - \frac{P}{U\cos\varphi}\sin\varphi = \frac{P}{U}(\tan\varphi_1 - \tan\varphi)$$

由于 $I_C = \dfrac{U}{X_C} = \omega CU$，故得

$$\omega CU = \frac{P}{U}(\tan\varphi_1 - \tan\varphi)$$

$$C = \frac{P}{U^2\omega}(\tan\varphi_1 - \tan\varphi) \tag{2-50}$$

式中，$\varphi_1$ 为并联补偿电容前的功率因数角，$\varphi$ 为并联补偿电容后整个电路的功率因数角。

【例 2-7】 已知某电动机接于交流 $U = 220\text{V}$，$f = 50\text{Hz}$ 的交流电源上，消耗的功率为 10kW，功率因数为 0.6。(1) 若将功率因数提高到 0.9，求需要并联的电容器的电容量 C 值；(2) 计算并联电容前后电源输出的电流。

【解】 (1) 由 $\cos\varphi_1 = 0.6$、$\cos\varphi = 0.9$ 得

$$\varphi_1 = 53.1° \quad \varphi = 25.8°$$
$$\tan\varphi_1 = 1.333 \quad \tan\varphi = 0.484$$

则

$$C = \frac{P}{U^2\omega}(\tan\varphi_1 - \tan\varphi) = \frac{P}{U^2 2\pi f}(\tan\varphi_1 - \tan\varphi)$$
$$= \frac{10000}{220^2 \times 2\pi \times 50}(1.333 - 0.484)\text{F} = 558\mu\text{F}$$

(2) 电源输出电流

并联前

$$I = I_1 = \frac{P}{U\cos\varphi_1} = \frac{10000}{220 \times 0.6}\text{A} = 75.75\text{A}$$

并联后 
$$I = \frac{P}{U\cos\varphi} = \frac{10000}{220 \times 0.9}A = 50.5A$$

可见线路功率因数提高后,线路电流显著减小。

# 课题 2 三相交流电路

在生产实践中,电能的生产、输送和使用,都广泛采用三相制。单相交流电路只是三相制中的一相,与单相相比,三相交流电具有以下特点:

(1) 三相发电机与尺寸相同单相发电机相比输出功率更大,使用维护较方便,运行时振动小;

(2) 同样条件下输送同样大的功率,特别是远距离输电时,三相输电线路比单相输电线路节约25%左右的材料;

(3) 三相交流电动机和尺寸相同的单相交流电动机输出功率大,性能优越,振动小。

所以三相交流电应用更为广泛。所谓三相制就是由三个彼此互不影响而又按一定规律联系起来的电动势组成的供电系统。

## 2.1 三相交流电源

### 2.1.1 三相交流电动势的产生

三相交流发电机的原理示意图如图 2-22 所示。它主要由电枢和磁极组成。

电枢是固定的,称为定子,在定子内壁槽中嵌放三个结构相同、匝数相等的线圈,称为三相定子绕组,其始端用 $U_1$、$V_1$、$W_1$ 表示,末端分别用 $U_2$、$V_2$、$W_2$ 表示。这三个对称的绕组 $U_1U_2$、$V_1V_2$、$W_1W_2$ 的轴线在空间互差 120°,这是由于三个绕组在空间安放位置上相差 120°造成的。

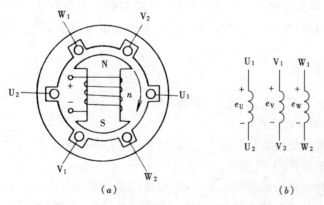

图 2-22 三相交流发电机的原理示意图

磁极是转动的,称为转子,转子铁心上绕有励磁绕组,通直流电流励磁。适当选择转子的极面形状,使定子与转子之间空气隙中的磁感应强度按正弦规律分布。当转子按顺时针方向匀速转动时,每相绕组依次切割磁场线,感应出三相正弦交流电动势,这个三相电动势的幅值相等,频率相同,相位互差 120°,称这样的三相电动势为对称三相电动势。

若以 $U_1$ 相电动势为参考,其瞬时表达式为

$$\left.\begin{aligned} e_\mathrm{U} &= \sin\omega t \\ e_\mathrm{V} &= \sin(\omega t - 120°) \\ e_\mathrm{W} &= \sin(\omega t + 120°) \end{aligned}\right\} \quad (2\text{-}51)$$

用相量表示为

$$\left.\begin{aligned} \dot{E}_\mathrm{U} &= E\angle 0° \\ \dot{E}_\mathrm{V} &= E\angle -120° \\ \dot{E}_\mathrm{W} &= E\angle +120° \end{aligned}\right\} \quad (2\text{-}52)$$

三相对称电动势波形图和相量图如图 2-23 所示。

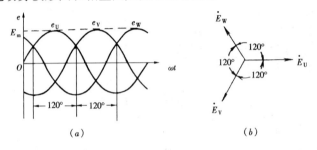

图 2-23 三相对称电动势的波形图和相量图
(a) 波形图；(b) 相量图

三相电动势依次达到正的最大值的先后顺序称为相序，如图 2-23（a）所示，U 相达到正的最大值先于 V 相 120°，V 相则先于 W 相 120°，相序 U→V→W 称为三相电动势的顺相序，U→W→V 称为逆相序。一般采用顺相序来表示。

从相量图中可以看出，三相电动势的瞬时值或相量之和等于零，即

$$\dot{E}_\mathrm{U} + \dot{E}_\mathrm{V} + \dot{E}_\mathrm{W} = 0$$
$$e_\mathrm{U} + e_\mathrm{V} + e_\mathrm{W} = 0$$

这是对称的三相交流电动势的一个重要特征。

2.1.2 三相电源的连接

三相交流电源的绕组有星形（Y）和三角形（△）两种连接方式。

(1) 电源的星形（Y）连接

把发电机三相绕组的始端 $U_1$、$V_1$、$W_1$ 引出的线分别标注为 $L_1$、$L_2$、$L_3$，称为相线或火线。把发电机三相绕组的末端 U2、V2、W2 接在一起，这个连接点称为中性点或零点，用 N 表示，从中性点引出的线称为中性线或零线，有时中性点接地，又称地线。由中性线和三根相线（即 $L_1$、$L_2$、$L_3$ 线）向外供电，这种接法称为星形连接，如图 2-24 所示。

由三根相线和一根中性线构成的供电系统称为三相四线制供电系统，三相四线制电源可以提供两种电压，一种是相线与中性线之间的电压，即 $L_1$ 线与 N 线间的电压用 $u_1$ 表示，$L_2$ 线与 N 线间的电压用 $u_2$ 表示，$L_3$ 线与 N 线间的电压用 $u_3$ 表示。$u_1$、$u_2$、$u_3$ 称为相电压。由于三相电动势 $e_\mathrm{U}$、$e_\mathrm{V}$、$e_\mathrm{W}$ 是对称的，所以三相的相电压也是对称的，即

$$\left.\begin{array}{l}u_1 = U_m\sin\omega t \\ u_2 = U_m\sin(\omega t - 120°) \\ u_3 = U_m\sin(\omega t + 120°)\end{array}\right\} \quad (2\text{-}53)$$

用相量形式表示为

$$\left.\begin{array}{l}\dot{U}_1 = U\angle 0° \\ \dot{U}_2 = U\angle -120° \\ \dot{U}_3 = U\angle +120°\end{array}\right\} \quad (2\text{-}54)$$

相电压的有效值分别表示为 $U_1$、$U_2$、$U_3$，当负载对称时，各相电压可用同一字母 $U_P$ 表示。

三相四线制供电系统中另一种电压是任意两相相线之间的电压 $u_{12}$、$u_{23}$、$u_{31}$，称为线电压。

一般规定电动势的参考方向自绕组的末端指向绕组的始端，如图2-22（b）所示。相电压的参考方向从绕组的始端指向绕组的末端。根据相电压的参考方向，可以确定各线电压的参考方向，如图2-24所示。

由基尔霍夫定律，可得线电压和相电压之间的相量关系，由于

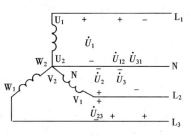

图 2-24 三相四线制电源

$$\left.\begin{array}{l}u_{12} = u_1 - u_2 \\ u_{23} = u_2 - u_3 \\ u_{31} = u_3 - u_1\end{array}\right\}$$

相应的相量关系为

$$\left.\begin{array}{l}\dot{U}_{12} = \dot{U}_1 - \dot{U}_2 \\ \dot{U}_{23} = \dot{U}_2 - \dot{U}_3 \\ \dot{U}_{31} = \dot{U}_3 - \dot{U}_1\end{array}\right\} \quad (2\text{-}55)$$

由于三相电压是对称的，所以线电压也是对称的，用同一字母 $U_L$ 来表示。其相量图如图2-25所示，由相量图可知，在数值上，线电压为相电压的$\sqrt{3}$倍，即

$$U_L = \sqrt{3}U_P \qquad \varphi_{L\text{-}P} = 30° \quad (2\text{-}56)$$

在相位上线电压较对应的相电压超前30°。

综上所述，三相四线制电源的线电压等于相电压的$\sqrt{3}$倍，线电压在相位上超前对应的相电压30°。

通常三相四线制低压配电系统中的标准相电压为220V，线电压为380V，它们之间有$\sqrt{3}$倍的关系。若负载的额定电压为380V，则负载接于两根相线之间；若负载的额定电压为220V，则负载接在相线与

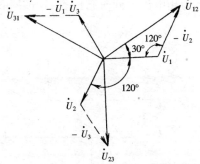

图 2-25 线电压与相电压的相量图

中性线之间。如果没有中性线，则为三相三线制，这时只能提供一种电压，即线电压。

（2）电源的三角形（△）连接

三相电源的三角形连接，如图2-26所示。

三相电源绕组按顺序首尾端依次连接，构成一个闭合的三角形，从三个连接点引出的三根输电导线向外供电，这种接法称为三角形连接。

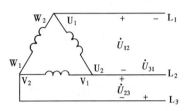

图2-26 三相电源绕组的三角形连接

由于对称三相电动势的相量和等于零，因此不接负载时，三相绕组组成的闭合回路内不会有电流，三角形连接的三相电源中，线电压等于对应的相电压，即

$$\left.\begin{array}{l}\dot{U}_{12} = \dot{U}_1 \\ \dot{U}_{23} = \dot{U}_2 \\ \dot{U}_{31} = \dot{U}_3\end{array}\right\} \quad (2\text{-}57)$$

可见，线电压与相电压的大小相等并同相，即

$$\dot{U}_\mathrm{L} = \dot{U}_\mathrm{P}$$

当电源三角形连接时，只能提供一种电压。在实际应用中，三相交流发电机通常接成星形，而三相变压器两种接法都有。

## 2.2 三相负载电路

接在三相交流电路中的用电设备大致分为两类：一类是单相用电器，如荧光灯、空调、电视机等，这类负载接在三相电源中的任意一相上工作；另一类是三相用电器，如三相交流异步电动机、大功率的三相电炉等，称为三相负载，它们在工作时应接在三相电源上才能工作。

三相负载有两种接法，一种是星形（Y）连接，另一种是三角形（△）连接。

### 2.2.1 三相负载的星形（Y）连接

（1）对称负载的星形连接

把三个负载的三个端点连在一起，接在电源的中性线上，把三个负载的另三个端点分别与三相电源的三根相线相连，即三相负载分别与三相电压相连。这种连接方式称为三相四线制，如图2-27所示。

图中 $\dot{I}_1$、$\dot{I}_2$、$\dot{I}_3$ 是分别流过每相负载的电流，称为相电流，同时它们也是流经相线的电流，称为线电流，$\dot{I}_\mathrm{N}$ 为流过中性线的电流，称为中性线电流。电流的参考方向如图2-27所示，在星形连接的电路中，各相电流等于各线电流，即

$$\dot{I}_\mathrm{L} = \dot{I}_\mathrm{P}$$

式中 $\dot{I}_\mathrm{L}$ 为线电流，$\dot{I}_\mathrm{P}$ 为相电流，线电流与相电流的大小相等，相位相同。根据基尔霍

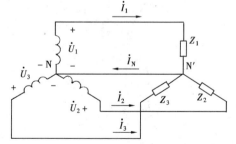

图2-27 负载星形连接的三相四线制电路

夫定律，可得
$$\dot{I}_N = \dot{I}_1 + \dot{I}_2 + \dot{I}_3$$

在三相四线制电路中，各相负载电流可以用欧姆定律的相量形式计算：

$$\dot{I}_1 = \frac{\dot{U}_1}{Z_1} \quad \dot{I}_2 = \frac{\dot{U}_2}{Z_2} \quad \dot{I}_3 = \frac{\dot{U}_3}{Z_3} \tag{2-58}$$

相量图如图 2-28 所示。如果三相负载的阻抗值相等，即 $Z_1 = Z_2 = Z_3$，阻抗角 $\varphi_1 = \varphi_2 = \varphi_3 = \varphi$，这样的负载称为三相对称负载。此时，根据式（2-58），各相电流（或线电流）又可以表示为

$$\dot{I}_1 = \frac{\dot{U}_1}{Z_1} = \frac{\dot{U}_1}{Z} \quad \dot{I}_2 = \frac{\dot{U}_2}{Z_2} = \frac{\dot{U}_2}{Z} \quad \dot{I}_3 = \frac{\dot{U}_3}{Z_3} = \frac{\dot{U}_3}{Z}$$
$$\tag{2-59}$$

对称三相负载的相电压与相电流之间的相位差为

$$\varphi_1 = \arctan\frac{X_1}{R_1} \quad \varphi_2 = \arctan\frac{X_2}{R_2} \quad \varphi_3 = \arctan\frac{X_3}{R_3}$$

$$\varphi_1 = \varphi_2 = \varphi_3 = \varphi = \arctan\frac{X}{R} \tag{2-60}$$

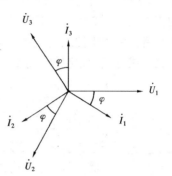

图 2-28 星形连接对称负载的相量图

从相量图中可见，由于负载对称，中性线电流 $\dot{I}_N = \dot{I}_1 + \dot{I}_2 + \dot{I}_3 = 0$，可以去掉中性线，构成三相三线制电路，如图 2-29 所示。

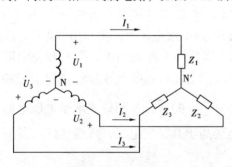

图 2-29 三相三线制电路

三相三线制系统，在生产上应用极为广泛，常用的三相电动机、三相电炉等负载，在正常情况下都是对称的，都可用三相三线制供电。如果三相负载不对称，中性线就会有电流 $\dot{I}_N$ 通过，此时，中性线不能去掉，否则会造成负载上三相电压严重不对称，使用电设备不能正常工作。常见的照明电路就是不对称负载，照明电路一定要接中性线。

负载星形连接时，其线电压就是电源的线电压，负载的相电压就是电源的相电压。因此，在对称条件下，线电压是相电压的 $\sqrt{3}$ 倍（$U_L = \sqrt{3} U_P$）且线电压超前对应的相电压 30°，即

$$U_L = \sqrt{3} U_P \quad \varphi_{L-P} = 30° \tag{2-61}$$

（2）不对称负载星形连接

当三相负载的阻抗不满足公式 $Z_1 = Z_2 = Z_3$、$\varphi_1 = \varphi_2 = \varphi_3 = \varphi$ 时，即或者阻抗值大小不等，或者阻抗性质不同，或者大小和性质都不同，均称为不对称负载。由于三相负载不对称，三个相电流不相等，相位角也不相等，它们的相量之和不等于零，即 $\dot{I}_N = \dot{I}_1 + \dot{I}_2 + \dot{I}_3 \neq 0$。这种情况下，中性线有电流流过，是不能取消的。如果取消中性线，电路中的电

压、电流将会发生很大的变化。将导致负载的各相电压重新分配,不能再保持对称了,并会出现不正常情况,即有的负载承受的电压要高于原来的相电压,有的负载承受的电压低于原来的相电压。这种现象的发生对于各种电气设备都是非常不利的,容易引起事故。

下面讨论一下不对称负载时三相电路中性线的作用。

1) 不对称负载有中性线　图 2-30 为不对称照明电路,电源线电压 $U_L = 380V$,相电压 $U_P = 220V$,在有中性线时,每相电压为一个独立的供电系统,灯泡承受的电压是电源的相电压,为 220V,此时,灯泡工作正常,如图 2-30(a)所示,如果其中一相负载短路或开路,由于中性线的作用,其他两相负载仍承受 220V 的相电压,其负载仍正常工作。可见,在三相四线制供电系统中,一相发生故障,并不影响其他两相的正常工作。

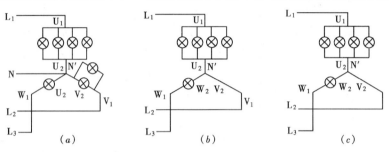

图 2-30　不对称电路
(a) 不对称照明电路;(b) V 相短路;(c) V 相开路

2) 不对称负载没有中性线　在照明电路中,若没有中性线,如图 2-30(b)所示,V 相负载短路,此时 U 相和 W 相灯泡承受 380V 线电压,使 U 相和 W 相灯泡烧毁;当 V 相负载开路的情况下,此时 U 相和 W 相灯泡串联,接于 380V 线电压上,若 U 相有 4 只灯泡并联,W 相有 1 只灯泡,每个灯泡的电阻值均为 R,其额定功率均相等,则 U 相总电阻 $R_1 = R/4$,W 相总电阻为 $R_3 = R = 4R_1$。U 相灯泡承受的电压占总电压的 1/5,即 $U_1 = 380 \times \frac{1}{5} = 76V$,W 相灯泡承受电压的 4/5,即 $U_3 = 380 \times \frac{4}{5} = 304V$,U 相灯泡承受电压远低于其额定电压,不能正常发光,W 相灯泡承受电压远高于其额定电压,灯泡烧毁。当 W 相灯泡烧毁,U、W 相电路断开。

可见在无中性线的情况下,只要有一相电路发生故障,就会影响到其他两相电路的正常工作。因此,在负载不对称的情况下,一定要有中性线,中性线的作用在于使不对称负载的相电压保持对称。为此,在中性线上不能装设熔断器和其他短路或过电流保护装置。

### 2.2.2　三相负载三角形(△)连接

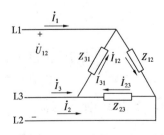

图 2-31　负载三角形连接电路

三相负载三角形连接,即依次将某相负载的末端,与下一相负载的首端连接,并将三个连接点分别接到三相电源的三根相线上去,如图 2-31 所示。由图 2-31 可知,负载的相电压就是对应的线电压,即为电源的线电压,因此,相电压和线电压不仅都是对称的,而且大小还相同,即

$$\dot{U}_L = \dot{U}_P \quad (2\text{-}62)$$

各相电流的计算方法,与单相电路电流的计算方法相

同，即

$$\begin{aligned}\dot{I}_{12} &= \frac{\dot{U}_{12}}{Z_{12}} & \varphi_{12} &= \arctan\frac{X_{12}}{R_{12}} \\ \dot{I}_{23} &= \frac{\dot{U}_{23}}{Z_{23}} & \varphi_{23} &= \arctan\frac{X_{23}}{R_{23}} \\ \dot{I}_{31} &= \frac{\dot{U}_{31}}{Z_{31}} & \varphi_{31} &= \arctan\frac{X_{31}}{R_{31}}\end{aligned}\} \quad (2\text{-}63)$$

如果三相负载为对称负载，其相电流也是对称的，其大小为

$$I_{12} = I_{23} = I_{31} = I_P$$

根据基尔霍夫定律，可得出线电流与相电流的关系

$$\left.\begin{aligned}\dot{I}_1 &= \dot{I}_{12} - \dot{I}_{31} \\ \dot{I}_2 &= \dot{I}_{23} - \dot{I}_{12} \\ \dot{I}_3 &= \dot{I}_{31} - \dot{I}_{23}\end{aligned}\right\} \quad (2\text{-}64)$$

三相对称负载时，由式（2-64）作相量图，如图 2-32 所示。从图中可知线电流等于相电流的$\sqrt{3}$倍，且滞后对应相电流 30°，即

$$I_L = I_P \quad \varphi_{L\text{-}P} = -30° \quad (2\text{-}65)$$

在对称负载情况下，其三相电流、电压都是对称的，计算时只要算出一相的电量，就可得到其他两相电量。

【例 2-8】 有一三相对称负载，每相负载的电阻 $R = 4\Omega$，电感抗 $X_L = 3\Omega$，连接成三角形，并接入线电压 380V 的三相对称电源上，试求各相负载的相电流及线电流。

【解】 设 U 相相电压的初相位为 0°。
由于负载为对称，各相电流相等，根据欧姆定律，相电流的有效值为

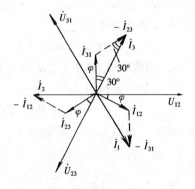

图 2-32 三角形连接的相量图

$$I_P = \frac{U_P}{Z} = \frac{380}{\sqrt{4^2 + 3^2}}\text{A} = 76\text{A}$$

各线的线电流的有效值为

$$I_L = \sqrt{3}I_P = \sqrt{3} \times 76\text{A} = 131.5\text{A}$$

各相电流与对应的相电压的相位差为

$$\varphi = \arctan\frac{X_L}{R} = \arctan\frac{4}{3} = 37°$$

如果三相负载不对称，虽然各相负载的电压仍为是三相电源的对称电压，由于三相阻抗不对称，所以通过各相负载的相电流不相等，只能按式（2-63）逐一计算。显然，在这种情况下，线电流与相电流之间也不存在$\sqrt{3}$倍的关系了。

在例 2-8 中，作三角形连接的三相负载是对称的，如果发生以下事故，对称负载就成为不对称了。按不对称负载的交流电路的规律，作如下分析：

(1) 当 U、V 相负载 $Z_{12}$ 断开，$I_{12}=0$。由此引起 $I_1=-I_{31}$，$I_2=I_{23}$，但是 $I_3$ 及 $I_{23}$、$I_{31}$ 均不受影响。由上述例题的计算结果可知，此时三个线电流的大小分别为 $I_1=76\text{A}$、$I_2=76\text{A}$、$I_3=131.5\text{A}$。

(2) 当 U、V 相间发生短路，U、V 两相的端线将会有很大的电流通过。熔断器中的熔丝被熔断，则各相负载中均无电流通过。

(3) 当端线 $L_1$ 断开，V、W 相负载 $Z_{23}$ 不受影响，U、V 负载 $Z_{12}$ 与 W、V 相负载 $Z_{31}$ 形成串联关系，且接在 V、W 两端线之间，电压为 380V。根据欧姆定律，可以计算出通过 $Z_{12}$、$Z_{31}$ 的电流为

$$I = \frac{U_{23}}{Z'} = \frac{U_{23}}{\sqrt{(3+3)^2+(4+4)^2}} = 38\text{A}$$

负载 $Z_{12}$、$Z_{31}$ 两端的电压分别为

$$U'_{12} = IZ_{12} = 38 \times 5 = 190\text{V}$$

$$U'_{31} = IZ_{31} = 38 \times 5 = 190\text{V}$$

综上所述，三相负载可以接成星形，也可以接在三角形。在实际应用中，究竟接成哪一种形式，应遵循的原则是：无论是星形接法还是三角形接法，都必须保证每相负载的端电压等于负载的额定电压。

### 2.2.3 三相交流电路的功率

在三相交流电路中，无论采用何种连接方式，三相电路的总功率等于三相功率之和，例如负载星形连接有

$$P = P_1 + P_2 + P_3 = U_1 I_1 \cos\varphi_1 + U_2 I_2 \cos\varphi_2 + U_3 I_3 \cos\varphi_3$$

对三相对称负载而言，其 $U_1=U_2=U_3=U_P$，相电流 $I_1=I_2=I_3=I_P$，相电压与相电流间的相位差，即功率因数角 $\varphi_1=\varphi_2=\varphi_3=\varphi$，故可得

$$P = 3U_P I_P \cos\varphi$$

若用线电压和线电流来表示三相电路总功率，由于 $U_P=U_L/\sqrt{3}$，$I_P=I_L$，上式可写成

$$P = 3\frac{U_L}{\sqrt{3}} I_L \cos\varphi = \sqrt{3} U_L I_L \cos\varphi$$

当三相对称负载三角形连接时，同样可以得到

$$P = 3U_P I_P \cos\varphi$$

负载三角形连接时，$U_L=U_P$，$I_P=I_L/\sqrt{3}$，上式可写成

$$P = 3U_L \frac{I_L}{\sqrt{3}} \cos\varphi = \sqrt{3} U_L I_L \cos\varphi$$

可见，无论负载是星形连接还是三角形连接，对称三相负载电路的有功功率为

$$P = \sqrt{3} U_L I_L \cos\varphi \tag{2-66}$$

同理可得对称三相电路的无功功率为

$$Q = 3U_L \frac{I_L}{\sqrt{3}}\sin\varphi = \sqrt{3}U_L I_L \sin\varphi \tag{2-67}$$

视在功率为

$$S = \sqrt{P^2 + Q^2} = \sqrt{3}U_L I_L \tag{2-68}$$

**【例 2-9】** 已知三相对称负载，每相的等效电阻 $R = 3\Omega$，等效感抗 $X_L = 4\Omega$，接入线电压 $U_L = 380V$ 的对称三相交流电源上，试求：(1) 当负载作星形连接时，三相总的有功功率、无功功率、视在功率；(2) 当负载作三角形连接时，三相总的有功功率、无功功率、视在功率。

**【解】** (1) 当负载作星形连接时

每相阻抗 $\quad Z = \sqrt{R^2 + X_L^2} = \sqrt{3^2 + 4^2} = 5\Omega$

相电压 $\quad U_P = \dfrac{U_L}{\sqrt{3}} = \dfrac{380}{\sqrt{3}}V = 220V$

相电流 $\quad I_P = \dfrac{U_P}{Z} = \dfrac{220}{5}A = 44A$

线电流 $\quad I_L = I_P = 44A$

功率因数 $\quad \cos\varphi = \dfrac{R}{Z} = \dfrac{3}{5} = 0.6$

$\quad\quad\quad\quad\quad \sin\varphi = \dfrac{X_L}{Z} = \dfrac{4}{5} = 0.8$

总有功功率 $\quad P = \sqrt{3}U_L I_L \cos\varphi = \sqrt{3}\times 380\times 44\times 0.6 = 17.4kW$

总无功功率 $\quad Q = \sqrt{3}U_L I_L \sin\varphi = \sqrt{3}\times 380\times 44\times 0.8 = 23kvar$

总视在功率 $\quad S = \sqrt{P^2 + Q^2} = \sqrt{17.4^2 + 23^2} = 29kV\cdot A$

(2) 负载作三角形连接时，阻抗不变，功率因数也不变。

相电压 $\quad U_P = U_L = 380V$

相电流 $\quad I_P = \dfrac{U_P}{Z} = \dfrac{380}{5}A = 76A$

线电流 $\quad I_L = \sqrt{3}I_P = \sqrt{3}\times 76A = 132A$

总有功功率 $\quad P = \sqrt{3}U_L I_L \cos\varphi = \sqrt{3}\times 380\times 132\times 0.6 = 52kW$

总无功功率 $\quad Q = \sqrt{3}U_L I_L \sin\varphi = \sqrt{3}\times 380\times 132\times 0.8 = 69kvar$

总视在功率 $\quad S = \sqrt{P^2 + Q^2} = \sqrt{52^2 + 69^2} = 87kV\cdot A$

比较两种连接所得结果，其功率之比为

$$\frac{P_\triangle}{P_Y} = \frac{17.4}{52} \approx 1/3$$

$$\frac{Q_\triangle}{Q_Y} = \frac{23}{69} \approx 1/3$$

$$\frac{S_\triangle}{S_Y} = \frac{87}{29} \approx 3$$

线电流之比为 $\quad \dfrac{I_{L\triangle}}{I_{LY}} = \dfrac{132}{44} = 3$

相电流之比为
$$\frac{I_{P\triangle}}{I_{PY}} = \frac{76}{44} = \sqrt{3}$$

## 2.3 三相交流电路的功率测量

### 2.3.1 单相电度表接法

电路中的有功功率，有功电能的大小，除了用分析与计算的方法求得外，还常常用电工测量仪表去测量。

单相电度表可用来测量单相交流电路的有功电能。电度表属于感应式仪表，它是利用一个或几个固定的载回路产生的磁通，这些磁通与装有可动的铝盘感应的电流之间相互作用，产生转动力矩来带动测量机构。电度表由电压线圈、电流线圈、转动铝盘、制动磁铁、计数器等部分组成。

当电度表接入电路时，表的电压线圈并接在电源上，电流线圈串接在电路中，其通过的电流为负载电流，此时电压线圈和电流线圈产生的主磁通穿过铝盘，铝盘受到磁通的作用，产生涡流，该涡流与磁通相互作用产生转矩，驱动铝盘旋转，并带动计数器计算电能。铝盘转动的速度与通入电流线圈中的电流成正比，电流越大，铝盘转动越快，因此知道铝盘的转数就可得到电量的大小，下面介绍电度表的接法。

单相电度表有一个电流线圈，一个电压线圈和可转动的圆盘。电流线圈匝数少，导线较粗，与电路串联，电压线圈匝数多，导线较细，与电路并联，其接法有直接接入和经电流互感器接入两种接线方式。直接接入式又分顺入式和跳入式两种，如图 2-33 所示。

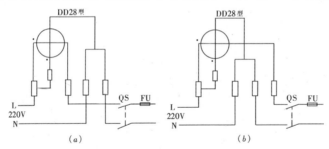

图 2-33 单相表接线原理图
（a）跳入式接线；（b）顺入式接线

单相电度表测量的电能是电压、电流、功率因数和时间的乘积。即
$$W = U_P I_P \cos\varphi t$$

单相有功电度表在使用中应注意如下几点：

（1）应按照说明书正确接线。无说明时应先分清电压端子和电流端子，并将电流线圈串接在电路中；

（2）电度表在额定电压、额定电流的 20%～120%、额定频率为 50Hz 的条件下工作时，才能保证足够的准确度，否则使用误差增大。因此，电度表应根据负荷电流的大小合理地选用；

（3）电度表应垂直安装。电度表距地应满足 1.8～2.2m 要求；

（4）当电度表装于立式盘或成套柜时，距地不小于 0.7m；

(5) 停用半年以上的电度表应重新校准，长期使用的电度表应 2~3 年校准一次；

(6) 单相有功电度表的电压线圈不应断开，否则电度表就停转。电流线圈切勿接反，否则电度表就要倒转；

(7) 电度表的电流线圈不得串接在中性线中，否则当回路的中性线较长且对地绝缘电阻较低时，极易造成电度表走慢或停走的现象。

#### 2.3.2 三相电度表的接法

(1) 三相两元件有功电度表的接法

三相两元件有功电度表有两套电压线圈和两套电流线圈，又称做三相三线有功电度表。它适用于三相三线制供电系统中，计量电压、电流对称或不对称的三相三线制的有功电能。

三相两元件有功电度表用在电路中有直接接入式、经电流互感器接入两种方式，其接线图如图 2-34 所示。

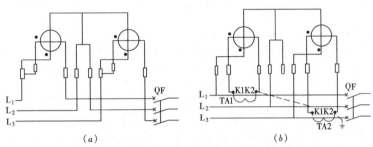

图 2-34 三相两元件有功电度表接线原理图
(a) 直入式接线；(b) 配用电流互感器接线

第一个元件所计的功率为

$$P_1 = U_{12}I_1\cos(30°+\varphi) \quad (2\text{-}69)$$
$$P_2 = U_{32}I_3\cos(30°-\varphi)$$
$$P = P_1 + P_2 = U_{12}I_1\cos(30°+\varphi) + U_{32}I_3\cos(30°-\varphi)$$
$$= 2U_LI_L\cos30°\cos\varphi = \sqrt{3}U_LI_L\cos\varphi$$

式中 $U_{12}$、$I_1$、$U_{32}$、$I_3$ 分别为 $L_1$、$L_3$ 相的线电压和线电流，由上式可知，三相两元件有功电度表可以测量三相电能。

应该注意，三相两元件有功电度表不允许用在三相四线制照明负载电路中计量有功电能。

(2) 二瓦计法

功率表又称瓦特表。功率表大多数是电动仪表，它由两组线圈组成，一组是固定的，另一组是可动的。固定线圈由 2 个并排放置的相同线圈组成。测量功率时，将它们串联或并联后再与负载串联，通过它的电流即为负载电流，故称负载线圈。可动线圈在固定线圈里面，与负载并联，加在其上的电压正比于负载电压，故又称电压线圈。固定线圈电流产生的磁场与可动线圈电流相互作用产生的电磁转矩使可动线圈带动指针偏转。

二瓦计法是用 2 个功率表来测量三相功率，2 个功率表的电流线圈分别串在任意两根相线上，通过它们的电流为线电流，电压线圈分别接到该功率表所在的相线及未串功率表的相线上，即电压线圈的电压为线电压。二瓦计的接法，如图2-35所示。

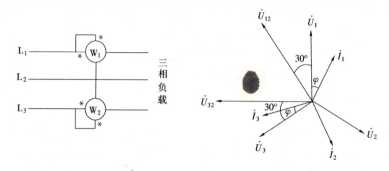

图2-35 二瓦计法的接法

式（2-69）中，即

$$P_1 = U_{12}I_1\cos(30° + \varphi)$$
$$P_2 = U_{32}I_3\cos(30° - \varphi)$$

$\varphi$是相电压与相电流的相位差，负载为电感性时，$\varphi = 90°$，负载为电容性时，$\varphi = -90°$，因此，由上述两式可知：

$90° > \varphi > 60°$时，$P_1 < 0, P_2 > 0$

$60° > \varphi > 0°$时，$P_1 > 0, P_2 > 0$

$0° > \varphi > -60°$时，$P_1 > 0, P_2 > 0$

$-60° > \varphi > -90°$时，$P_1 > 0, P_2 < 0$

可见，三相有功功率等于两表读数的代数和。

$$P = P_1 \pm P_2$$

用二瓦计法测三相功率只适用于三相三线制和三相四线制对称电路，不适用于三相四线制负载不对称电路。

(3) 三相三元件有功电度表的接法

三相三元件有功电度表有三套电压线圈和三套电流线圈，实际上相当于三个单相有功电度表的组合，又称做三相四线有功电度表。它适用于三相四线制中性点直接接地的供电系统中，用来计量三相动力和三相照明电路的有功电能。

三相三元件有功电度表用在电路中有直接接入式、经电流互感器接入两种方式。其接线原理图如图2-36所示。

三相三元件有功电度表接线时一般应注意以下几点：

1）应按正相序（$L_1$、$L_2$、$L_3$）接线。虽然相序接反铝盘不反转，但一般因结构及校验方法等原因，将会产生很大误差；

2）中性线一定要入表。否则电度表虽还会运行，但因中性点位移，也将引起较大的计量误差；

3）相线与中性线不能接错。否则，除造成计量误差外，电压线圈因承受了线电压而可能烧毁；

4）凡低压计量且容量在250V及以上者，均应在电度计量的电流、电压回路中加装接线端子盒，以便校表。

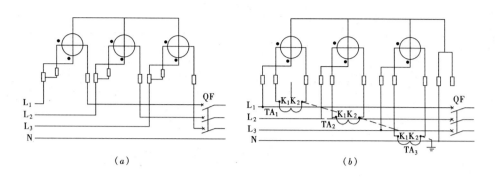

图 2-36 三相三元件有功电度表接线原理图
（a）直入式接线；（b）配用电流互感器接线

如果用三只单相电度表替代一只三相三元件有功电度表也是可以的，只是电能消耗应为三只单相有功电度表读数的和。另外还应注意的是，在三相四线制供电系统中，三相负荷总是不平衡的，在中性线中总有一定的电流流过，所以三相两元件有功电度表不能用于该网络中。

## 实验一　荧光灯电路的安装及其功率因数的提高

### 一、实验目的
1. 加深对 $R$、$L$ 串联交流电路的理解。
2. 掌握荧光灯电路的接线方法。
3. 熟悉感性负载提高功率因数的方法，并验证感性负载并联电容器后，总电流 $I$ 与支路电流 $I_1$、$I_C$ 的关系。

### 二、实验设备、仪器
1. 单相交流电源：$U=220\text{V}$，$f=50\text{Hz}$。
2. 荧光灯一套（包括灯管、灯座、启辉器、镇流器等）。
3. 电容器一只：$C$。
4. 交流电压表 3 只：0~250V。
5. 交流电流表 2 只：0~500mA。

### 三、实验电路
荧光灯电路接线图如图 2-37 所示。

### 四、实验步骤
1. 检查本实验给出的仪器设备以及所用电表，并熟悉它们的使用方法及在电路中安放的位置。
2. 按实验线路图安装荧光灯电路。经指导教师检查无误后，接通不并联电容的电路，观察荧光灯的工作状态，以及各仪表的读数，并记入表 2-1 中。
3. 接通并联电容器的荧光灯电路，再观察荧光灯工作状态，以及各仪表的读数，并记入表 2-1 中。

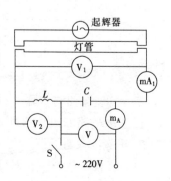

图 2-37　荧光灯电路

表 2-1

| 实验数据 | | | | | | | | | 计算结果 | | | | | | | | |
|---|---|---|---|---|---|---|---|---|---|---|---|---|---|---|---|---|---|
| 并联电容前 | | | | 并联电容后 | | | | | 并联电容前 | | | | 并联电容后 | | | | |
| $I_1$ | $I$ | $U_2$ | $U_1$ | $U$ | $I_1$ | $I$ | $U_2$ | $U_1$ | $U$ | $R$ | $L$ | $\cos\varphi$ | $P$ | $R$ | $L$ | $\cos\varphi$ | $P$ |
|  |  |  |  |  |  |  |  |  |  |  |  |  |  |  |  |  |  |

### 五、实验分析

1. 根据实验测得数据，分析计算荧光灯电路总电压 $U$ 与灯管电压 $U_1$、镇流器电压 $U_2$ 三者之间的关系，并画出它们的相量图。

2. 根据实验测得的数据，分析计算并联电容后，电流 $I$、$I_1$ 之间的关系，并画出它们的相量图。

3. 根据测量结果，试计算并联电容器前后，线路的 $\cos\varphi$、$S$、$Q$ 各有什么变化，并从理论上加以分析。

## 实验二 三相交流电路中功率的测量

### 一、实验目的
1. 学习用三瓦计法测量三相电路的有功功率。
2. 了解星形负载对称与不对称功率的测量方法。

### 二、实验设备
1. 交流电压表　　　一块
2. 交流电流表　　　一块
3. 电流表替读器　　一套
4. 三相负载　　　　一套

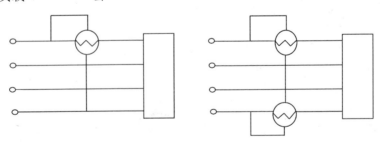

图 2-38　实验电路图

### 三、实验电路与步骤
1. 实验电路如图 2-38 所示。
2. 实验步骤如下：

（1）负载 Y 接，三相对称，有中线，用三瓦计法测每相功率，$P_A$、$P_B$、$P_C$ 计算总功率 $P_0$。

1）负载Y接，有中线，断A相，测各相功率（同第1项）

2）负载Y接，无中线，断A相，用二瓦计法测 $P_1$、$P_2$，计算总功率 $P$，与第2项三瓦计法所测功率比较之。

（2）负载△接，用二瓦计测 $P_2$、$P_2$，计算总功率 $P$。

**四、注意事项**

1. 防止触电。

2. 注意瓦特表 * 端正确接法，如何正确选择电压线圈，电流线圈的量程和功率表的正确读数。

**五、报告要求**

1. 画出实验线路图。

2. 填写数据表。

3. 回答思考题。

**六、思考题**

（1）说明二瓦计法和三瓦计法测量三相电路的适用的场合。

（2）用二瓦计法测量功率时，出现负值的原因。

## 思考题与习题

1. 已知正弦交流电压的幅值 $U_m = 310V$，频率 $f = 50Hz$，初相位为 $-45°$，试写出此电压的瞬时表达式、相量表达式，并画出波形图和相量图，求出当 $t = 0.01s$ 时，电压的瞬时值。

2. 已知 $i_1 = 20\sin(314t + 53.1°)$，$i_2 = 30\sin(314t - 36.9°)$，求 $i = i_1 + i_2$。

3. 一个额定电压为220V，额定功率为1000W的电阻炉，接于 $U = 220V$，$f = 50Hz$ 的正弦交流电源上，试求：(1) 电阻炉的电阻为多少？(2) 通过电阻炉的电流的有效值为多少？写出电流的瞬时表达式；(3) 如果电阻炉每天使用6h，每月（30d）消耗的电能为多少？

4. 一个电容器的电容量 $C = 100\mu F$，接在 $u_C = 311\sin(\omega t - 60°)$ 的交流电源上，求通过电容器的电流 $i$ 和无功功率。

5. 在图2-39所示的电路中，三个同样的白炽灯泡，分别接在电阻 $R$、电感 $L$、电容 $C$ 串联后，且 $R = X_L = X_C$，并接在交流电源上，灯泡是否一般亮？若并接在直流电源上灯泡的亮度怎样变化？

6. 在图2-40所示的电路中，$R_1 = R_2 = R_3$，电源采用直流电源，图中哪只电流表读数最大？哪只电流表的读数最小？哪只电压表的读数最大？哪只电压表的读数最小？

7. 日光灯接在 $U = 220V$，$f = 50Hz$ 的交流电源上，灯管的电阻约为300Ω，与灯管串联的镇流器的感抗为500Ω（电阻忽略不计），试求日光灯电路中的电流，灯管两端的电压以及日光灯电路中的有功功率、无功功率、视在功率和功率因数角。

8. 日光灯管与镇流器串联接到交流电源上，可看作 $R$、$L$ 串联电路，已知灯管的等效电阻 $R_1 = 280Ω$，镇流器的电阻和电感分别为 $R_2 = 20Ω$、$L = 1.65H$，电源电压 $U = 220V$，$f = 50Hz$，试求电路的电流和灯管两端与镇流器上的电压。这两

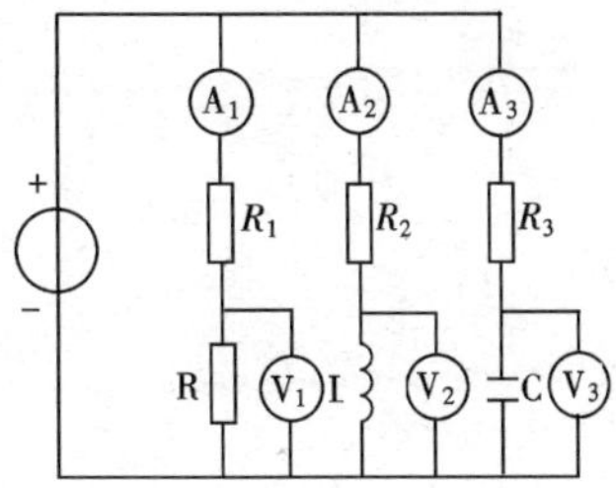

图2-39 题5电路图

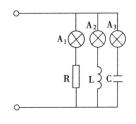

图 2-40 题 6 电路图

个电压加起来是否等于 220V？

9. 在额定电压为 220V、频率 $f = 50Hz$ 的单相交流电路中，接有 10 盏额定功率为 40W、功率因数为 0.5 的日光灯（并联），求该电路的电流。若使这条电路的功率因数提高到 0.95，问应并联多大电容量的电容器？并联电容器后电路中的电流为多少？

10. 有一组三相对称负载，每相阻抗 $R = 6\Omega$，$X_L = 8\Omega$，接在线电压为 380V 的三相交流电源上，如把三相对称负载分别接成星形和三角形，试求这两种接法时消耗的有功功率，线电流和相电流之比。

11. 已知三相对称电源电压为 380/220V，各相负载均为定额电压为 220V 的白炽灯泡，其中 $Z_1 = R_1 = 22\Omega$，$Z_2 = R_2 = 44\Omega$，$Z_3 = R_3 = 44\Omega$，试求：（1）通过各相负载的电流及中线电流，并作出电压、电流相量图；（2）当 $L_1$ 相负载发生短路和断路两种情况下，各相负载的电流及中线电流。

12. 如图 2-41 所示电路中，已知 $R = 5\Omega$，$X_L = X_C = 5\Omega$，接于线电压为 380V 的三相四线制电源上。试求（1）各线电流和中性线电流；（2）若 $L_2$ 断开，求各线电流；（3）若 $L_2$ 和中性线都断开，求各线电流。

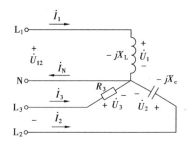

图 2-41 题 12 电路图

13. 如何计算三相电路的功率？三相四线制供电系统中，应选用何和有功电度表进行测量？在接线时应注意哪些问题？

14. 三相四线制供电系统中，为何强调中性线不能断开？

15. 三相负载作星形连接或三角形连接应遵循什么原则？

# 单元3 变压器与电动机

**知 识 点**：变压器的结构、原理、作用；三相异步电动机的基本构造、工作原理、机械特性、异步电动机启动、反转、调速及制动的基本原理及基本方法。

**教学目标：**

（1）掌握变压器的电压变换作用、电流变换作用；了解变压器的损耗效率与负载大小的关系；理解变压器的外特性；掌握几种特殊用途变压器的工作原理及应用。

（2）理解三相异步电动机的基本结构、工作原理；了解铭牌和技术数据的意义；掌握三相异步电动机的启动和反转方法；了解三相异步电动机的调速和制动的方法；了解三相异步电动机的维护及选择。

## 课题1 变 压 器

变压器是一种静止的电器，它通过绕组间的电磁感应作用，把一种电压等级的交流电能转换成同频率的另一种电压等级的交流电能。它在电力传输、自动控制和电子设备中被广泛使用。

在电力系统中，为了达到远距离输电并减少电能损耗，必须用变压器进行升压来输送电，达到用电区后，再用变压器将输电线上的高电压降低，供给用户。这种输电和配电用的电力变压器在民用建筑系统中应用很广泛。另外，还有用于电压可以平滑调节的可调自耦变压器、用于传递信号的输入和输出变压器以及电子技术中应用的小功率电源变压器等。虽然变压器性能、用途各有差异，但是它们的基本结构和工作原理是相同的。

### 1.1 变压器的结构和工作原理

#### 1.1.1 变压器的结构

变压器的基本结构部件由铁心、绕组两部分组成。根据铁心和绕组相对位置的不同，常见的结构形式分为心式变压器和壳式变压器两种，如图3-1所示。

心式变压器的特点是绕组包围着铁心，其构造简单，绕组的安装和绝缘比较容易，

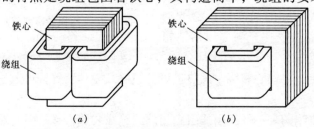

图3-1 变压器的结构形式
（a）心式变压器；（b）壳式变压器

多用于容量较大的变压器中。壳式变压器的特点是铁心包围绕组，多用于小容量的变压器中。

变压器除了绕组和铁心以外，还有油箱、冷却装置、绝缘套管和保护装置等。图 3-2 所示为油浸电力变压器结构示意图，铁心和绕组是变压器通过电磁感应进行能量传递的部件；油箱用于装变压器油，同时起机械支撑、散热和保护器身的作用；变压器油起绝缘作用，变压器工作时也起散热的作用；套管的作用是使变压器引线与油箱绝缘；保护装置则起保护变压器的作用。

（1）铁心

铁心是变压器的主磁路，又是它的机械骨架。铁心由铁心柱和铁轭两部分组成，铁心柱上套装绕组，铁轭的作用则是使整个磁路闭合。

为了提高磁路的导磁性能和减少铁心中的磁滞和涡流损耗，铁心用 0.35mm 厚、表面涂有绝缘漆的硅钢片叠压而成。图 3-3 所示为变压器绕组和铁心的装配示意图。

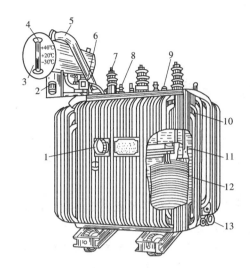

图 3-2 油浸式电力变压器
1—信号式温度计；2—吸湿器；3—储油柜；4—油表；5—安全气道；6—气体继电器；7—高压套管；8—低压套管；9—分接开关；10—油箱；11—铁心；12—绕组及绝缘；13—放油阀门

（2）绕组

绕组是变压器的电路部分，绕组通常用绝缘的铜线或铝线绕制而成。其中与电源相连的称为原绕组（又称主绕组），与负载相连的绕组称为副绕组（又称次绕组）。

（3）油箱和冷却装置

变压器工作时，铁心和绕组都要损耗能量，使变压器发热，为了防止变压器因工作温度过高而损坏，必须采取冷却散热措施。对于小容量变压器，可以依靠空气对流和辐射把热量散发出去，这种方式称为空气自冷式（干式）。对于大、中容量的变压器则采用油浸自冷式，此外，大容量变压器还采用了强迫通风或强迫油循环等更有效的冷却方式。

图 3-4 为排管式冷却的油浸变压器的油箱。油浸变压器的器身浸在充满变压器油箱里。变压器油既是绝缘介质，也是冷却介质，

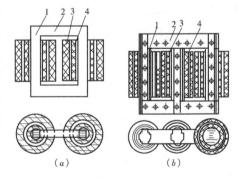

图 3-3 变压器绕组和铁心的装配示意图
（a）单相；（b）三相
1—铁心柱；2—铁轭；3—高压绕组；4—低压绕组

它通过受热后的对流，将铁心和绕组的热量带到箱壁及冷却装置，再散发到空气中。

（4）绝缘套管

变压器套管是将线圈高、低压引线引到箱外的绝缘装置，它是引线对地（外壳）的绝缘，又担负着固定引线的作用。

（5）保护装置

1) 储油柜（又称油枕） 它是一种油保护装置，水平地安装在变压器油箱盖上，用弯曲联管与油箱连通，柜内油面高度随变压器油的热胀冷缩而变动。油柜的作用是保证变压器油箱内充满油，减少油和空气的接触面积，从而降低变压器油受潮和老化的速度。

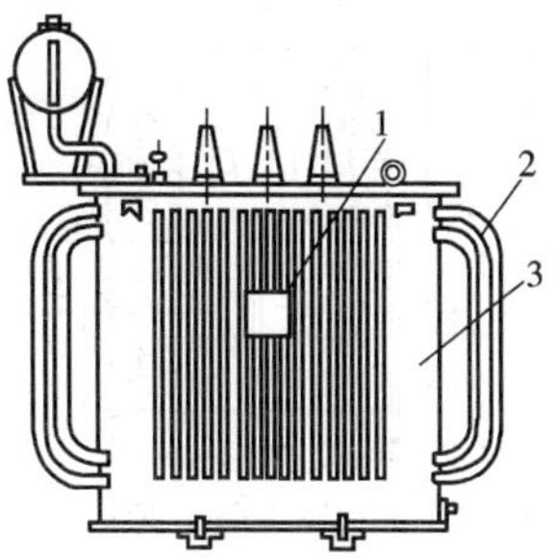

2) 吸湿器（又称呼吸器） 通过它使空气与油枕内连通。当变压器因热胀冷却而使油面高度发生变化时，气体则通过吸湿器进出。吸湿器内装有硅胶或活性氧化铝，用以吸收进入油枕中空气的水分。

图 3-4 排管式冷却的变压器油箱
1—铭牌；2—冷却管；3—油箱

3) 安全气道（又称防爆筒） 它装于油箱顶部，如图 3-2 所示。它是一个长钢圆筒，上端口装有一定厚度的玻璃板或酚醛纸板，下端口与油箱相连通。它的作用是当变压器内部因发生故障压力骤增时，让油气流冲破玻璃，以免造成箱壁破裂。

4) 净油器（又称热虹吸净油器） 它是利用油的自然循环，使油通过吸附剂进行过滤，以改善运行中变压器的性能。

5) 气体继电器（又称瓦斯继电器） 它装在油枕和油箱的连通管中间，如图 3-2 所示。当变压器内部发生故障（如绝缘击穿、匝间短路、铁心事故等）产生气体时，或油箱漏油使油面降低时，气体继电器动作，发出信号以便运行人员及时处理，若事故严重，可使断路器自动跳闸，对变压器起保护作用。

此外，变压器还有调压分接开关和测温及温度监控装置等。

### 1.1.2 变压器的分类

变压器的分类方法很多。通常可按用途、绕组数目、相数、铁心结构、调压方式和冷却方式等划分类别。

(1) 按用途分：有电力变压器（升压变压器、降压变压器、配电变压器、联络变压器等）和特种变压器（如试验用变压器、仪用变压器、电炉变压器、电焊变压器和整流变压器等）。

(2) 按绕组数目分：有单绕组（自耦）变压器、双绕组变压器、三绕组变压器和多绕组变压器。

(3) 按相数分：有单相变压器、三相变压器和多相变压器。

(4) 按铁心结构分：有心式变压器和壳式变压器。

(5) 按调压方式分：有无励磁调压变压器和有载调压变压器。

(6) 按冷却方式和冷却介质分：有干式变压器、油浸变压器（包括油浸自冷式、油浸风冷式、油浸强迫循环式和强迫循环导向冷却式）和充气冷却式变压器。

## 1.2 变压器的工作原理

变压器是利用电磁感应原理来转换电压和传递能量的。与电源相连接的绕组称为原绕组或主绕组，匝数记为 $N_1$，同负载相连接的绕组称为副绕组，或次绕组，匝数记为 $N_2$。

(1) 变压器空载运行和电压转换

当变压器副边开路时，称为变压器空载运行，如图 3-5 所示。

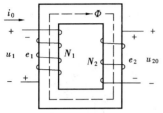

图 3-5 变压器空载运行

此时，原绕组接上交流电压 $u_1$，副绕组中的电流 $i_2 = 0$，开路电压为 $u_2$。原绕组通过的电流称为变压器的空载电流 $i_0$，图中各电量的参考方向之间符合右手螺旋定则。图中 $N_1$ 是原绕组的匝数，$N_2$ 是副绕组的匝数。由于副边开路，变压器的原边电路就是一个交流铁心线圈电路，空载电流 $i_0$ 就是用于产生磁场的励磁电流。磁通势 $N_1\dot{I}_0$ 产生的方向主磁通 $\Phi$ 同时穿过原、副绕组，于是在原、副绕组中分别感应出电动势 $e_1$、$e_2$，当 $e_1$、$e_2$ 与主磁通 $\Phi$ 的参考方向之间符合右手螺旋定则时同，如图 3-5 所示，根据电磁感应定律，感应电动势为

$$e_1 = -N_1 \frac{\mathrm{d}\Phi}{\mathrm{d}t} \tag{3-1}$$

$$e_2 = -N_2 \frac{\mathrm{d}\Phi}{\mathrm{d}t} \tag{3-2}$$

在变压器中，原绕组将电源中的电能变换为磁场能，再在副绕组中将磁场能变换为电能。如设磁通为

$$\Phi = \Phi_m \sin\omega t$$

则有

$$e_1 = -N_1 \frac{\mathrm{d}\Phi}{\mathrm{d}t} = -N_1 \frac{\mathrm{d}\Phi_m\sin\omega t}{\mathrm{d}t} = N_1\omega\Phi_m\sin(\omega t - 90°)$$
$$= E_{1m}\sin(\omega t - 90°) \tag{3-3}$$

电动势 $e_1$ 的有效值为

$$E_1 = \frac{E_{1m}}{\sqrt{2}} = \frac{N_1\omega\Phi_m}{\sqrt{2}} = \frac{2\pi fN_1\Phi_m}{\sqrt{2}} \approx 4.44fN_1\Phi_m \tag{3-4}$$

在正弦交流磁通感应出的电动势也是正弦交流量，在相位上感应电动势滞后于磁通 90°。同时，电动势的有效值 $E$ 与电源频率 $f$、匝数 $N$、磁通最大值 $\Phi_m$ 三者的乘积成正比。由于 $e_1$、$e_2$ 是由同一主磁通 $\Phi$ 感应出来的，因此可以推出

$$E_2 = 4.44fN_2\Phi_m \tag{3-5}$$

式中，$E_1$、$E_2$ 为感应电动势，单位为伏（V），$N_1$、$N_2$ 分别为原、副绕组的匝数，单位为匝，$\Phi_m$ 是主磁通的最大值，单位为韦（Wb），电源频率 $f$ 的单位为赫兹（Hz），若忽略原、副绕组在周围空间产生的漏磁通所感应的电动势，并忽略绕组上的电压降，则可以认为原、副绕组上电动势的有效值近似等于原、副绕组上电压降的有效值，即

$$U_1 \approx E_1 = 4.44fN_1\Phi_m \tag{3-6}$$
$$U_2 \approx E_2 = 4.44fN_2\Phi_m$$

故可得到

$$\frac{U_1}{U_2} \approx \frac{E_1}{E_2} = \frac{4.44fN_1\Phi_m}{4.44fN_2\Phi_m} = \frac{N_1}{N_2} = K \tag{3-7}$$

上式说明变压器空载运行时，原、副绕组上电压的比值等于两者的匝数比，比值 $K$ 称为变压器的电压变比。改变原、副边绕组的匝数，变压器就能把某一数值的交流电压变换为同频率的另一数值的电压。

在变压器铭牌上变比 $K > 1$ 时，这种变压器称为降压变压器，反之 $K < 1$ 时，称为升

压变压器。这里电能由原绕组输入，通过电磁感应的形式把能量传递到副绕组。

**【例 3-1】** 一个额定电压为 220/24V 的单相变压器，已知原边绕组的匝数为 1100 匝，试求副边绕组的匝数。

**【解】** 由于
$$\frac{U_1}{U_2} = \frac{N_1}{N_2}$$

所以
$$N_2 = \frac{U_2}{U_1} \cdot N_1 = \frac{24}{220} \times 1100 = 120 \text{ 匝}$$

（2）有载运行

变压器带负载运行时，如图 3-6 所示。副绕组电路接上负载，在电动势 $e_2$ 的作用下，副绕组电路产生电流 $i_2$，副绕组向负载输出电能，这些电能是由原绕组将电源中的电能变为磁场能，通过主磁通的桥梁作用，再在副绕组中将磁场能变换为电能输出。副绕组向负载输出的电能越多，原绕组从电源输入的电能也就越多。

在电源电压 $u_1$ 保持不变的情况下，输入变压器的能量增加了，原边电流就必然增大，由原来的空载电流 $i_0$ 增大为 $i_1$，从电磁关系来看，副绕组中有电流 $i_2$ 流通时，副绕组的磁通势 $N_2\dot{I}_2$ 也要产生磁通，此时，变压器铁心中的主磁通是由原、副绕组的磁通势共同作用产生的。

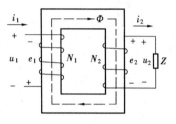

图 3-6　变压器负载运行

在外加电源电压 $u_1$ 及频率 $f$ 不变的情况下，由式(3-6)可知，主磁通也基本保持不变。空载时产生主磁通的磁通势为 $N_1\dot{I}_0$，有负载时产生主磁通的磁通势是 $N_1\dot{I}_1 + N_2\dot{I}_2$。由于变压器空载或负载时，铁心中的主磁通保持不变，这表明变压器有负载时的总磁通势与变压器空载时的磁通势基本相等。用相量表示，即为

$$N_1\dot{I}_1 + N_2\dot{I}_2 = N_1\dot{I}_0 \tag{3-8}$$

由于空载时的励磁电流 $I_0$ 很小，仅为额定值的 3%～8%，可将它忽略不计，即

$$N_1\dot{I}_0 \approx 0$$

$$N_1\dot{I}_1 + N_2\dot{I}_2 = N_1\dot{I}_0 \approx 0$$

$$N_1\dot{I}_1 = -N_2\dot{I}_2 \tag{3-9}$$

式中负号表示原绕组与副绕组的磁通势在相位上是相反的，副绕组产生的磁通势对原绕组的磁通势具有去磁作用。原绕组与副绕组的电流关系为

$$\frac{I_1}{I_2} \approx \frac{N_2}{N_1} = \frac{1}{K} \tag{3-10}$$

此公式表明了变压器在有载运行时，原绕组中的电流 $I_1$ 和副绕组中的电流 $I_2$ 之比等于原、副边绕组匝数的反比。若变压器的原、副边绕组匝数比固定不变时，当副边负载越大，即电流 $I_2$ 越大，输出功率越大时，原边电流 $I_1$ 也随之增大，原边向电源吸收的功率也越大。即原边电流 $I_1$ 的大小由负载电流 $I_2$ 所决定。

当负载作为电阻元件，并忽略变压器的漏磁和损耗，则原绕组的输入功率为

$$P_1 = U_1 I_1$$

副绕组的输出功率为

$$P_2 = U_2 I_2$$

实际运行的变压器，其原、副边绕组本身和铁心在运行时都要消耗一定的功率，所以变压器效率都小于1，即

$$\eta = \frac{P_2}{P_1} \times 100\%$$

【例 3-2】 某单相变压器的电压为 220/36V，副边并接入两盏 36V、100W 的白炽灯。若变压器原绕组匝数为 950 匝，求副边绕组匝数；若副边灯泡点亮时，变压器原、副边绕组电流各为多少？

【解】 副边绕组匝数

$$N_2 = \frac{U_2}{U_1} \cdot N_1 = \frac{36}{220} \times 950 = 155 \text{ 匝}$$

灯泡点亮时，变压器副绕组中电流为

$$I_2 = \frac{P}{U_2} = \frac{100+100}{36} = 5.6\text{A}$$

原绕组中的电流为

$$I_1 = \frac{N_2}{N_1} \cdot I_2 = \frac{155}{950} \times 5.6 = 0.91\text{A}$$

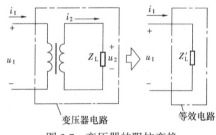

图 3-7 变压器的阻抗变换

(3) 阻抗变换

变压器除了能变换交流电压和交流电流以外，还有变换阻抗的作用，如图 3-7 所示。变压器的原边接电源 $u_1$，副边的负载阻抗值为 $Z_L$，对于电源而言，图中点划线框内的电路可以用另一个阻抗值为 $Z'_L$ 来等效代替。如果忽略变压器的漏磁和损耗，其等效阻抗值可以由下式求得

$$Z'_L = \frac{U_1}{I_1} = \frac{\frac{N_1}{N_2}U_2}{\frac{N_2}{N_1}I_2} = \left(\frac{N_1}{N_2}\right)^2 Z_L = K^2 Z_L \tag{3-11}$$

式中，$Z_L = U_2/I_2$ 是变压器副边的负载阻抗，变压器把负载阻抗 $Z_L$ 变换为在电源上直接接了一个 $Z'_L = K^2 Z_L$ 的阻抗。

阻抗变换可以使电路的负载和电源"匹配"。在电子电路中，为了提高信号的传送功率，常用变压器将负载阻抗变换为适当的数值，使负载获得最大功率，这种做法称为阻抗匹配。在图 3-8（a）中，已知电源电压 $u_S$，电源内阻 $R_S$，$R_L$ 为负载电阻，则负载功率为

$$P = R_L I^2 = R_L \left(\frac{U_S}{R_S + R_L}\right)^2$$

当电源电压与内阻为某一定值时，负载功率是负载电阻的函数，由求函数极值的方法可

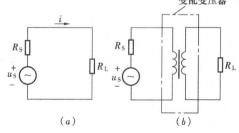

图 3-8 阻抗匹配

得到功率最大时的负载电阻值：

令
$$\frac{dP}{dR_L} = 0$$

可得
$$R_L = R_S \tag{3-12}$$

用变压器进行阻抗匹配，如图 3-8（b）所示。

**【例 3-3】** 有一个信号源的内阻 $R_S = 392\Omega$，若接入一个负载电阻 $R_L = 8\Omega$。欲使负载上获得最大的输出功率，在信号源与负载之间应接变压比是多大的变压器？假设此信号源的电动势有效值为 $U_S = 120V$，那么在阻抗变换前后，负载上获得的输出功率分别为多少？

**【解】** 根据电路理论可知，当负载电阻等于信号源的内阻时，输出功率最大。因此需要进行阻抗变换，使负载电阻等于信号源的内阻：

$$R'_L = R_S = 392\Omega$$

$$R'_L = K^2 R_L = 392\Omega$$

$$K = \sqrt{\frac{R'_L}{R_L}} = \sqrt{\frac{392}{8}} = 7$$

负载没有阻抗变换时，负载上输出功率为

$$P = \left(\frac{U_S}{R_S + R_L}\right)^2 \cdot R_L = \left(\frac{120}{392 + 8}\right)^2 \times 8 = 0.72W$$

进行阻抗变换以后，负载上输出功率为

$$P' = \left(\frac{U_S}{R_S + R'_L}\right)^2 \cdot R'_L = \left(\frac{120}{392 + 392}\right)^2 \times 392 = 9.18W$$

可见，在信号源与负载之间进行阻抗变换以后，输出功率会大大增加。

（4）变压器的外特性

当电源电压 $U_1$ 和负载的功率因数 $\cos\varphi_2$ 不变的情况下，$U_2$ 与 $I_2$ 的变化关系 $U_2 = f(I_2)$，称为变压器的外特性。

当电源电压 $U_1$ 不变时，随着副绕组电流 $I_2$ 的增加，即负载增加时，由于原、副绕组中的电流以及它们内部的阻抗压降都要增加，因而副绕组的端电压 $U_2$ 会降低。

对电阻性或电感性负载来说，变压器的外特性一条稍微向下倾斜的曲线，如图 3-9 所示。外特性曲线倾斜的程度随负载功率因数不同而不同，功率因数越低，曲线越陡。当变压器超载运行时，电压下降很多，要影响负载的正常工作。

从空载到额定负载，副绕组电压变化的程度用电压调整率来表示，即

电压调整率 $\Delta U = \dfrac{U_{20} - U_2}{U_{20}} \times 100\%$ (3-13)

在一般变压器中，由于电阻和漏磁感抗均较小，电压调整率不大，约在 5% 左右，电力变压器更小，约为 2%～3% 左右，对负载而言，电压越稳定越好，即电压调整率越小越好。电压调整率直接影响电力变压器的供电质量，所以，它是一个很重要的技术指标。

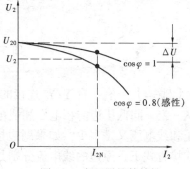

图 3-9 变压器的外特性

## 1.3 三相变压器

### 1.3.1 三相变压器

(1) 三相变压器

在电力系统中,用于变换三相交流电压、输送电能的变压器称为三相电力变压器。三相电力变压器的铁心有三个心柱,每个心柱上分别装有两个三相绕组,上面的三相绕组,即 $U_1—U_2$、$V_1—V_2$、$W_1—W_2$,下面为副绕组,也称低压绕组,即 $u_1—u_2$、$v_1—v_2$、$w_1—w_2$,三相绕组对称。在三相对称电压作用下,三相磁通对称,三个心柱上互相构成磁回路。

三相变压器的原、副绕组可可根据需要分别连接成星形和三角形,常用的连接方式有 $Y/Y_0$ 和 $Y/Y$,斜线上方为三相高压绕组(原绕组)的接法,斜线下方为三相低压绕组(副绕组)的接法。符号中 $Y_0$ 表示三相绕组为星形连接有中线,$Y/Y_0$ 连接不仅提供单相电源,还提供三相电源,用于容量不大的三相配电变压器,供动力与照明混合供电的三相四线制供电系统。$Y/\triangle$ 连接的变压器主要用于变电站作升压和降压用。

三相变压器原、副边线电压的比值不仅与接法有关,而且与匝数比有关。设原、副边的线电压分别为 $U_{L1}$、$U_{L2}$,匝数分别为 $N_1$、$N_2$,作星形连接时有

$$\frac{U_{L1}}{U_{L2}} = \frac{\sqrt{3}\,U_{P1}}{\sqrt{3}\,U_{P2}} = \frac{N_1}{N_2} = K \tag{3-14}$$

作为 $Y/\triangle$ 连接时有

$$\frac{U_{L1}}{U_{L2}} = \frac{\sqrt{3}\,U_{P1}}{U_{P2}} = \frac{\sqrt{3}\,U_{P1}}{\dfrac{U_{P1}}{K}} = \sqrt{3}\,K \tag{3-15}$$

三相变压器和连接图,如图 3-10 所示。

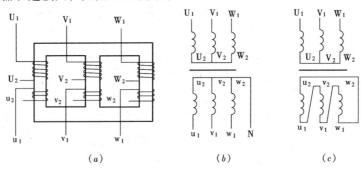

图 3-10 三相变压器及连接图
(a) 三相变压器;(b) $Y/Y_0$ 连接;(c) $Y/\triangle$ 连接

【例 3-4】 有一台 $Y/Y_0$ 连接的三相变压器,高压边的线电压为 10kV,变压器的变压比 $K=25$,问低压边的相电压和线电压各是多少?若变压器是 $Y/\triangle$ 连接,则低压边的相电压和线电压又是多少?如果副边接上一对称三相负载,副边的线电流为 173A,在这两种连接方式下,原边的线电流分别是多少?

【解】 因为变压器是作 $Y/Y_0$ 连接,高压边的相电压为

$$U_{1P} = \frac{U_{1L}}{\sqrt{3}} = \frac{10000}{\sqrt{3}} = 5780\text{V}$$

低压侧的相电压和线电压分别为

$$U_{2P} = \frac{U_{1P}}{K} = \frac{5780}{25} = 231\text{V}$$

$$U_{1L} = \sqrt{3}\,U_{1P} = \sqrt{3} \times 231 = 400\text{V}$$

原边的相电流和线电流分别为

$$I_{1L} = I_{1P} = \frac{I_{2P}}{K} = \frac{173}{25} = 6.9\text{A}$$

当变压器为 Y/△ 连接时，高压侧的相电压仍为 $U_{1P} = 5780\text{V}$，低压侧的相电压和线电压分别为

$$U_{2P} = \frac{U_{1P}}{K} = \frac{5780}{25} = 231\text{V}$$

$$U_{2L} = U_{2P} = \frac{U_{1P}}{K} = \frac{5780}{25} = 231\text{V}$$

原边的相电流和线电流分别为

$$I_{2P} = \frac{I_{2L}}{\sqrt{3}} = \frac{173}{\sqrt{3}} = 100\text{A}$$

$$I_{1L} = I_{1P} = \frac{I_{2P}}{K} = \frac{100}{25} = 4\text{A}$$

(2) 三相变压器铭牌

每一台变压器在其外壳上都附有铭牌，它标有变压器型号和在额定工作状态下的性能指标，是正确使用变压器的依据，如表 3-1 所示为变压器铭牌实例。

表 3-1

变 压 器

型号：$SJ_1$-50/10　　　　　　　　　　设备种类：户外式　序号：1833
标准代号：EOT-517·000　　　　　　　冷却方式：油浸自冷　频率：50Hz
接线组别：Y，yn（Y/Y₀）　　　　　　 相数：3

| 容 量 | 高 压 | | 低 压 | | 阻抗电压 |
|---|---|---|---|---|---|
| kV·A | V | A | V | A | % |
| 50 | 10500<br>10000<br>9500 | 2.89 | 400 | 72.2 | 4.50 |

1) 变压器的型号　如 $SJ_1$-50/10：S 代表三相（D 单相）；J 代表油浸自冷式（F 代表风冷式）；1 为设计序号；50kV·A 代表额定容量；10kV 代表高压绕组的额定电压。

2) 额定电压 $U_{1N}$、$U_{2N}$　$U_{1N}$ 指允许加到原绕组上的正常工作电压有效值，$U_{2N}$ 是指原边加额定电压时，副边的空载电压有效值。$U_{1N}$、$U_{2N}$ 均指线电压。

3) 额定电流 $I_{1N}$、$I_{2N}$　指变压器连续运行时原、副绕组允许通过的最大电流有效值。

4）额定容量 $S_N$　额定容量是指变压器长期连续运行时允许输出的最大有功功率。也是指变压器副边额定电压与额定电流的乘积。即

单相变压器 $\qquad S_N = U_{2N}I_{2N} \approx U_{1N}I_{1N}$ (3-16)

三相变压器 $\qquad S_N = \sqrt{3}\,U_{2N}I_{2N}$ (3-17)

### 1.3.2 三相变压器使用中常见问题的处理

（1）异常响声

1）声响较大而嘈杂时，可能是变压器铁心的问题。例如，夹件或压紧铁芯的螺钉松动时，仪表的指示一般正常，绝缘油的颜色、温度与油位也无大变化，这时应停止变压器的运行，进行检查。

2）声响中夹有水的沸腾声，发出"咕噜咕噜"的气泡逸出声，可能是绕组有较严重的故障，使其附近的零件严重发热使油气化。分接开关的接触不良而局部点有严重过热或变压器匝间短路，都会发出这种声音。此时，应立即停止变压器运行，进行检修。

3）声响中夹有爆炸声，既大又不均匀时，可能是变压器的器身绝缘有击穿现象。这时，应将变压器停止运行，进行检修。

4）声响中夹有放电的"吱吱"声时，可能是变压器器身或套管发生表面局部放电。如果是套管的问题，在气候恶劣或夜间时，还可见到电晕辉光或蓝色、紫色的小火花，此时，应清理套管表面的脏污，再涂上硅油或硅脂等涂料。此时，要停下变压器，检查铁心接地与各带电部位对地的距离是否符合要求。

5）声响中夹有连续的、有规律的撞击或摩擦声时，可能是变压器某些部件因铁心振动而造成机械接触，或者是因为静电放电引起的异常响声，而各种测量表计指示和温度均无反应，这类响声虽然异常，但对运行无大危害，不必立即停止运行，可在计划检修时予以排除。

（2）温度异常

变压器在负荷和散热条件、环境温度都不变的情况下，较原来同条件时的温度高，并有不断升高的趋势，也是变压器温度异常升高，与超极限温度升高同样是变压器故障象征。引起温度异常升高的原因有：

1）变压器匝间、层间、股间短路；

2）变压器铁心局部短路；

3）因漏磁或涡流引起油箱、箱盖等发热；

4）长期过负荷运行，事故过负荷；

5）散热条件恶化等。

运行时发现变压器温度异常，应先查明原因后，再采取相应的措施予以排除，把温度降下来，如果是变压器内部故障引起的，应停止运行，进行检修。

（3）喷油爆炸

喷油爆炸的原因是变压器内部的故障短路电流和高温电弧使变压器油迅速老化，而继电保护装置又未能及时切断电源，使故障较长时间持续存在，使箱体内部压力持续增长，高压的油气从防爆管或箱体其他强度薄弱之处喷出形成事故。

1）绝缘损坏：匝间短路等局部过热使绝缘损坏；变压器进水使绝缘受潮损坏；雷击

等过电压使绝缘损坏等导致内部短路的基本因素。

2) 断线产生电弧：线组导线焊接不良、引线连接松动等因素在大电流冲击下可能造成断线，断点处产生高温电弧使油气化促使内部压力增高。

3) 调压分接开关故障：配电变压器高压绕组的调压段线圈是经分接开关连接在一起的，分接开关触头串接在高压绕组回路中，和绕组一起通过负荷电流和短路电流，如分接开关动静触头发热，跳火起弧，使调压段线圈短路。

(4) 严重漏油

变压器运行中渗漏油现象比较普遍，油位在规定的范围内，仍可继续运行或安排计划检修。但是变压器油渗漏严重，或连续从破损处不断外溢，以致于油位计已见不到油位，此时应立即将变压器停止运行，补漏和加油。

变压器油的油面过低，使套管引线和分接开关暴露于空气中，绝缘水平将大大降低，因此易引起击穿放电。引起变压器漏油的原因有：焊缝开裂或密封件失效；运行中受到振动；外力冲撞；油箱锈蚀严重而破损等。

(5) 套管闪络

变压器套管积垢，在大雾或小雨时造成污闪，使变压器高压侧单相接地或相间短路。变压器套管因外力冲撞或机械应力、热应力而破损也是引起闪络的因素。变压器箱盖上落异物，如大风将树枝吹落在箱盖时引起套管放电或相间短路。

以上对变压器的声音、温度、油位、外观及其他现象对配电变压器故障的判断，只能作为现场直观的初步判断。因为，变压器的内部故障不仅是单一方面的直观反映，它涉及诸多因素，有时甚至会出现假象。必要时必须进行变压器特性试验及综合分析，才能准确可靠地找出故障原因，判明事故性质，提出较完备的合理的处理方法。

## 1.4 其他变压器

在电力系统中，除大量采用双绕组变压器外，还常采用多种特殊用途的变压器，它们涉及面广，种类繁多，下面仅介绍较常用的自耦变压器、仪用变压器和电焊变压器的工作原理及特点。

### 1.4.1 自耦变压器

自耦变压器与普通变压器不同之处在于自耦变压器的闭合铁心上只绕有一个绕组，这个绕组既是原绕组，也是副绕组，两者之间既有电的联系，也有磁的联系，如图 3-11 所示。

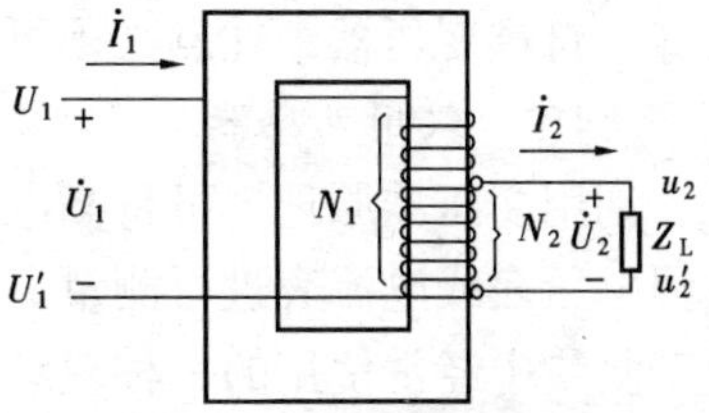

图中 $N_1$、$N_2$ 分别是原、副绕组的匝数，当原绕组的两端加上交流电压，铁心产生了交变磁通，由于该磁通穿过原、副绕组，所以，原、副边的电压大小必定与匝数成正比，即

$$\frac{U_1}{U_2} = \frac{N_1}{N_2} = K \tag{3-18}$$

图 3-11 自耦变压器

可见，只要适当地选取匝数 $N_2$，即可获得所需的副边电压 $U_2$。

由于自耦变压器能节省大量材料、降低成本，减小变压器的体积、重量，且有利于大型变压器的运输和安装，目前，在高电压、大容量的输电系统中，自耦变压器主要用来连接两个电压等级相近的电力网，作为联络变压器使用。在实验室中还常采用二次侧有滑动接触的自耦变压器，此外，还可以作为异步电动机的启动补偿器。

如果把自耦变压器的铁心做成环形，绕组就绕在这个环形的铁心上，副绕组的分接头是一个能沿着绕组的表面自由滑动的电刷接头，当移动电刷触点的位置时，就可以平滑地调节输出电压，这种自耦变压器又称为调压器，如图3-12所示。

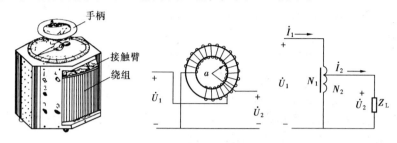

图 3-12  单相自耦变压器
(a) 外形结构；(b) 原理图；(c) 电路图

自耦变压器也可以做成三相自耦变压器，如图3-13所示，其工作原理与单相变压器相同，三相自耦变压器常用作星形连接。调压器也有单相和三相两种。

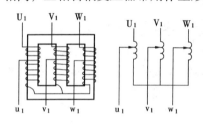

图 3-13  三相自耦变压器

与普通的双绕组变压器相比，自耦变压器的主要优点是：

1）在同样的定额容量下，自耦变压器的体积小；
2）铜损耗和铁损耗较小，故自耦变压器的效率较高；
3）由于自耦变压器的尺寸小、重量轻，故便于运输和安装，且占地面积小。

主要缺点有：

1）自耦变压器的短路阻抗标准值较小，因此短路电流较大；
2）由于一、二次绕组间的电的直接联系，运行时，一、二次侧都需要装设避雷器，以防止一次侧产生过电压时，引起二次侧绕组绝缘的损坏；
3）为防止高压侧发生单相接地时引起低压侧非接地相对地电压升高，造成对地绝缘击穿，自耦变压器中性点必须可靠接地。

#### 1.4.2 仪用互感器

利用变压器原理，可将高电压转换成低电压，或将大电流转换成小电流，然后接入低量程电压表或电流表进行测量。这种供仪表使用的变压器称为仪用互感器。仪用互感器是电工测量中经常使用的一种双绕组变压器，扩大测量仪表的量程以及将测量仪表与高压电路隔离以保证安全。

互感器除了用于测量电流和电压之外，还用于各种继电保护装置的测量系统，因此它的应用极为广泛。下面分别介绍电压互感器和电流互感器。

(1) 电压互感器

电压互感器是一种专用的降压变压器，其原理如图3-14所示。电压互感器的原绕组匝数多，与被测的高压电网并联，副绕组匝数少，与电压表或功率表的电压线圈并联。由

于这类表的负载阻抗都比较高,副边电流很小,电压互感器近似于变压器空载运行状态,原、副边电压之间的关系为

$$\frac{U_1}{U_2} = \frac{N_1}{N_2} = K_U \quad (3\text{-}19)$$

式中的 $K_U$ 为电压互感器的变压比。由上式可知,若 $N_1$ 远大于 $N_2$ 于时,$K_U$ 很大,而 $U_1$ 则远远小于 $U_2$,即被测电压值很大,可用低量程的电压表去测高压。

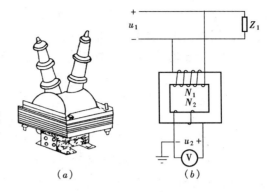

图 3-14 电压互感器
(a) 外形;(b) 原理图

只要选择合适的变压比 $K_U$,就可以将高电压变换成低电压,便于测量。通常电压互感器原边电压值不论多少,其副边额定电压大多数都设计成统一的标准值 100V,当电压表与一只配套的电压互感器使用时,从电压表刻度上可以直接读出原绕组电压的数值。

电压互感器有干式、油浸式、单相和三相之分,在使用时应注意以下事项:

1)使用时,电压互感器的二次侧不允许短路。电压互感器正常运行时接近空载,如二次侧短路,则会产生很大的短路电流,绕组将因过热而烧毁,因此,原、副边绕组中串联熔断器;

2)电压互感器的副绕组、铁心和外壳都要可靠接地,以免当互感器损坏时高电压窜入低压绕组,对人身和设备的安全造成危害;

3)电压互感器有一定的额定容量,使用时二次侧不宜接过多的仪表,以免影响互感器的精度等级。

(2) 电流互感器

电流互感器是把大电流转换为一定值的小电流,其原理如图 3-15 所示。

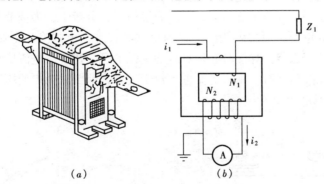

图 3-15 电流互感器
(a) 外形;(b) 原理图

电流互感器原绕组用粗导线绕成,匝数很少,与被测电流电路中的负载串联,其副绕组导线细,匝数较多,与电流表、功率表的电流线圈连接,这类仪表的负载阻抗比较小,电流互感器近似于变压器短路运行状态,原、副边电流之间的关系为

$$\frac{I_1}{I_2} = \frac{N_2}{N_1} = K_I \quad (3\text{-}20)$$

式中 $K_1$ 为电流互感器的变流比,当 $N_2$ 远大于 $N_1$ 时,$K_1$ 很大,$I_1$ 远大于 $I_2$,即被测电流很大,可用小量程的电流表来测量大电流。电流互感器副绕组的额定电流一般都设计成5A。若电流表与电流互感器固定连接,使用时,从电流表刻度上可以直接读出被测大电流的数值。

电流互感器在运行时,应注意以下事项:

1) 二次侧绝对不允许开路。当二次侧开路时,电流互感器处于空载运行状态,此时一次侧被测电流全部为励磁电流,使铁心中磁通密度明显增大。一方面使铁心损耗急剧增加,铁心过热甚至烧毁绕组;另一方面将使二次侧感应出很高的电压,不但绝缘击穿,而且危及工作人员和其他设备的安全。因此,在一次侧电路工作时,如需要检修和拆换电流表或功率表的电流线圈,必须先将互感器的二次侧短路。

2) 为了运行安全,电流互感器的副绕组和铁心都要可靠接地,以防止绝缘击穿后,电力系统的高电压危及二次侧回路中的设备和操作人员的安全。

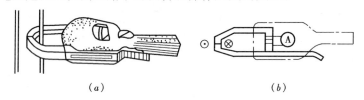

图 3-16 钳形电流表
(a) 实物图;(b) 原理电路图

为了可在现场切断线路的情况下测量电流和便于携带使用,把电流表和电流互感器合起来制造成钳形电流表,如图 3-16 所示。互感器的铁心成钳形,可以张开,使用时只要张开钳嘴,将待测电流的一根导线放入钳中,然后铁心闭合,钳形电流表就会显示读数。

### 1.4.3 电焊变压器

电焊变压器是一种特殊用途的降压变压器,如图 3-17 所示。

电焊变压器是一个双绕组变压器,它的原绕组配有分接头,为调节起弧电压,也可用于调节副边的空载电压。原、副绕组装在两个铁心柱上。电焊变压器则在短路状态下工作,并且要求电焊变压器在焊接时必须具有的引弧电压,在焊接电流增大时,输出电压要迅速下降,当电压降到零时,副边电流也不致于过大,即要求电焊变压器有迅速下降的外特性,如图 3-18 所示。

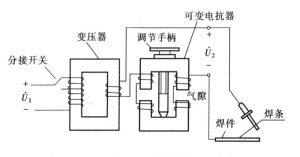

图 3-17 电焊变压器

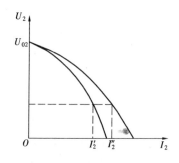

图 3-18 电焊变压器的外特性

为适应不同的焊件和不同的焊条,焊接电流的大小要求能够调节,为此,在副绕组回路中串了一个电抗器,当需要调节副边电流时,则通过改变与副绕组串联的电抗器的感抗，来调节电抗器的空气隙的长度或绕组的匝数，达到调节副边电流的目的。当焊件与焊条接触，即相当于短路，电抗器的感抗可起限制电流的作用，随即将焊条抬起时，焊件与焊条间形成电弧，此时进行焊接，转动调节手柄，即可改变电抗器的空气隙，从而改变焊接电流的大小。

动铁式电焊变压器是通过改变副绕组的匝数和调节可动铁心的位置来改变焊接电流的大小的。动圈式电焊变压器是通过改变原、副绕组的相对位置来调节焊接电流的大小，尽管结构不同，但它们的工作原理基本上是相同的。

## 课题2　三相异步电动机

异步电动机是一种交流旋转电机。它结构简单，制造、使用和维护方便，运行可靠，成本低、效率较高，因此在工农业生产中应用广泛。它能够将电能转换成机械能，如水泵、起重机和风机等机械设备都是以三相异步电动机为原动力的。但三相异步电动机也有缺点，一是在运行时要从电网吸取感性无功电流来建立磁场，降低了电网功率因数，增加了线路损耗，限制了电网的功率传递；二是启动和调速性能较差。

三相异步电动机根据转子结构不同，分为笼型异步电动机和绕线式异步电动机两种。笼型异步电动机结构简单，价格低廉，一般用于搅拌机、皮带传输机、振捣器等建筑生产机械中。而绕线式异步电动机可以在一定范围内调速，有较好的启动性能，因此常用于卷扬机、塔式起重机等生产机械中。

### 2.1　三相异步电动机的结构和工作原理

#### 2.1.1　三相异步电动机的基本结构

三相异步电动机的结构主要由定子（固定部分）和转子（转动部分）两部分组成。转子装在定子腔内，定子、转子之间有一缝隙，称为气隙。图3-19所示为笼型异步电动机的结构图。

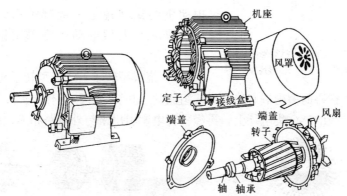

图3-19　笼型异步电动机的外形和结构

（1）定子

定子由机座、铁心和定子绕组三部分组成。

机座的作用是固定和支撑定子铁心及端盖，因此，机座应有较好的机械强度和刚度。中、小型电动机一般用铸铁机座，大型电动机则用钢板焊接而成。为了增加散热面积，机座外壳表面铸有许多散热片。

定子铁心是电动机磁路的一部分，为减少铁心损耗，一般用 0.5mm 厚的导磁性能较好且相互绝缘的硅钢片叠成，铁心内圆表面上均匀分布着许多相同的槽，用以嵌放定子三相绕组，如图 3-20 所示。

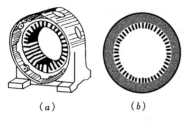

图 3-20　定子机座和铁心冲片

(a) 定子机座；(b) 定子铁心冲片

定子三相绕组是电动机的电路部分。它由三个完全相同的线圈组成的，称为对称的三相绕组，并按一定规律嵌入在定子铁心的槽内。三个线圈的首端分别用 $U_1$、$V_1$、$W_1$ 表示，三个线圈的末端分别用 $U_2$、$V_2$、$W_2$ 表示，把这六个出线端引到接线盒中，接线盒中接线柱的布置，如图 3-21 所示。三相定子绕组根据铭牌上的接法要求，在接线盒中连接成星形或三角形，定子绕组的接线法，如图 3-22 所示。

定子绕组分单层和双层两种，一般小型异步电动机采用单层绕组，大、中型异步电动机采用双层绕组。

(2) 转子

转子主要由转子铁心、转子绕组和转轴三部分组成。整个转子靠端盖和轴承支撑。转子的主要作用是产生感应电流，形成电磁转矩，以实现机电能量的转换。

转子铁心是电动机磁路的一部分，一般也由 0.5mm 的硅钢片叠成，转子铁心叠片冲有嵌入绕组的槽，如图 3-23 所示。转子铁心固定在转轴或转子支架上。

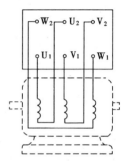

图 3-21　接线盒中接线柱的布置

转子绕组有笼型和绕线型两种。

1) 笼型转子　在转子铁心的每一个槽中，嵌入一根裸导条，在铁心两端分别用两个短路环把导条连接成一个整体，形成一个自身闭合的多相短路绕组。如去掉转子铁心，整个绕组尤如一个"松鼠笼子"，由此得名笼型转子。中、小型电动机的笼型转子一般都采用铸铝，如图 3-24 (b) 所示；大型电动机则采用铜条，如图 3-24 (a) 所示。

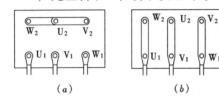

图 3-22　定子绕组的接线法

(a) 星形连接；(b) 三角形连接

2) 绕线型转子　绕线型转子与定子绕组相似，它是在绕线转子铁心的槽内嵌有绝缘导线组成的三相绕组，一般作星形连接，三个端头分别接在与转轴绝缘的三个集电环上，再经一套电刷引出来与外电路相连，如图 3-25 所示。

图 3-23　转子铁心冲片

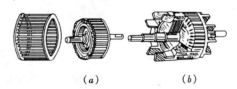

图 3-24　笼型转子

异步电动机的气隙是均匀的。气隙的大小对异步电动机的运行性能和参数影响较大，由于励磁电流由电网供给，气隙越大，励磁电流也就越大，而励磁电流又属无功性质，它

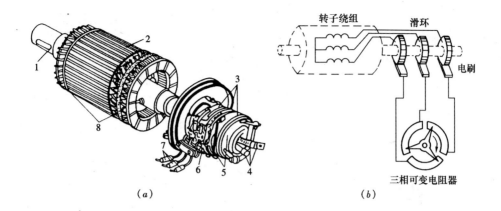

图 3-25 绕线型转子
(a) 绕线型转子；(b) 绕线型转子回路接线示意图
1—转轴；2—转子铁心；3—滑环；4—转子绕组；5—风扇；6—刷架；7—电刷引线；8—转子绕组

要影响电网的功率因数，因此，异步电动机的气隙大小往往为机械条件所能允许达到的最小数值，中、小型电动机一般为 0.1～1mm。

### 2.1.2 三相异步电动机的工作原理

(1) 旋转磁场的产生

定子三相绕组的原理布置，如图 3-26 所示。为了讨论问题方便，设三相对称绕组($U_1$—$U_2$、$V_1$—$V_2$、$W_2$—$W_2$) 的每相绕组均由一匝线圈构成。它们的首端 ($U_1$、$V_1$、$W_1$) 或末端 ($U_2$、$V_2$、$W_2$) 在空间上彼此相隔 120°，若把其末端接成一点，把三个首端 $U_1$、$V_1$、

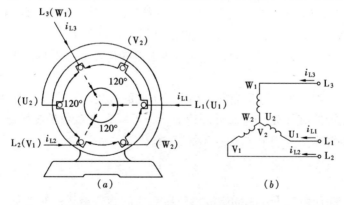

图 3-26 定子三相绕组的原理布置图

$W_1$ 接到三相对称电源上，即为星形连接，三相对称绕组中便通入了三相对称电流，即

$$i_{L1} = I_m \sin\omega t$$
$$i_{L2} = I_m \sin(\omega t - 120°)$$
$$i_{L3} = I_m \sin(\omega t + 120°)$$

三相对称电流波形如图 3-27 所示。

一般规定，当电流为正半周时，电流从绕组的首端流向末端，即从首端流进，末端流出。当电流为负值时，电流从绕组的末端流进，首端流出。同时，流进纸面的电流用符号

⊗表示，流出纸面的电流用符号⊙表示。下面来分析不同时刻的电流流向及其所产生的磁场情况。

当 $\omega t = 0$ 时，$i_{L1} = 0$，$i_{L2}$ 为负值，$i_{L3}$ 为正值。电流 $i_{L2}$ 绕组末端 $V_2$ 流进（标⊗），首端 $V_1$ 流出（标⊙）。电流 $i_{L3}$ 从首端 $W_1$ 流进（标⊗），末端 $W_2$ 流出（标⊙）。根据右手螺旋定则，三相电流产生的合成磁场是一对磁极，即 N 和 S 两个极，其方向从右向左，如图 3-27（a）所示。

当 $\omega t = 120°$ 时，$i_{L1}$ 为正值，$i_{L2} = 0$，$i_{L3}$ 为负值。三相绕组中电流流向其合成磁场的方向，如图 3-27（b）所示。比较（a）、（b）两图，可以看出，当电流相位

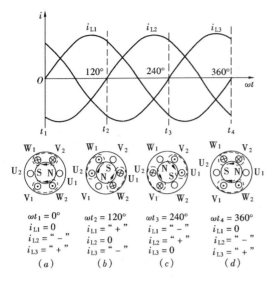

图 3-27 三相对称电流波形和一对磁极的旋转磁场

角随时间变化了 120°，合成磁场沿顺时针方向在空间旋转了 120°。

当 $\omega t = 240°$ 和 $\omega t = 360°$ 时刻的合成磁场的方向，如图 3-27（c）和（d）所示。由图可见，当定子的对称三相绕组通以对称三相交流电流时，所产生的合成磁场是一个在空间不断旋转的磁场，称为旋转磁场。

(2) 旋转磁场的转速和转向

从图 3-27 中可以看出，当交流电流变化一周时，一对磁极的旋转磁场在空间正好运动一周，若交流电流的频率为 $f$，则一对极的旋转磁场每秒钟的转速为 $f$ [r/s（转/秒）]。通常转速以每分钟的转数来表示的，故一对极的旋转磁场每分钟的转速 $n_1$ 为 $60f$ [r/min（转/分）]。

定子的对称三相绕组经过适当安排和采取不同的接法，就可以分别得到两对磁极、三对磁极和四对磁极的旋转磁场。通过理论分析，不同磁极对数的旋转磁场的每分钟转速 $n_1$（又称为同步转速）与频率 $f$、磁极对数 $p$ 有如下关系

$$n_1 = \frac{60f}{p} \tag{3-21}$$

在工频 $f = 50$Hz 情况下，不同磁极对数所对应的旋转磁场的转速见表 3-2。从表中看出，磁极对数越多，同步转速越低。当磁极对数 $p$ 一定时，同步转速 $n_1$ 也是一个固定值。

不同磁极对数所对应的旋转磁场的转速　　　　表 3-2

| $p$（磁极对数） | 1 | 2 | 3 | 4 |
|---|---|---|---|---|
| $n_1$（同步转速为，r/min） | 3000 | 1500 | 1000 | 750 |

从图 3-26 和图 3-27 中看出，旋转磁场是沿着 $U_1 \rightarrow V_1 \rightarrow W_1$ 顺时针方向转动的，转动方向与通入三相绕组的电流相序 $L_1 \rightarrow L_2 \rightarrow L_3$ 是一致的，因此，旋转磁场的转向是由通入三相绕组的电流相序决定的。只要改变通入定子三相绕组的电流相序，即把接到三相绕组的三根相线任意两根调换，旋转磁场就会反方向旋转，变成逆时针旋转。如在图 3-28 中，

把三相电源的 $L_1$ 相改接到 $V_1$—$V_2$ 绕组的首端 $V_1$，$L_2$ 相改接到 $U_1$—$U_2$ 绕组的首端 $U_1$，使电流 $i_{L1}$ 流入 $V_1$—$V_2$ 绕组，电流 $i_{L2}$ 流入 $U_1$—$U_2$ 绕组，电流 $i_{L3}$ 仍流入 $W_1$—$W_2$ 绕组，这样，旋转磁场沿着三相绕组中电流的相序 $L_1$（$V_1$）→$L_2$（$U_1$）→$L_3$（$W_1$）逆时针方向旋转起来。

(3) 异步电动机的转动原理

当定子三相绕组通入三相电流后，便在空间产生一个旋转磁场，为了分析问题方便，用以 $n_1$ 转速顺时针旋转的一对磁极（N—S）来表示旋转磁场，而转子绕组只画出上、下两根导体，异步电动机转动原理示意图如图 3-28 所示。由于旋转磁场与转子导体存在着相对运动，因此当旋转磁场以 $n_1$ 同步转速顺时针旋转时，就相当于磁场静止不动，转子导体以 $n_1$ 转速逆时针转动，根据电磁感应定律，导体切割磁场，转子导体中就会产生感应电动势和感应电流（转子回路是闭合的）。感应电动势和感应电流的方向可以由右手定则判定出来，如图 3-28 所示。转子上半部导体的电流是流出来（⊙），下半部导体的电流是流进去的（⊗）。

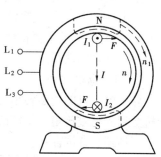

图 3-28 笼型异步电动机转动原理图

通电流的导体在磁场中要受到电磁力的作用，根据左手定则，作用于转子上半部导体的电磁力 $F$ 的方向是向右的，下半导体上电磁力 $F$ 的方向是向左的。从而形成电磁转矩，使转子沿着旋转磁场方向以转速 $n$ 旋转起来。可见，异步电动机的转动方向是与旋转磁场的旋转方向一致的，而且转子转速 $n$ 总是小于同步转速 $n_1$。若两者转速相同，即 $n = n_1$ 时，转子导体与旋转磁场之间就处于相对静止状态，转子导体没有切割磁场，就不会产生感应电动势和感应电流，也就没有电磁转矩产生。因此，转子转速 $n$ 始终要略低于旋转磁场的同步转速 $n_1$。两者转速不是相同的，而是相异的，故称异步电动机。

由于转子的转动方向是与旋转磁场的旋转方向一致，如果使旋转磁场的方向改变了，则电动机转子的转动方向也随着改变。

(4) 异步电动机的转差率

为了衡量异步电动机的转速 $n$ 与旋转磁场的转速 $n_1$ 之间相差的程度，常用转差率 $s$ 表示，即

$$s = \frac{n_1 - n}{n_1} \times 100\% \tag{3-22}$$

转差率 $s$ 是异步电动机的一个重要物理量。在电动机启动的瞬间，$n = 0$，$s = 1$，假设转子的转速 $n$ 达到同步转速 $n_1$（实际不可能）时，$s = 0$，可见，转子的转速 $n$ 越高，$s$ 越小，正常运行时，$0 < s < 1$，异步电动机在定额负载下运行时，其额定转速略小而又接近于同步转速，故 $s_N$ 很小，约在 2%～8%之间。

根据式（3-22）可以得到电动机转速的计算公式，即

$$n = (1 - s)n_1 = \frac{60f}{p}(1 - s) \tag{3-23}$$

【例3-5】 某台电动机的额定转速 $n_N = 1430 \text{r/min}$，电源的频率 $f = 50 \text{Hz}$，试求该电动

机的同步转速、磁极对数和额定转差率 $s_N$。

【解】 由于异步电动机的额定转速略低并接近同步转速，由表 3-2 可知，略大于 $n_N$ = 1430r/min 的同步转速为

$$n_1 = 1500 \text{r/min}$$

由式（3-21）可以求出与之对应的磁极对数

$$p = \frac{60f}{n_1} = \frac{60 \times 50}{1500} = 2$$

额定转差率 $s_N$ 为

$$s_N = \frac{n_1 - n_N}{n_1} \times 100\% = \frac{1500 - 1430}{1500} \times 100\% = 4.7\%$$

## 2.2 三相异步电动机的电磁转矩和机械特性

电动机之所以能转动，就是由于当电动机接通电源后，会产生一个电磁转矩驱动转子转动。电磁转矩 $T$ 是三相异步电动机的一个重要物理量，而在使用当中，机械特性 $n = f(T)$ 又是它的一条主要特性。因此，在分析三相异步电动机的运行情况时，应该清楚它们的基本概念及性质。

### 2.2.1 电磁转矩

异步电动机的电磁转矩是由于转子中通电流的导体与旋转相互作用而产生的，因此转子所受到的电磁转矩与旋转磁场的每极磁通 $\varphi$ 及转子电流 $I_2$ 成正比。由于绕组不但有电阻，而且还有感抗存在，转子电路是感性的。因此，转子电流 $I_2$ 落后于转子绕组中的感应电动势一个相位角 $\varphi_2$。由于电磁转矩 $T$ 决定了异步电动机转轴上输出的机械功率的大小，即输出有功功率的大小，只有转子电流的有功分量 $I_2\cos\varphi_2$ 与旋转磁场的每极磁通相互作用才能产生电磁转矩。故异步电动机的电磁转矩为

$$T = K_T \Phi I_2 \cos\varphi_2 \tag{3-24}$$

式中，$\Phi$ 为旋转磁场的每极磁通量；$I_2$ 为转子电路电流的有效值；$\cos\varphi_2$ 为转子电路的功率因数；$K_T$ 为与电动机结构有关的转矩系数。

对上式作进一步的理论推导，可以得出下列的关系式

$$T = K \frac{sR_2 U^2}{R_2^2 + (sX_{20})^2} \tag{3-25}$$

式中，$K$ 为常数；$s$ 为转差率；$R_2$ 为转子每相绕组的电阻；$X_{20}$ 为转子不动时，转子每相绕组的感抗；$U$ 为电源电压（加在定子绕组上的相电压的有效值）；从式（3-25）可以看出，三相异步电动机的电磁转矩 $T$ 与电源电压 $U$ 的平方成正比，因此，电源电压的波动对电动机的转矩和运行有很大的影响。当电源电压过低时，电磁转矩将明显减小，严重时将烧坏电动机，使其不能正常工作，甚至发生停转事故，以至烧坏电动机的定子绕组。

### 2.2.2 转矩特性和机械特性

在电源电压 $U$ 及 $R_2$、$X_{20}$、$f$ 等参数一定情况下，可以画出转矩 $T$ 与转差率 $s$ 之间的关系曲线，即 $T = f(s)$，称为异步电动机的转矩特性曲线，如图 3-29（a）所示。由于转差率 $s$ 与转速 $n$ 之间有着确定的关系，因此很容易画出转速 $n$ 与转矩 $T$ 间的关系曲线，即 $n = f(T)$，称为异步电动机的机械特性，如图 3-29（b）所示。

转矩特性和机械特性反映了电动机运行的性能，下面对其进行分析讨论。

(1) 主要参数

1) 额定转矩　电动机在额定电压作用下，带动额定负载时，轴上的输出转矩称为额定转矩 $T_N$。

电动机轴上的输出功率 $P_2$ 等于角速度与转矩的乘积，故电动机轴上的输出转矩 $T$ 等于

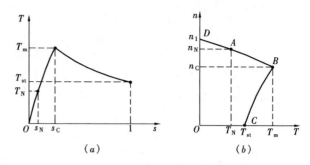

图 3-29　异步电动机的转矩特性和机械特性
(a) $T = f(s)$ 曲线；(b) $n = f(T)$ 曲线

$$T = \frac{P_2}{\omega} = \frac{P_2}{2\pi n}$$

式中，$P_2$ 为异步电动机的输出功率，单位为 W；$\omega$ 转子角速度，单位为弧度/秒 (rad/s)；$n$ 为异步电动机的转速，单位为转/分 (r/min)；异步电动机的输出转矩 $T$ 的单位为牛·米 (N·m)。

若 $P_2$ 单位用 kW，转速 $n$ 单位用 r/min，则转矩 $T$ 为

$$T = \frac{P_2 \times 10^3}{\frac{2\pi n}{60}} = 9550 \frac{P_2}{n} \tag{3-26}$$

电动机在额定负载下运行时，从电动机的铭牌上可以查出电动机的额定功率 $P_{2N}$ 和额定转速 $n_N$，则额定转矩 $T_N$ 为

$$T_N = 9550 \frac{P_{2N}}{n_N} \tag{3-27}$$

2) 最大转矩　机械特性上转矩的最大值称为最大转矩 $T_m$。如果负载阻抗转矩 $T_L$ 大于电动机最大转矩 $T_m$，电动机将拖不动负载而停转，引起大电流而发热过度，甚至烧坏电机，因此负载转矩 $T_L$ 不能大于电动机的最大转矩 $T_m$。

为了防止电动机过热，不允许电动机在超过额定负载下长期运行，但只要发热不超过允许的温升范围，可以短时过载运行，为了保证电动机不会因过载而发生停转现象，最大转矩必须大于额定转矩，将电动机的最大转矩 $T_m$ 与额定转矩 $T_N$ 的比值称为电动机的过载能力系数 $\lambda$，即

$$\lambda = \frac{T_m}{T_N} \tag{3-28}$$

过载能力系数 $\lambda$ 反映了电动机遇到短时冲击负载时的过载能力的极限。一般异步电动机的 $\lambda$ 值约为 1.8~2.2，对于起重冶金使用的 YZ、YZR 系列电动机，$\lambda$ 值约为 2.2~3。

只要将式 (3-25) 求导，令 $dT/ds = 0$，就可以求出对应最大转矩 $T_m$ 时转矩率 $s_C$（称为临界转差率）和转速 $n_C$（称为临界转速）

$$s_C = \frac{R_2}{X_{20}} \tag{3-29}$$

$$n_C = n_1(1 - s_C) = n_1 \left(1 - \frac{R_2}{X_{20}}\right) \tag{3-30}$$

把式（3-29）代入到式（3-25）中，可得

$$T_m = K \frac{U^2}{2X_{20}} \tag{3-31}$$

3) 启动转矩　电动机刚接通电源的瞬间，转速 $n = 0$，这时的电磁转矩称为启动转矩 $T_{st}$。启动转矩 $T_{st}$ 和额定转矩 $T_N$ 的比值称为电动机的启动能力 $K_{st}$，即

$$K_{st} = \frac{T_m}{T_N} \tag{3-32}$$

Y 系列的异步电动机的 $K_{st}$ 值约在 1.7～2.2 之间。启动时，$n = 0$、$s = 1$ 代入到式（3-25）中，则启动转矩 $T_{st}$ 为

$$T_{st} = K_{st} \frac{R_2 U^2}{R_2^2 + X_{20}^2} \tag{3-33}$$

由上式可知，启动转矩 $T_{st}$ 与转子电阻 $R_2$ 及电源电压 $U$ 有关。在绕线式异步电动机中转子三相绕组通过外接电阻器来适当增加转子电阻，就可以提高其启动转矩 $T_{st}$，改善电动机的启动性能。

(2) 稳定运行区

从异步电动机的机械特性 $n = f(T)$ 中可以看出，当电动机带动负载运行于图 3-29（b）中的 DB 段时，如果负载转矩发生变化，电动机能自动调节电磁转矩，使它与负载转矩 $T_L$ 平衡（即 $T = T_L$），保证电动机的稳定运行。例如电动机原来稳定运行于 DB 段的 A 点（即 $T = T_L$），由于某种原因使负载转矩即 $T_L$ 增大，则电磁转矩小于负载转矩，电动机转速慢下来，使 $n < n_N$，随着转速 $n$ 的降低，电磁转矩相应增大，当电磁转矩 $T$ 与 $T_L$ 重新平衡时，转速 $n$ 不再减少，电动机在较低的转速下重新稳定运行。如负载转矩 $T_L$ 减小，则 $T > T_L$，电动机的转速 $n$ 增大，转矩 $T$ 相应减小，当 $T = T_L$ 时，电动机就在比原来额定转速 $n_N$ 高的转速下稳定运行。因此，机械特性的 DB 段是稳定运行区，电动机正常运行时就是工作在该区域内。

假如电动机运行于机械特性 CB 段的某一点时（$T = T_L$），由于某种原因使负载 $T_L$ 增大，使 $T < T_L$，引起转速 $n$ 下降，电磁转矩 $T$ 进一步减小，导致转速 $n$ 继续下降，直至电动机停转；反之，若负载转矩 $T_L$ 由于某种原因减小时，$T > T_L$，使转速 $n$ 增大，导致电磁转矩更大，电磁转矩的增大又使转速 $n$ 进一步增大，直到进入稳定运行区 DB 段，这时转速 $n$ 增大，转矩 $T$ 下降，直到 $T = T_L$ 时，电动机才能稳定运行。可见特性的 CB 段是不稳定运行区。

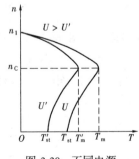

图 3-30　不同电源电压时的机械特性

机械特性的稳定运行区 DB 段，近似于一条直线，而且斜率很小，因此即使负载转矩变化较大，转速变化也不大，这种特性称为硬特性。金属切削机床等机械就需要具有这种硬特性的电动机来拖动。

(3) 电源电压对机械特性的影响

由式（3-25）看出，电磁转矩 $T$ 与电源电压平方成正比，当电源电压下降时，电磁转矩 $T$ 将明显降低，不同电压下的机械特性 $n = f(T)$ 曲线，如图 3-30 所示。

由式（3-29）和式（3-31）可以看出，对应最大转矩 $T_m$ 的

临界转差率 $s_C$ 与电压无关,而 $T_m$ 是与电压平方成正比的,因此电源电压下降时,$T_m$ 也将显著减小,但临界转差率 $s_C$ 却保持不变。从图 3-30 中可知,若负载转矩 $T_L$ 保持不变,则当电源电压下降的时候,由于电磁转矩的明显减小,引起电动机的转速 $n$ 降低,使定子旋转磁场对转子切割速度增大,导致转子电流和定子绕组电流的增大。严重时,甚至无法启动,过大的电流使电动机因温升太高而烧坏。

(4) 转子电路的电阻对机械特性的影响

转子电路的电阻 $R_2$ 不同时的机械特性,如图 3-31 所示。

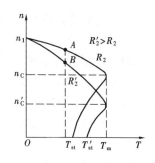

图 3-31 转子电路电阻 $R_2$ 不同时的机械特性

由式 (3-30) 和式 (3-31) 可知,最大转矩与转子电阻 $R_2$ 无关,而临界转速 $n_C$ 随着转子电阻 $R_2$ 的增大而减小。从图 3-31 中可知,当转矩一定时,转子电路的电阻 $R_2$ 增大到 $R_2'$ 时,电动机工作点从 $A$ 点移到 $B$ 点,转速 $n$ 将下降,因此,改变转子电路的电阻,可以在一定范围内调速。另外,转子电阻 $R_2$ 增大时,启动转矩 $T_m$ 也相应增大,绕线转子电动机的转子电路可以串接附加电阻,以增大启动转矩,改善电动机的启动性能,因此,绕线转子电动机广泛应用于起重机械设备中。

## 2.3 三相异步电动机的使用

### 2.3.1 三相异步电动机的启动

电动机从接通电源开始运转,并且逐渐加快,一直到转子达到额定转速作稳定运行为止,这一过程称为启动。在生产过程中,电动机的启动性能优劣,对生产有很大的影响。

在三相异步电动机定子绕组接通电源的瞬间,转子转速 $n=0$,旋转磁场以同步转速 $n_1$ 的转速旋转,转子导体与旋转磁场之间的相对切割速度最大,转子绕组中将产生很大的感应电动势和电流,使定子绕组中的电流也相应地迅速增大,因此启动时转子绕组和定子绕组将出现很大的电流,定子的启动电流 $I_{st}$ 通常是额定电流 $I_N$ 的 5~7 倍,即 $I_{st} = (5 \sim 7)I_N$。

虽然电动机的启动电流很大,但由于电机的启动时间很短,随着转速的上升,电流很快就下降,因此不会引起电动机过热,对电动机本身没有什么影响。但若异步电动机频繁启动,则由于热积累的结果,会引起电动机过热而影响其使用寿命。同时,很大的启动电流会使电网电压降低,影响其他用电设备的正常运行。因此对容量较大的电动机应采取适当的启动方法来减小启动电流。

常用的异步电动机的启动方法有以下几种:

(1) 直接启动

直接启动是直接给电动机加上额定电压进行启动,又称为全压启动。

当电动机的容量较小,相应的启动电流也不大,对电网电压影响也较小,启动时对其他用电设备的工作影响不大的情况下,允许电动机直接启动。直接启动是最简单、最经济的启动方式,但能否采用直接启动,是由电源容量的大小及启动频繁程度决定的。各地电业管理局的规定有所不同,一般来讲对于不经常启动的电动机,电动机容量不超过变压器容量的 30% 时;对于频繁启动的电动机,其容量小于变压器容量的 20% 时,则允许直接启动。对于照明和动力共用的变压器,电动机启动时,电网电压降不超过额定电压的

10%时,则允许该电动机直接启动。

(2) 降压启动

对于容量较大或频繁启动的电动机,为了减小启动电流,一般采用降压启动。其方法是在启动时,先降低加在定子绕组上的电压,以减小启动电流,启动结束后,再加上额定电压进行运行。由于电磁转矩与电压平方成正比,降压启动将使启动转矩明显减小,因此只适用于空载或轻载启动。常用的降压启动方法有以下两种:

1) 星形—三角形(Y—△)换接启动　异步电动机在正常工作时,定子绕组是三角形连接的电动机,可以采用这种方法降压启动。在启动时,将定子绕组连接成星形,这时每相绕组的电压只是正常运行(三角形连接)时的 $1/\sqrt{3}$,形成了降压启动,待转速上升到接近额定转速时,再换接成三角形连接。采用 Y—△换接启动时,虽然启动电流为直接启动时的 1/3,启动电流大大减小了,但是启动转矩也只有直接启动时的 $1/\sqrt{3}$。

星形—三角形启动的原理电路如图 3-32 所示。当转换开关 SA 倒向"Y 启动"位置时,定子绕组为星形连接,开始降压启动。待转速接近额定转速时,再将转换开关 SA 倒向"△运转"位置。电动机为三角形连接,全压运行。

目前由于 4kW 以上的三相笼型异步电动机都采用三角形连接,因此这种降压启动方法得到了广泛应用。

2) 自耦变压器降压启动　如图 3-33 中,启动时,把转换开关倒向"启动"位置,电源电压接在三相自耦变压器的原边绕组上,电动机定子绕组接在副边绕组上(部分),这样电动机便在较低的电压下启动。当接近额定转速时,再把转换开关倒向"运行"位置,自耦变压器脱离电源和电动机,电动机定子绕组直接与电源连接,全压运行。

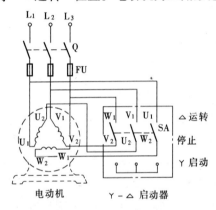

图 3-32　星形—三角形启动电路

自耦变压器通常有 3 个抽头,输出电压分别为电源电压的 40%、60% 和 80%,以获得不同的启动转矩,供用户选择使用。

(3) 绕线式异步电动机的启动

以上讨论的降压启动主要是对笼型异步电动机而言,绕线式电动机的转子在结构上不同于笼式电动机,转子绕组的末端作星形连接后,另外三个端钮是通过三个铜滑环与外电路接通。所以可采用在转子电路内串接电阻的方法启动。如图 3-34 所示。

绕线式异步电动机的转子三相绕组通过滑环、电刷与电阻器相连。启动时,先把电阻器调到最大,然后接通电源开关 Q,电动机开始转动起来,由于转子电路串有较大电阻,因此,限制了转子电路的电流,使定子绕组的启动电流也较小。同时,从图 3-31 中可以看出,转子电阻 $R_2$ 增大,电动机的启动转矩也相应增大。随着转速不断增加,逐步减小电阻器的电阻,直到启动结

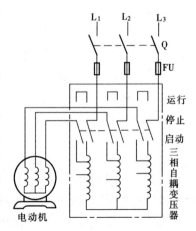

图 3-33　自耦变压器降压启动

束，外接电阻全部切除完毕，转子绕组则被短接起来。

这种方法不仅可以减小启动电流，还能增大启动转矩，具有良好的启动特性，常用于卷扬机、起重机等要求启动转矩较大的机械设备中。

【例 3-6】 有一台笼型异步电动机，采用星形—三角形换接启动，试证明：（1）其启动电流是直接启动时的 1/3；（2）启动转矩是直接启动时的 1/3。

【解】 设启动时定子每相绕组的阻抗值为 $Z$，当定子绕组为星形连接进行降压启动时，其线电流 $I_{LY}$ 就是电动机降压启动时的启动电流 $I'_{st}$，即 $I_{LY} = I'_{st}$，如图 3-35（a）所示，降压启动时的启动电流 $I'_{st}$ 为

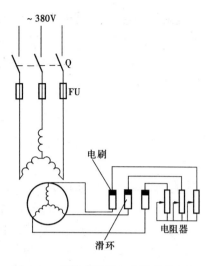

图 3-34 绕线式异步电动机启动方法

$$I'_{st} = I_{LY} = I_{PY} = \frac{U_P}{Z} = \frac{U_L}{\sqrt{3}Z}$$

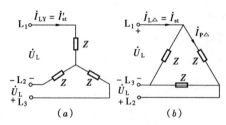

图 3-35 例 3-6 电路图

当定子绕组为三角形连接直接启动时，其线电流 $I_{L\triangle}$ 就是直接启动时的启动电流 $I_{st}$，即 $I_{L\triangle} = I_{st}$，如图 3-35（b）所示，直接启动时的启动电流 $I_{st}$ 为

$$I_{st} = I_{L\triangle} = \sqrt{3}I_{P\triangle} = \frac{\sqrt{3}U_L}{Z}$$

故

$$\frac{I'_{st}}{I_{st}} = \frac{I_{LY}}{I_{L\triangle}} = \frac{\frac{U_L}{\sqrt{3}Z}}{\frac{\sqrt{3}U_L}{Z}} = \frac{1}{3}$$

从式（3-25）中可知，启动转矩与定子绕组的相电压平方成正比。星形连接降压启动时，定子绕组的相电压为

$$U_{PY} = \frac{1}{\sqrt{3}}U_L$$

三角形连接直接启动时，定子绕组的相电压等于电源的线电压，即

$$U_{P\triangle} = U_L$$

$$\frac{U_{PY}}{U_{P\triangle}} = \frac{\frac{U_L}{\sqrt{3}}}{U_L} = \frac{1}{\sqrt{3}}$$

则

$$\frac{T'_{st}}{T_{st}} = \left(\frac{U_{PY}}{U_{P\triangle}}\right)^2 = \frac{1}{3}$$

【例 3-7】 有一台异步电动机的技术数据如下：$R_N = 17\text{kW}$，$U_N = 380\text{V}$，$n_N = 1460\text{r/min}$，$\eta_N = 89\%$，$\cos\varphi_N = 0.88$，$I_{st}/I_N = 7$，$T_{st}/T_N = 1.3$，$T_m/T_N = 2$。电动机采用 Y—△换接启动，试求：（1）启动电流 $I_{st}$ 和启动转矩 $T_{st}$；（2）当负载转矩为额定转矩的 50% 时，电动机能否启动？

**【解】** (1) 电动机的额定电流为

$$I_N = \frac{P_N}{\sqrt{3}\,U_N \eta_N \cos\varphi_N} = \frac{17 \times 10^3}{\sqrt{3} \times 380 \times 0.89 \times 0.88} = 33\text{A}$$

定额转矩为

$$T_N = 9550\frac{P_N}{n_N} = 9550 \times \frac{17}{1460} = 111.2\text{N}\cdot\text{m}$$

直接启动时的启动电流

$$I_{st} = 7I_N = 33 \times 7 = 231\text{A}$$

直接启动时的启动转矩

$$T_{st} = 1.3\,T_N = 1.3 \times 111.2 = 144.56\text{N}\cdot\text{m}$$

(2) 采用 Y—△换接启动时，其启动电流 $I'_{st}$ 是直接启动时的 $I_{st}$ 的 1/3，启动转矩 $T'_{st}$ 也只有直接启动时的 1/3 的，故

$$I'_{st} = \frac{1}{3}I_{st} = \frac{1}{3} \times 231 = 77\text{A}$$

启动转矩为

$$T'_{st} = \frac{1}{3}T_{st} = \frac{1}{3} \times 144.56 = 48.2\text{N}\cdot\text{m}$$

当负载转矩 $T_L$ 为额定转矩 $T_N$ 的 50%时，负载转矩为

$$T_L = 0.5\,T_N = 0.5 \times 111.2 = 55.6\text{N}\cdot\text{m}$$

$T'_{st} < T_L$，所以，电动机不能启动。

### 2.3.2 三相异步电动机的反转、调速和制动

**(1) 反转**

异步电动机的旋转方向旋转磁场一致的。如果要改变转子的旋转方向，使异步电动机反转，只要将接到电动机上的三根电源线中的任意两根对换就可以了。即三相异步电动机转子的旋转方向决定于接入三相交流电源的相序。

**(2) 调速**

为了满足生产过程中的需要，利用人为的方法改变电动机的机械特性，使同一负载下获得不同的转速，称为电动机的调速。

由式 (3-23) 可知，

$$n = (1-s)n_1 = \frac{60f}{p}(1-s)$$

上式表明，可以通过改变电源频率 $f$、磁极对数 $p$ 和转差率 $s$ 三种基本方法来改变电动机的转速。

**1) 变极调速**

变极调速就是通过改变定子绕组的接线方法，使电动机产生不同的磁极对数，以获得不同的转速。

变极调速的工作原理，如图 3-36 所示，每相由 2 个相同的绕组组成。现以一相绕组为例来说明，当 2 个绕组串联连接时，如图 3-36（a）所示，电流从一个绕组的首端 $U_1$ 流进，从另一个绕组的末端 $U'_2$ 流出时，便可得到 $p=2$ 的磁极对数。当把 2 个绕组反接并联

时，改变 $U'_1$-$U'_2$ 绕组电流方向，如图 3-36 (b) 所示，便得到了 $p=1$ 的磁极对数。由于磁极对数减少了一倍，旋转磁场转速 $n_1$ 就提高了一倍，电动机的转速 $n$ 也相应提高了约一倍左右。可见双速（2极/4极）电机的转速变化是成倍数关系的，有时称为有级调速。若要做成三速（2极/4极/6极）电机时，应在定子铁心槽中嵌进两套绕组。一套定子绕组如上所述，可以变更磁极对数，产生 $p=1$ 和 $p=2$ 的磁极对数，另一套定子绕组用来建立 $p=3$ 的磁极对数。

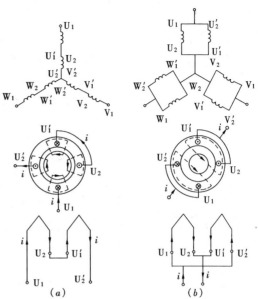

图 3-36 变极调速的工作原理
(a) $p=2$; (b) $p=1$

2) 改变转差率调速

绕线转子异步电动机可以通过在转子电路中外接一个三相调速电阻器来进行调速，如图 3-37 (a) 所示。当三相调速电阻器的滑动触点从上向下移动时，电阻器的电阻 $R_P$ 从 0 开始增大，由式（3-29）可知，临界转差率 $s_C$ 与转子电阻成正比。因此，随着外接电阻的增大，$s_C$ 也逐渐增大，对应的机械特性如图 3-37 (b) 所示。其中，特性 1 为外接电阻 $R_P=0$ 时的机械特性，称为自然特性。从图中可以看出，转子电路外接电阻越大，其机械特性将变得越软，即在稳定运行区中，特性斜率越大。在相同的负载转矩 $T_L$ 下，转速就越低。因此，转子电路外接不同的电阻就有不同的机械特性，便可得不同的转速。

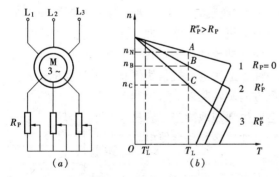

图 3-37 转子外接电阻调速

这种方法只能在一定范围内进行调速，调速范围一般为三倍左右。因为调速范围越大，电动机转速下降越多，外接电阻就越大，一方面使机械特性变得太软，一旦负载转矩有些变化，就会引起转速的较大变化，使电动机运行的稳定性较差。另一方面，电阻上消耗的电能也较大，使效率降低。

3) 变频调速

通过改变交流电源频率的方法来调节电动机的同步转速 $n_1$，就可以实现调节电动机转速 $n$ 的目的，这种方法调速范围大，转速变化较平滑，可以实现无级调速。

随着晶闸管变频技术的日益发展，晶闸管变频装置可以为电动机的调速系统提供可变频和可调电压的电源。这种变频装置的工作原理是先 50Hz 的交流电变成直流电，再通过逆变器将其变成频率及电压均可调的交流电，作为笼型异步电动机的电源。随着交流电源频率的变化，电动机的转速也会相应变化。目前我国低压电网的交流电频率为 50Hz，变频调速需要专门的变频设备。这种设备结构复杂，价格也昂贵，因此在建筑现场很少使用。

(3) 制动

当电动机切断电源后，由于电动机的转动部分和被拖动的机械设备都有惯性，所以它还要继续转动一段时间后，方能停下来。而某些生产过程，为了提高工作效率和安全生产，往往要求电动机能迅速停止转动，这就要设法强行停车，也称为制动。制动的方法有机械制动和电气制动两种。

1) 机械制动

机械制动中最常用的就是电磁抱闸。它是利用弹簧的压力使闸瓦紧紧压在电动机转轴的闸轮上，如图3-38所示。

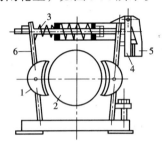

图 3-38 电磁抱闸示意
1—闸瓦；2—闸轮；3—弹簧；4—铁心线圈；5—衔铁；6—械杆

当电动机正常运行时，电磁抱闸的电磁线圈通有电源，电磁铁的吸力就能克服弹簧拉力，吸动电磁铁的可动铁心，使闸瓦松开，电动机可以自由转动。一旦电动机断电，电磁线圈同时也断电，电磁铁失去磁性，使可动铁心释放。闸瓦在弹簧的作用下，立即紧抱闸轮，可使电动机在短时间内停止转动。建筑工地上使用的小型卷扬机，一般都装有电磁抱闸，用来实现制动，使提升电机在任意位置上准确停下来。

2) 电气制动

电气制动是指电动机在断电时，使转子上获得一个和转子转动方向相反的电磁转矩，从而使电动机能迅速减速和停止。常用的电气制动有两种：反接制动和能耗制动。

A. 反接制动

反接制动的原理很简单，就是利用电器的切换装置，在电动机的定子绕组断电的同时，又接上改变相序的三相电源，其线路与电动机反转线路相似。接通了改变相序的三相电源后，使电动机定子绕组的旋转磁场的方向立即改变过来。转子上立即产生一个与原来旋转方向相反的电磁转矩，以克服转子的惯性，迫使电动机很快停止。但是在电机停止后应当立即切断电源，否则转子又会沿着相反方向旋转起来。这种制动方法虽然设备简单，但是在制动过程中会产生强烈地冲击，容易损坏传动零件。而且制动时，电流很大，频繁地反接制动会使电动机过热而损坏。

B. 能耗制动

能耗制动是在电动机断电后，将转子具有的动能，转变成使电动机制动的机械能。能耗制动的电路如图3-39所示。

电机制动时，利用开关 $S$，首先使电机脱离电源，并立即在两相定子绕组之间接入一个直流电源。绕组中的直流电流可以在定子空间内产生一个固定的磁场。根据电磁感应原理，旋转着的转子绕组内要产生感应电流，固定磁场又对于转子旋转方向相反，起到了制动的作用，强制电机迅速停止转动。图3-39中的电阻 $R$ 可用来调节直流电流的大小，以改变制动的强弱。这种制动的优点是平

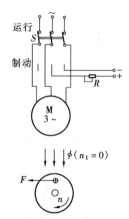

图 3-39 电动机能耗制动电路图

稳，无冲击并能准确停车，能量消耗比较少。但是它需要一个直流电源，设备比较复杂。

## 2.4 异步电动机的铭牌数据和选择

### 2.4.1 异步电动机的铭牌数据

异步电动机的铭牌上标有电动机运行的额定数据和一般的技术要求，为用户的使用和维修提供了依据，因此，了解铭牌上的这些数据是非常重要的。现以图 3-40 所示是三相异步电动机铭牌为例，来说明各数据的含义。

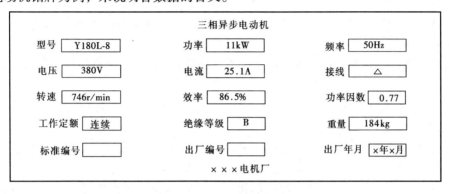

图 3-40 三相异步电动机的铭牌

（1）型号

根据电动机的用途和工作环境的不同，电机制造厂把电动机制成各种不同的系列，经供用户选择使用。异步电动机的型号一般用汉语拼音字母和一些数字组成。

上述铭牌中型号的含义如下：

$$Y180L-8$$

其中　Y——异步电动机；

180——机座中心高度；

L——机座长度代号，"L"表示长机座，"M"代表中机座，"S"代表短机座；

8——磁极数。

部分异步电动机产品的代号及名称，如表 3-3 所示。

部分异步电动机产品的名称和代号　　　　表 3-3

| 产　品　名　称 | 新产品代号 | 老 产 品 代 号 |
| --- | --- | --- |
| 笼型异步电动机 | Y | $J_2$、$JO_2$、$J_3$、$JO_3$ |
| 绕线转子异步电动机 | YR | $JR_2$、$JRO_2$、$JR_3$、$JRO_3$ |
| 高启动转矩异步电动机 | YQ | $JQ_2$、$JQO_2$、$JQ_3$、$JDO_3$ |
| 多速异步电动机 | YD | $JD_2$、$JDO_2$、$JD_3$、$JDO_3$ |

（2）额定数据

额定值是制造厂对电动机在额定工作条件下规定一个量值，也称额定值。

1）额定功率 $P_N$　铭牌上的功率是指电动机在额定运行时转轴上输出的机械功率，即额定功率，单位为千瓦（kW），常用 $P_N$ 表示。

在额定工作情况下，电动机从电源吸收的功率称为额定功率 $P_{1N}$，其值为

$$P_{1N} = \sqrt{3}U_N I_N \cos\varphi_N$$

由于电动机运行时，本身要损耗一些功率，故电动机的输出功率小于输入功率。把额定输出功率 $P_N$ 与额定输入功率 $P_{1N}$ 的比值称为电动机的额定效率 $\eta_N$，即

$$\eta_N = \frac{P_N}{P_{1N}}$$

2）额定电压 $U_N$ 和额定电流 $I_N$　额定电压是指电动机在额定运行时应加在定子绕组上的线电压，称为额定电压。为使电动机正常工作，一般规定加在电动机上的电压波动不应超过额定电压的 ±5%。

额定电流是指电动机在额定运行时，流入电动机定子绕组中的线电流，称为额定电流 $I_N$。

3）额定频率 $f_N$ 和额定转速 $n_N$　额定频率是指电动机在额定运行时，电动机定子侧电压的频率。

额定转速是指电动机在额定运行时，电动机转子的额定转速。

4）接线方式

接线方式是指电动机定子三相绕组的接法。一般 3kW 以下的电动机，定子三相绕组为星形连接；4kW 以上的电动机为三角形连接。

5）工作方式　根据异步电动机运行时持续时间的长短，分为三种工作方式：

连续工作：可以按铭牌上规定的各项额定值长期连续工作。如水泵、通风机等机械设备中的电动机就是按连续工作方式运行的。

短时工作：这种工作制的电动机工作时间较短，而停止时间较长。如水闸门的打开和关闭，就属于短时工作运行方式。

断续工作：电动机以断续工作方式反复进行工作，即电动机的工作时间和间歇时间轮流交替进行。如吊车等机械设备中的电动机就是断续工作方式运行。

6）绝缘等级　由于各种绝缘材料的耐热性能不相同，使用时其允许的最高温度也是不同的。因此，电动机绕组所使用的绝缘材料等级不同，允许的温升也各不相同。有的电动机直接在铭牌上标出允许的温升。电动机绝缘等与允许温升关系（我国规定的环境温度为 40℃），如表 3-4 所示。

电动机绝缘等级与允许温升关系　　　　　　　　表 3-4

| 绝缘等级 | A 级 | E 级 | B 级 | F 级 | H 级 |
|---|---|---|---|---|---|
| 电动机允许温升（℃） | 60 | 75 | 80 | 100 | 125 |

#### 2.4.2　异步电动机的选择

根据生产机械的技术要求及周围环境等条件，正确合理地选择电动机的功率、种类和型号等，保证生产设备安全、可靠、经济地运行是一件十分重要的工作。另一方面，在满足技术条件的同时，还应考虑节约投资和降低运行费用等经济问题。

（1）功率的选择

合理地选择电动机的功率是很重要的，如果功率选择过大，使电动机长期在轻载下运行，电动机的功率因数和效率都会明显降低，造成能源浪费；同时，还会使设备投资费用

增加，经济性能差。若功率选择过小，电动机长期过载运行，会使温升过高而影响电动机的使用寿命。

1) 连续工作制电动机的选择　对于带动连续工作、恒定负载的生产机械（如水泵、送排风机等）的电动机，其功率可按下式计算

$$P \geqslant \frac{P_L}{\eta_1}$$

式中，$P_L$ 为生产机械的功率，单位为 kW；$\eta_1$ 为电动机与生产机械之间传动机构的效率；$P$ 为电动机的功率，单位为 kW。

计算出电动机功率 $P$ 后，再查阅有关产品目录，选出一台额定功率等于或大于计算功率 $P$ 的电动机。

对于连续工作而负载发生变化的电动机的功率选择，计算较复杂，这里不作介绍。

2) 短时工作制电动机的功率选择　短时工作制的电动机的运行时间短，停歇时间较长。我国生产的短时工作电动机，其标准持续工作时间为 10、30、60、90（min）四种规格。当实际运行时间接近或等于上述某一标准时间时，只要根据生产机械所需要的功率，在产品目录中选择与其工作时间所对应的功率即可。

若无合适的短时工作制电动机，可选用连续工作方式的电动机。此时若仍按电动机功率 $P$ 等于或大于负载功率 $P_L$ 来选择，由于运行时间短，温升未达到稳定值，电动机就停止运行，从发热观点出发，电动机没有得到充分利用。因此，选用连续工作制的电动机，应容许它适当过载运行，即 $P < P_L$。通常按式（3-34）来选择电动机功率 $P$。

$$P \geqslant \frac{P_L}{\lambda} \tag{3-34}$$

式中，$\lambda$ 为电动机的过载系数。

(2) 笼型的选择

笼型异步电动机具有结构简单、价格便宜、维护使用方便的特点，但启动性能较差、调速困难。因此，对于不要求调速且启动转矩要求不高的生产机械，应尽量选择笼型异步电动机，如建筑中大量使用的送、排风机、生活水泵、消防泵等都是用笼型异步电动机来拖动的。

如果启动时负载转矩较大，或者要求在不大的范围内进行调速的生产机械，如电梯、卷扬机、起重机等，可以选用绕线转子异步电动机。

(3) 结构形式的选择

电动机的结构形式主要有以下几种：

1) 防护式　这种电动机可以防止铁屑等杂物从上方落入，也可防止雨水从一定角度滴入电动机内部，但不能防止灰尘和潮气进入电机中。因此，这种电动机只能用于干燥、清洁、没有腐蚀性气体的场合。

2) 封闭式　这种电动机外壳是封闭的，主要依靠电机风扇及外壳上的散热片进行散热冷却。一般用于潮湿、多尘及有腐蚀性气体的场合。这种电机广泛应用于建筑工程的各种生产机械中，如皮带传输机、搅拌机等。

3) 防爆式　这种电动机结构上采取严格密封，可应用于有爆炸性气体的场合。

(4) 额定转速的选择

1）对于不需要调速的高、中转速的机械，如水泵、压缩机、鼓风机等。一般应选用相应转速的异步或同步电动机直接（不通过减速机）与机械直接相连；

2）不需要调速的低转速机械，一般选用适当转速的电动机通过减速机来传动。但是对于大功率的传动应注意电动机的转速不宜过高，要考虑大功率、大减速比的减速机其加工制造及维修都不方便等原因；

3）对于需要调速的机械，电动机的最高工作速度与生产机械的最高速度相适应，连接方式可采用直接传动或者通过减速（或升速）机传动；

4）重复短时工作的机械，由于频繁启动、制动及正、反转，生产机械几乎经常地处在启、制动状态下运转，此时电动机的转速除应当满足生产机械所要求的最高稳定工作速度以外，还需要从保证生产机械达到最大的加、减速度而选择最合适的传动比（指需要采用减速机时），以使生产机械获得最高的生产率。

## 2.5 三相异步电动机使用与维护及运行中的故障分析

### 2.5.1 三相异步电动机的使用与维护

（1）异步电动机的检查

在建筑施工现场上，使用的电动机绝大部分是三相笼型异步电动机。这种电机的最大特点就是可靠耐用，因为笼型异步电动机转子绕组是用铝浇铸而成的，转子电路很少发生故障。若有故障，无非是转子在运转时与定子发生碰撞摩擦。相比之下，电机定子电路发生故障的机会要多一些，主要是发生短路或断路。所以当电机安装完毕以后，开始使用前必须进行严格检查，检查的主要内容包括以下几个方面：

1）电机的接线方式是否正确，即是否符合铭牌上的要求；

2）检查电机定子绕组相与相之间，相与壳之间的绝缘电阻是否符合要求，一般可用兆欧表进行测量。绝缘电阻不得小于 $4M\Omega$；

3）电源电压是否正常，接线、闸刀开关、熔断器是否良好。特别要注意三相电机不能缺相。缺相是损坏电动机的主要电气故障之一，如果电动机在启动前就发生缺相，电机就无法启动，并发出强烈地嗡声，时间稍长，电机将会疲烧坏；

4）在接通电源之前还要用手转动电动机的转子，观察电机转子在转动过程中与定子之间是否发生摩擦或碰撞，转子转动是否灵活，有无机械障碍需要排除。

检查完毕以后，就可以接通电源，使电机投入运行。电机在正常运行时，会有轻微的振动和均匀的嗡声。由于电机内部存在铜损和铁损，并且这部分能量损失将转变为热能，使电动机温度升高，温度升高到一定程度，就会不再继续上升，即达到电机的额定温升，用手触摸电机外壳时，会有温热感觉。在运行时，如果电机发出的声音不正常，电机外壳有烫手感觉，并有焦糊气味时，就应该立即停车检查，以免事故发生。

（2）异步电动维护

异步电动机的维护比较简单，应该经常做到清洁、防尘、防潮和监视温升的工作。清除电机内部灰尘时，可使用吹风机，以注意保护绝缘材料不受损。建筑工地环境恶劣，大部分电机都搁置在露天，使用时要特别注意防潮。因为电机受潮后绝缘性能降低，将会导致击穿烧毁或漏电现象，发生人身触电事故。长期搁置或雨水淋过的电机，在使用前必须检查绝缘电阻，确认符合要求后方能使用。

电机的定子与转子之间的空隙极小,如果轴瓦被磨损,或者转轴发生下挠,就可能导致定子与转轴的碰撞,所以对电机的转轴要定期检查,或定期更换轴瓦与轴。为了保持运转灵活,还需要定期更换滚珠和滚珠轴承内的润滑油。油盒内的油量要保持2/3左右的容量,故每星期必须加一次油,保持油面高度,而每3~4个月换一次油。

对于绕线式电机,除定子电路会出现故障外,它的转子电路也比较复杂。转子电刷和滑环之间必须严密吻合,接触良好。正常运行时,滑环与电刷之间不能产生振动。还要定期用汽油洗刷,保持滑环和电刷的清洁。

### 2.5.2 异步电动机运行中常见故障分析

电动机发生故障后,首先要找出故障的根源。找出故障的方法按首先要检查线路,后检查检查电动机;先检查电动机的外部,再检查其内部的顺序进行。就电动机内部故障来说,大多数故障可通过分析电流是否正常或发热情况等反映出来。因此,其发生故障原因可能有以下几种:

(1) 电动机电源电压不正常

当电源电压偏高,由于使励磁电流增大,电动机会过分发热;而且过高的电压还会危及电动机的绝缘材料,使其有被击穿的危险。

当电压过低时,电动机产生的转矩就会大大降低,如果负载转矩没有相应减小,则造成电动机过载,使电流增大,过分发热,时间长则会影响电动机寿命。

当三相电压不对称时,即某一相电压低,或某相电压偏高,都会导致某相电流过大,使发热情况恶化。同时电动机的转矩也会减小,还会发出嗡嗡声,时间长也会损坏绕组。

总之,无论电压偏高、过低或三相电压不对称都会造成电流过大,电动机过热,损坏电动机。所以国家标准规定,当电动机的电源电压在额定值±5%的变化范围内,电动机的输出功率允许维持额定值;电动机的电源电压不允许超过额定电压的10%;三相电源各相电压之间的差值不应大于额定值的5%。

(2) 绕组碰壳(或称绕组接地)

当电动机绕组的绝缘受到损坏,使绕组的导体和铁心、机壳之间相碰就称为绕组碰壳。这时会造成该相内的电流过大,引起局部过分发热,严重时能烧坏绕组或造成相间短路,使电动机无法工作。绕组碰壳还会使机壳带电,危及人身安全。

出现绕组碰壳的原因,多因电动机受潮而没有烘干就使用造成的;电动机工作在有腐蚀性气体的环境中或金属物和有害粉末进入电动机绕组内部也会造成绕组碰壳。所以使用时要防止受潮。并且经常检查其绝缘电阻,发现受潮后必须进行烘干处理,以免事故扩大。

出现绕组碰壳时可进行修理。经验表明,绕组碰壳的地点有时发生在绕组伸出槽外的交接处,这时可用竹片或绝缘纸插入铁心与绕组之间,再用绝缘带包扎好并涂上自干绝缘漆即可。如果碰壳点在铁心槽内时,则只能更换绕组。

(3) 绕组短路

绕组中相邻两条导线之间的绝缘损坏后,使两导体相碰,就称为绕组短路。发生在同一绕组中的绕组短路就称为匝间短路;发生在两相绕组之间的绕组短路则称为相间短路。无论哪一种,都会引起某一相或两相电流的增大,引起局部发热,致使绝缘老化或烧焦,损坏电动机。

出现绕组短路时，短路点在槽外时，修理并不困难；当短路点发生在槽内时，可将该槽线圈边稍加热软化后翻出受损部分，换上新的槽绝缘，将线圈受损伤的部位用薄的绝缘带包好，用表检查，证明已修好后，再重新嵌入槽内，进行绝缘处理后就可以继续使用。如果线圈受损伤的部位过多，包上新绝缘后的线圈边无法嵌入槽内时，只好更换新的绕组。

(4) 绕组断路

绕组断路是指电动机的定子或转子绕组碰断或烧断造成的故障。

1) 定子绕组的断路故障可通过测量各相绕组的电阻或电流的方法检查出来。

这种断路多发生在定子绕组的端部、各绕组元件的接头处及引出线附近。这些部位都露在电动机机座壳外面，导线容易碰断，接头处也会因焊接不实长期使用后松脱。发现后重新接好，包好并涂上绝缘漆后就可使用。

如果是因故障造成的绕组被烧断，则需要更换绕组。

2) 转子绕组断路故障可根据电动机转动情况加以判断。一般表现为转速变慢、转动无力、定子三相电流增大和有嗡嗡声等现象，有时还不能启动。也可以在定子绕组中通入三相低压电源，电压约为额定值的10%，然后扭动电机轴，观察定子三相电流是否稳定，如果三相电流有较大的反复，则说明转子绕组有断路的地方。

出现转子绕组断路时，要抽出转子先查出断路的部位。一般使用断条侦察器专用设备来确定断路部位。

对于笼型转子，当转子绕组断条已不能使用时，要将铸铝熔化后再重新灌铸，或换成紫铜条。

对于绕线式转子的修理同修理定子绕组一样，只是修好后必须在绕组两端用钢丝打箍。

(5) 单相运行

三相异步电动机在运行过程中，断一条相线或断一相绕组就会形成单相运行。如果轴上负载没有变化，则电动机处于严重过载状态，定子电流将达到额定值的两倍，时间稍长电动机就会烧坏。从电机修理部门了解到，因单相运行而烧坏的电机占的比重最大。

造成单相运行有以下几种原因：

1) 电动机的某相熔断即保险丝浮动或者拧的过紧而几乎压断，或熔丝过细，这样通过的电流稍大就会熔断；

2) 电动机绕组的内部接头或引线松脱或局部过热把绕组烧断；

3) 输电线路上断了一相。

电动机出现单相运行时，只要能及时发现，对电动机不会造成大的危害。为此要随时观察三相电流是否对称，这是单相运行时的主要特征。

如果电动机绕组烧坏，只能更换绕组。

## 2.6 单相异步电动机

在民用住宅或办公楼中，供电电源一般是电压为220V的单相电源，因此，像洗衣机、风扇、电冰箱等家用电器，都是使用单相异步电动机。建筑工地上使用的小型电动工具以及工地食堂用的吹风机等也是采用单相异步电动机。

由三相异步电动机工作原理可知,当三相电流通入定子三相绕组后,将在空间产生一个旋转磁场,该旋转磁场与转子导体相互作用,产生电磁转矩,使转子转动起来。那么,在单相异步电动机中,单相电流通入定子绕组中,能否在空间建立起旋转磁场呢?下面以图 3-41 来说明这个问题。

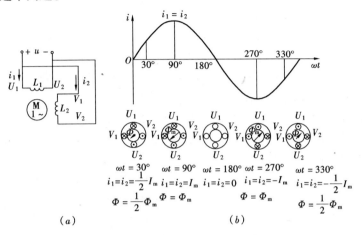

图 3-41 单相异步机的脉动磁场
(a) 原理图;(b) 脉动磁场

单相异步电动机定子铁心中,通常嵌有两个绕组 $L_1$ 和 $L_2$,两者在空间位置互差 $90°$,而转子绕组通常是笼型的。为了分析问题方便,假设这是两个匝数、形状都相同的绕组,把它们接在单相电源上,便有大小相等、相位相同的电流 $i_1$ 和 $i_2$ 分别流进两个绕组中。从图 3-41 中可知,定子绕组产生的合成磁场是一个在空间位置固定不变,而大小和方向随时间变化的脉动磁场。由于在空间建立的磁场不是旋转磁场,因此,无法使转子转动起来。

那么,怎样才能使单相异步电动机在空间建立起旋转磁场呢?通常是用在 $L_2$ 绕组中串联电容器 $C$ 的办法来解决这个问题,如图 3-42 所示。其目的是使两个电流 $i_1$ 和 $i_2$ 在相

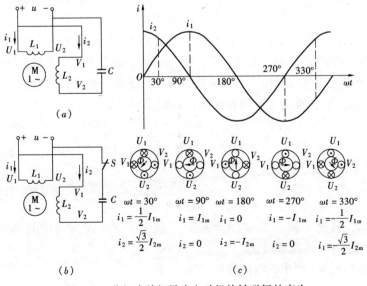

图 3-42 分相式单相异步电动机旋转磁场的产生

位上互差90°，即通过电容器的分相作用，在两个定子绕组中产生两相电流。设两相电流为

$$i_1 = I_{1m}\sin\omega t$$
$$i_2 = I_{2m}\sin(\omega t + 90°)$$

从图3-42可知，两相电流产生的合成磁场也是一个在空间上不断旋转的磁场，与三相异步电动机的工作原理一样，在这旋转磁场的作用下，单相异步电动机的转子就会转动起来。这种单相异步电动机运行时，2个绕组都参加工作，称为电容运行电动机。

另一种常用的单相异步电动机，如图3-42（b）所示，当转子转速接近额定转速时，借助离心开关S作用，切断与电容器串联的$L_2$绕组，这时，电动机仍然能正常运转。通常把启动结束后被切断$L_2$绕组称为启动绕组，$L_1$称为工作绕组。

为什么电动机在启动起来以后，交流电流只通入一个工作绕组$L_1$，电动机仍然能继续运转呢？下面来分析这个问题。

如果定子铁心槽中只嵌有一个绕组，通入单相交流电流后，在空间建立的磁场和图3-27中的合成磁场一样，也是一个在空间位置保持固定的脉动磁场。这个脉动磁场$\Phi$可以分解成两个以相同转速$n_1$沿相反方向旋转的旋转磁场，其磁通为$\Phi_1$和$\Phi_2$，如图3-43所示，$\Phi_1$沿顺时针方向旋转，$\Phi_2$沿逆时针方向旋转，两个旋转磁场的磁通幅值是脉动磁场的磁通幅值的一半，即$\Phi_{1m} = \Phi_{2m} = \Phi_m/2$。

在启动瞬间，转子是静止不动（$n = 0$）的，两个沿着相反方向旋转的磁场的磁通为$\Phi_1$和$\Phi_2$，分别在转子中感应出大小相等、方向相反的电动势和电流，由此产生的启动

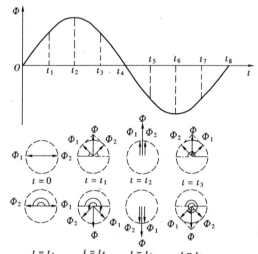

图3-43 脉动磁场分成两个转向相反的旋转磁场

转矩大小相等、方向相反，彼此互相抵消，启动转矩为零，故这种单相异步电动机不能自行启动。若将电动机的转轴用手推动一下，电动机就会沿着所推的方向旋转起来。

借用三相异步电动机的工作原理来分析，假设转子被沿顺时针方向推动一下，旋转磁通$\Phi_1$与转子转向一致，称为正向旋转磁场。其转差率$s'$为

$$s' = \frac{n_1 - n}{n_1} < 1$$

由式（3-25）可知，电磁转矩$T$与转差率的关系如下：

$$T = K\frac{sR_2U^2}{R_2^2 + (sX_{20})^2}$$

电动机刚转动时，转速$n$较小，$s$较大，$(sX_{20})$远大于$R_2$，故分母中的$R_2$可以忽略，则电磁转矩$T$与转差率$s$近似成反比。

由正向旋转磁通$\Phi_1$产生的电磁转矩$T'$近似为

$$T' = K\frac{R_2 U_2}{s' X_{20}^2}$$

旋转磁通 $\Phi_2$ 的旋转方向与转子的转向相向，称为反向旋转磁场，其转差率 $s''$ 为

$$s'' = \frac{-n_1 - n}{-n_1} = \frac{n_1 + n}{n_1} > 1$$

由反向旋转磁通 $\Phi_2$ 产生的电磁转矩 $T''$ 近似为

$$T'' = K\frac{R_2 U_2}{s'' X_{20}^2}$$

由于 $s' < s''$，故 $T' > T''$，合成转矩 $T = T' - T'' > 0$。在这个转矩的作用下，转子得以继续沿被推动的方向旋转起来。而刚启动瞬间，$n = 0$，$s' = s''$，$T' = T''$，$T = T' - T'' = 0$，故电动机不能自行启动起来。

实际应用中，不是用手去推动转轴，使电动机沿某一方向转动起来，而是借助某种特殊的启动装置，如通过前述的串联电容器 $C$ 的启动绕组 $L_2$ 的分相作用，使电动机启动起来，以解决单相电动机的启动问题。这就是电动机启动起来以后，切断启动绕组 $L_2$ 后，交流电流只流进工作绕组 $L_1$，电动机仍然能继续旋转的原理。

## 实验一　焊接操作实习训练

**一、实验目的**

手工电弧焊的焊接工作具有较广泛的适用性，因此，电气技术工人掌握焊接的基本操作是非常必要的。通过焊接基本技能的操作训练，要求达到基本正确的焊接姿势、焊接方法，并达到一定焊接质量。

**二、实验内容与步骤**

（一）设备及模拟操作练习

1. 实验器材

交流电焊机、焊接电缆、焊钳、机罩、焊条、敲渣锤、活动手扳等，焊接实习车间。

2. 实验步骤及要求

（1）认识并记录电焊机的铭牌。由实习指导教师讲解、介绍，了解电焊机铭牌或说明书主要名词术语的含义；

（2）在实习教师指导下，了解常用电焊机的类型和所用焊机的结构、特点、工作原理以及电焊机的日常维护、故障排除；

（3）观察实习教师的操作示范，掌握电焊机外部电源接线、焊接电缆、焊件与地线等接线方法，掌握各种控制开关、操作手柄的用途；

（4）了解并掌握电焊防护工具，脚盖、手套、面罩等的使用方法和黑色玻璃的选用、安装方法，以及焊接操作中的安全注意事项。

（二）引弧、运条模拟操作实习

1. 实验器材

焊钳，焊条，模拟练习位置（用黄砂）。

2. 实验步骤及要求

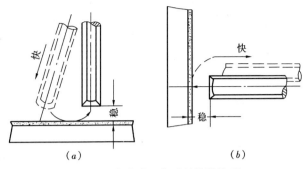

图 3-44 在黄砂上作引弧模拟练习

将焊条夹持在焊钳上,作平焊蹲势,在黄砂上用划擦法或接触法作模拟引弧练习,如图 3-44 所示。每次 3~5min,反复练习至熟练。

在掌握了模拟引弧基本动作手法后,抹平黄砂上引弧痕迹,划出模拟焊缝,作平焊蹲势,手握焊钳,用焊条末沿模拟焊缝作直线形、直线往返形、锯齿形、月牙形、三角形和圆圈形等运条方法的手法练习。操作步骤如下:

(1) 直线形运条法

运条时,手腕保持稳定,焊条不要横向摆动,并沿划出的模拟焊缝方向稳定移动,如图 3-45(a)所示。

(2) 直线往返运条法

手握焊钳,用手腕的摆动,使焊条末端沿模拟焊缝的纵向作来回直线摆动,如图 3-45(b)所示。

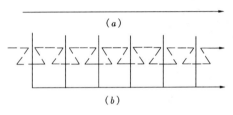

图 3-45 直线形、直线往返形运条法
(a) 直线形;(b) 直线往返形

(3) 锯齿形运条法

手持焊钳,使焊条末端在模拟焊缝上作锯齿形连续摆动,为保证焊缝的连续性和平整度,在锯齿形的两边稍停一下,如图 3-46 所示。

图 3-46 锯齿形运条法　　　　图 3-47 月牙形运条法

(4) 月牙形运条法

手握焊钳,使焊条尖端沿着模拟焊缝的方向作月牙形的左右摆动,并在两边的适当位置作稍微停留,以保证在焊接时,使焊缝边缘有足够的熔深,防止产生咬边缺陷,如图 3-47 所示。

(5) 三角形运条法

手握焊钳,使焊条尖端在模拟焊缝上作连接三角形运动,并不断向前移动,根据适用范围的不同,可分为斜三角和正三角形两种运条方法,如图 3-48 所示。

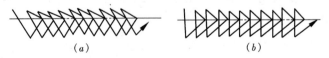

图 3-48 三角形运条法
(a) 斜三角运条法;(b) 正三角运条法

(6) 圆圈形运条法

手握焊钳，将焊条尖端在模拟焊缝上连续作圆圈运动，并不断前进。圆圈运条法分正圆圈和斜圆圈运条法两种，如图 3-49 所示。

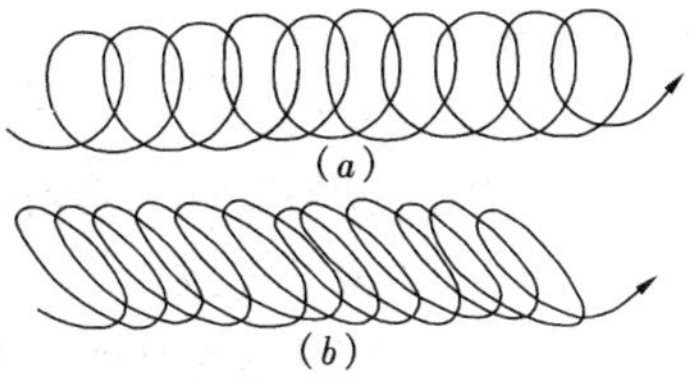

(三) 引弧与平焊练习

1. 实验器材

电焊机、焊条、敲渣锤、錾子、钢丝刷、活动扳手、样冲、焊钳、面罩等。

技术要点如图 3-50 所示。

2. 实验步骤及要求

(1) 引弧步骤

检查电焊机各部位连接正确，开启电源开关，调节适当大的焊接电流，作平焊蹲势，手持焊钳、面罩，看准引弧位置。用面罩挡住面部，将焊条对准引弧处，用划擦法或接触法引弧，如图 3-51 所示。

图 3-49 圆圈运条法
(a) 正圆圈运条法；(b) 斜圆圈运条法

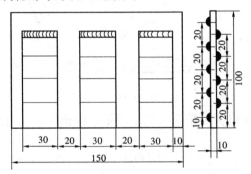

图 3-50 平焊技术要点

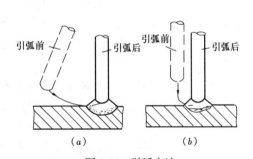

图 3-51 引弧方法
(a) 划擦法引弧；(b) 接触面法引弧

**提示**：焊条接触法引弧，焊条与焊件表面垂直撞击，当焊条与焊件短路时，立即将焊条向上提起，保持与焊条直径相等的距离；焊条划擦法引弧，应先打磨焊条导电处的药皮，像划火柴一样，使焊条末端在焊件上迅速划擦，出现弧光，立即提起，保持与焊条直径相等的电弧长度。

(2) 熟悉图样的技术要点，检查坯料，清除污锈，并用砂布打光待焊处直至露出金属光泽，并打上样冲眼标记；启动电焊机，用划擦法或接触法引弧并起头，同时用直线形和月牙形运条，手腕放平，使弧长保持在焊条直径相适应的范围内，运条速度不可过快，焊条角度在 70°~80°为宜，如图 3-52 所示。

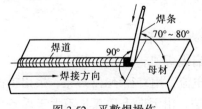

图 3-52 平敷焊操作

**提示**：要使各条焊缝达到图样要求的尺寸，必须反复练习，达到正确熟练地掌握和运用焊缝的起头、运条、连接和收尾的方法。

(3) 穿戴好规定的防护用品，所用面罩不能漏光，注意电弧灼伤眼睛；焊接工位之间要有屏风隔挡，避免他人受弧光伤害。

(四) 平对接焊练习

平对接焊是在平焊位置上焊对接接头的一种操作方法，也是电气技术工人应掌握的最基本的焊接操作方法。因此，要在实习指导教师的指导下，反复练习，认真领会，达到熟练掌握。

1. 实验器材

电焊机、焊条工具、实习操作工件 300mm×100mm×5mm 钢板两块一组，焊接平台。

2. 实验步骤及要求

(1) 在实习指导教师的示范下，先检查焊机各部位连接正确，再检查焊件，并清除表面污锈，用砂布或锉刀将待焊处打光露出金属光泽。

(2) 装配定位焊

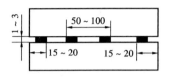

图 3-53 装配及定位焊要求

用夹具将料接工件装配暂时定位，要保证两板对接齐平，间隙均匀为 1～3mm。启动电焊机，采用接触法引弧，对工件实现定位焊。要求定位焊错边不大于 0.5mm，焊缝长度和间距如图 3-53 所示。

(3) 定位焊检查校正合格

先进行正面焊接，选用 $\phi$3.2 焊条，调节焊接电流在 90～120A 之间，用接触法引弧，作短弧直线往返形运条焊接，为获得较大的熔深的宽度，运条速度可慢些，焊条角度在 65°～80°为宜，如图 3-54 所示。

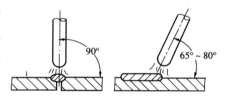

图 3-54 平对接焊操作

(4) 正面焊接完毕后，用钳子将焊件翻转，清除熔渣，用 $\phi$3.2 进行反面封底焊。这时，焊接电流可稍调大些，运条速度稍快，采用直线形运条且稍作摆动，以熔透弧坑为原则。

提示：当要换焊条时，动作要快，使焊缝在炽热状态下连接，以保证焊接质量；所用焊钳手柄绝缘性能应良好，面罩不能漏光；清除熔渣时，要防止熔渣溅入眼睛。

(五) 立对接焊基本操作练习

立对接焊是指对接接头焊件处于立焊位置的操作。在掌握了平对接焊操作的基础上，作立对接焊练习，要注意掌握生产中最常用的由下向上焊接的操作方法。

由实习指导教师作由下向上对接焊的操作示范，并讲授操作技术要点、注意事项及容易出现的问题，然后分别练习。

1. 实验器材

电焊机、$\phi$3.2、$\phi$4.0 焊条、电焊工具、实习焊接工件 200mm×150mm×5mm 钢板两块一组，焊接平台。

2. 实验步骤及要求

(1) 检查焊件、清除表面污、锈，将待焊件固定在操作平台上。

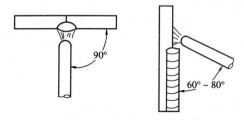

图 3-55 立对接焊操作

(2) 开启电焊机，调节比平对焊小 10%～15% 的焊接电流，用直径 $\phi$3.2 焊条，采用正握法的持钳方法，由下向上用弧长不大于焊条直径的短弧焊接。焊条与两板之间保持 90°，向下与焊缝成 60°～80°，如图 3-55 所示。

(3) 引燃电弧开始焊接时，注意应先将电弧稍拉长进行预热片刻，随后压低电弧，用锯齿形运条法焊接，并在两边稍作停留，用灭弧收尾法填满弧坑。

**提示**：焊接操作中，可将自己的臂膀轻轻贴靠在上体的肋部或上腿、膝盖，使手臂有所依托，运条就比较平稳、省力。焊接时穿戴好防护用品、面罩不能漏光，焊缝表面应均匀，接头处不应接偏或脱节。

（六）横焊基本操作练习

横焊操作是焊体处于垂直而接口处于水平方位的一种焊接操作。是生产中常用的焊接操作方法，通过练习应初步掌握横焊的基本操作方法。

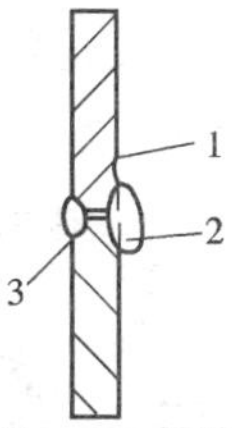

1. 实验器材

电焊机、φ3.2 焊条、电焊工具、焊接工件钢板 200mm×150mm×5mm 两块一组。

2. 实验步骤及要求

（1）横焊时，由于重力作用，熔化金属容易下淌而使焊缝上边出现咬边，下边出现焊瘤和未熔合等缺陷，如图 3-56 所示。因此，焊接时要采用短弧焊接，选用较细的焊条和较小的焊接电流及正确的运条操作。

图 3-56　横焊易产生的缺陷
1—咬肉边；
2—焊瘤；
3—未焊透

（2）检查焊件，清除表面污锈，并将焊件固定在操作平台上。启动电焊机，调节比立对接焊小 10%～15% 的焊接电流。

（3）采用 φ3.2 的焊锡焊正面。右手臂的操作动作与立对接焊操作相似。横焊操作方法如图 3-57 所示。焊条向下倾斜与水平面成 45°左右夹角，如图 3-57（b）所示，使电弧吹力托住熔化金属，防止下淌，同时焊条向焊接方向倾斜，与焊缝成 70°左右夹角，如图 3-57（a）所示。

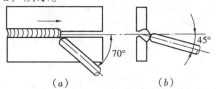

图 3-57　横焊操作方法

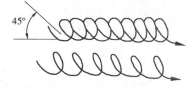

图 3-58　对接横焊的运条手法

（4）焊接运条时，可采用短弧直线形或小斜圆圈形运条手法。斜圆圈的斜度与焊缝中心约成 45°角，以得到合适的熔深，如图 3-58 所示。在焊接时速度应稍快且均匀，避免焊条的熔化金属过多地聚集在某一点上，形成焊瘤和在焊缝上部咬边，而影响焊缝成形。

（5）正面焊接完毕后，清除熔渣，用同样的操作方法进行反面封底焊接。这时应选用细焊条，焊接电流应稍大，一般选平焊用的焊接电流强度，用直线运条法进行焊接。

**提示**：焊接时，如焊渣超前，要用焊条前沿轻轻地拨掉，否则熔滴金属会随着下淌。焊缝表面、宽度和余高应基本均匀，不应有过宽、过窄和过高、过低现象。加强练习，提高焊接操作技术，达到无明显的咬边和焊瘤。

## 实验二　三相异步电动机拆装和清洗

一、实验目的

练习小型三相异步电动拆装和清洗。

## 二、实验器材

1. 小型异步电动机
2. 手锤、铜棒、二爪或三爪拉具、煤油、钠基润滑脂
3. 电工手工工具

## 三、实验过程与步骤

1. 先用拉具拉下皮带轮（或联轴器），按图3-59所示的步骤拆卸。
2. 清洁电动机内部灰尘，检查电动机各零部件完整性后再清洁，轴承清洗干净后，装入规定的润滑脂，不能加满，应留出1/3的空间。
3. 电动机的装配步骤按拆卸的逆顺序进行。

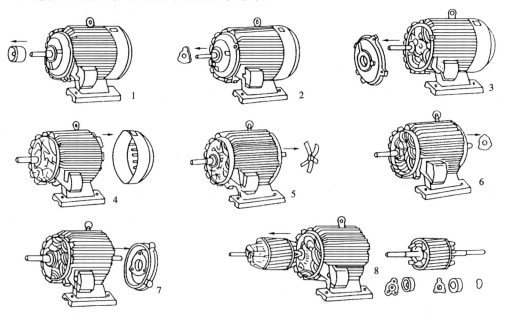

图3-59　三相异步电动机的拆卸和清洗

4. 注意事项
（1）拆卸转子时注意保护定子绕组；
（2）直立转子时，轴伸端面垫木板加以保护；
（3）拆卸时不能用锤直接击打零部件，应垫铜棒，拆卸短盖时应打上装配记号。

5. 质量检查
（1）拆装顺序；
（2）零件损伤；
（3）电机清洁；
（4）轴承清洗、加油；
（5）正确使用工具；
（6）装配质量。

## 四、实验小结

电动机检修完毕后应达到如下要求：

1. 机械部分固定可靠，转子转动灵活。
2. 电气绝缘达到规定要求，接线端子首、末端连接正确。

## 思 考 题 与 习 题

1. 变压器能不能用来变换直流电压？为什么？如果把一台 220/36V 的变压器接入电压为 220V 的直流电源中去会发生什么后果？

2. 根据变压器的变比关系 $\dfrac{U_1}{U_2} = \dfrac{N_1}{N_2}$，若要制作一台 220/110V 的单相变压器，能否使原边绕组匝数为两匝，副边匝数为一匝？

3. 有一台单相变压器，变压比为 220/36V，额定容量是 500V·A，试求：在额定状态下运行时，原、副边绕组通过的电流。如果在副边并接两个 $P_N$ = 100W、$U_N$ = 36V 的白炽灯泡，原边的电流是多少？

4. 一台额定容量 $S_N$ = 20kV·A 的照明变压器，电压比为 6600/220V。试求变压器在额定运行时，能接多少盏 220V、40W 的白炽灯泡？能接多少盏 220V、40W、$\cos\varphi$ = 0.6 的荧光灯？如果将功率因数提高到 $\cos\varphi$ = 0.8，又可以多接几盏同规格的荧光灯？

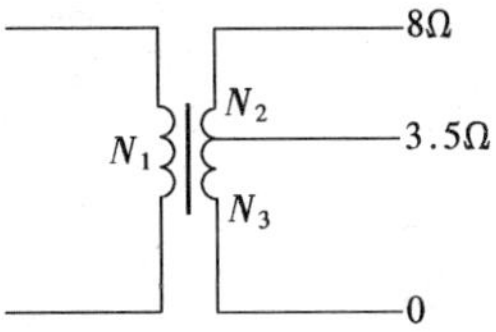

5. 如图 3-60 所示，输出变压器的副绕组有中间抽头，以便接 8Ω 或 3Ω 的扬声器，两者都能达到阻抗匹配。试求副绕组两部分匝数之比 $N_1/N_2$。

图 3-60 题 5 电路图

6. 一台三相变压器，额定容量 100kV·A，额定电压为 10/0.4kV，Y/Y 连接，试计算原边与副边的额定电流；若接成 Y/△，其原边与副边的相电流又是多少？

7. 三相异步电动机的结构和主要元部件的作用是什么？

8. 三相异步电动机旋转磁场是如何产生的？同步转速 $n_1$ 与哪些因素有关？

9. 三相异步电动机在稳定运行情况下，当负载转矩增加时，转速 $n$ 是增大还是减少？这时的电磁转矩 $T$ 如何变化？当负载转矩大于电动机的最大转矩时，电动机会出现什么情况？

10. 单相电动机的一个绕组串联电容器 $C$ 起什么作用？

11. 三相异步电动机常见故障有哪些？

12. 某一异步电动机的额定电压为 380/220V，当三相电源的线电压分别为 220V 和 380V 时，定子三相绕组应如何连接？在这两种情况下，求定子绕组的相电压各为多少？在负载相同的情况下，相电流是否相等？线电流是否相等？

13. 有一台三相异步电动机，铭牌数据为：$P_N$ = 15kW，$U_N$ = 380V，$I_N$ = 31.4A，$n_N$ = 970r/min，$f_N$ = 5Hz，$\cos\varphi_N$ = 0.88。试求（1）当电源线电压为 380V 时，电机应采用何种接法？（2）电动机额定运行时，其输入功率、效率和转差率及额定转矩各为多少？（3）当电源线电压为 220V 时，电动机能否接入电源工作？为什么？

14. Y250M-4 型三相异步电动机的技术数据如下：$P_N$ = 55kW，$U_N$ = 380V，$n_N$ = 1480r/min，$f_N$ = 5Hz，$\cos\varphi_N$ = 0.88，$\eta_N$ = 92.6%，$I_{st}/I_N$ = 7，$T_{st}/T_N$ = 1.9。求（1）额定电流 $I_N$；（2）直接启动时的启动电流 $I_{st}$；（3）采用星形-三角形启动时的启动电流和启动转矩。

15. 上题中，当负载转矩 $T_L$ 为额定转矩 $T_N$ 的 50% 时，可否采用星形-三角形启动？若采用自耦变压器启动,当负载转矩 $T_L$ 为额定转矩 $T_N$ 的60%时,应选用40%、60%、80%三个抽头中的哪一个才能带动负载启动?

16. 三相异步电动机的三根电源线断了一根,为什么不能启动?而在电动机运行过程中断了一根电源线,为什么能继续转动?试分析这两种情况下对电动机有什么影响?

# 单元 4　常用的电工工具和电工材料

知　识　点：电工常用工具、常用电工仪表、常用电工材料。
**教学目标：**
(1) 掌握电工常用工具的正确使用方法并能进行维护保养。
(2) 掌握常用电工仪表的使用方法。
(3) 掌握一些钳工的基本操作方法、各种导线的连接、电气设备的固定和常用电工材料的识别。

## 课题 1　常用的电工工具

### 1.1　常　用　电　工　工　具

#### 1.1.1　螺丝刀
螺丝刀是螺钉旋具的俗称，又称旋凿或起子，它是一种坚固或拆卸螺钉的工具。
(1) 螺丝刀的式样和规格
螺丝刀的式样和规格很多，按头部形状不同可分为一字形和十字形两种，如图 4-1 所示。

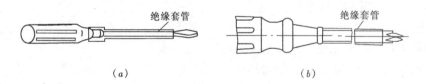

图 4-1　螺丝刀
(a) 一字形螺丝刀；(b) 十字形螺丝刀

一字形螺丝刀常用的规格有 50mm、100mm、150mm 和 200mm 等规格，电工必备的是 100mm 和 150mm 两种。十字形螺丝刀专供紧固和拆卸十字槽的螺钉，常用的规格有四种，Ⅰ号适用于螺钉直径为 2～2.5mm，Ⅱ号为 3～5mm，Ⅲ号为 6～8mm，Ⅳ号为 10～12mm。
按握柄材料不同又可分为木柄和塑料柄两种。
(2) 使用螺丝刀的安全知识
1) 电工不可使用金属杆直通柄顶的螺丝刀，否则使用时很容易造成触电事故；
2) 使用螺丝刀紧固或拆卸带电的螺钉时，手不得触及螺丝刀的金属杆，以免发生触电事故；
3) 为了避免螺丝刀的金属杆触及皮肤或触及邻近带电体，应在金属杆上穿套绝缘管。
(3) 螺丝刀的使用技巧

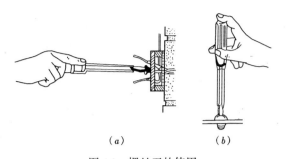

图 4-2 螺丝刀的使用
(a) 大螺丝刀的用法；(b) 小螺丝刀的用法

1) 大螺丝刀的使用 大螺丝刀一般用来紧固较大的螺钉。使用时，除大拇指、食指和中指夹住握柄外，手掌还要顶住柄的末端，这样就可防止旋转时滑脱，用法如图 4-2（a）所示。

2) 小螺丝刀的使用 小螺丝刀一般用来紧固电气装置接线端头上的小螺钉，使用时，可用大拇指和中指夹着握柄，用食指顶住柄的末端捻旋，如图 4-2（b）所示。

3) 较长螺丝刀的使用 较长螺丝刀在使用时，可用右手压紧并转动手柄，左手握住螺丝刀的中间部分，以使螺丝刀不致滑脱，此时左手不得放在螺钉的周围，以免螺丝刀滑出时将手划破。

1.1.2 尖嘴钳

尖嘴钳的头部尖细，适用于在狭小的工作空间操作。尖嘴钳也有铁柄和绝缘柄两种，绝缘柄的耐压为 500V，其外形如图 4-3 所示。

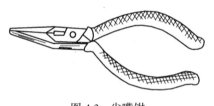

图 4-3 尖嘴钳

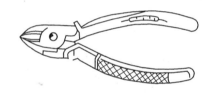

图 4-4 断线钳

尖嘴钳的用途如下：

1) 带有刃口的尖嘴钳能剪断细小金属丝。
2) 尖嘴钳能夹持较小螺钉、垫圈和导线等元件。
3) 在装接控制线路时，尖嘴钳能将单股导线变成一定圆弧的接线鼻子。

1.1.3 断线钳（斜口钳）

断线钳又称斜口钳，钳柄有铁柄、管柄和绝缘柄三种形式，其中电工用的绝缘柄断线钳的外形如图 4-4 所示，其耐压为 1000V。

断线钳是专供剪断较粗的金属丝、线材及电线电缆等用。

1.1.4 钢丝钳

钢丝钳有铁柄和绝缘柄两种，绝缘柄为电工用钢丝钳，常用的规格有 150mm、175mm 和 200mm 三种。

(1) 电工钢丝钳的结构和用途

电工钢丝钳由钳头和钳柄两部分组成，钳头由钳口、齿口、刀口、铡口四部分组成。钳口用来弯绞或钳夹导线线头；齿口用来紧固或起松螺母；刀口用来剪切导线或剖削软导线绝缘层；铡口用来铡切电线线芯、钢丝或铅丝等较硬金属。其结构和用途如图 4-5 所示。

(2) 使用电工钢丝钳的安全知识

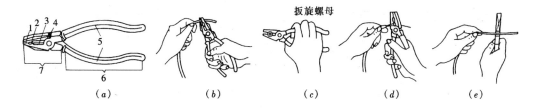

图 4-5 电工钢丝钳的结构和用途
(a) 结构；(b) 弯绞导线；(c) 紧固螺母；(d) 剪切导线；(e) 铡切钢丝
1—钳口；2—齿口；3—刀口；4—铡口；5—绝缘管；6—钳柄；7—钳头

1) 使用电工钢丝钳以前，必须检查绝缘柄的绝缘是否完好。绝缘如果损坏，进行带电作业时会发生触电事故；

2) 用电工钢丝钳剪切带电导线时，不得用刀口同时剪切相线和零线，或同时剪切两根相线，以免发生短路事故。

#### 1.1.5 剥线钳

剥线钳是用于剥削小直径导线绝缘层的专用工具，其外形如图 4-6 所示。它的手柄是绝缘的，耐压为 500V。

使用时，将剥削的绝缘长度用标尺定好以后，即可把导线放入相应的刃口中，用手将钳柄一握，导线的绝缘层即被割破自动弹出。

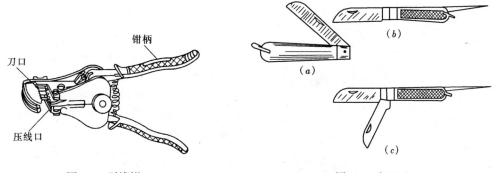

图 4-6 剥线钳　　　　　图 4-7 电工刀

剥线钳的特点是使用方便，工效高，绝缘层切口整齐，不易损伤内部导线。应注意不同粗细的绝缘线在剥皮时应放在相适应的钳口中，以免损伤导线。

#### 1.1.6 电工刀

电工刀是一种剥削器具，用于电工割切导线绝缘层、削制木榫、切割木台缺口等。电工刀有普通、两用和多用等三种，如图 4-7 所示。

(1) 电工刀的使用

使用时，应将刀口朝外剖削，剖削导线绝缘层时，应使刀面与导线成较小的锐角，以免割伤导线。

(2) 使用电工刀的安全知识

1) 电工刀使用时注意避免伤手；

2) 电工刀用毕，随即将刀身折进刀柄；

3) 电工刀柄是无绝缘保护的，不能在带电导线或器材上剖削，以免触电。

### 1.1.7 验电器

验电器是检验导线和电气设备是否带电的一种电工常用工具。

(1) 验电器分类

验电器分低压验电笔和高压验电器两种。

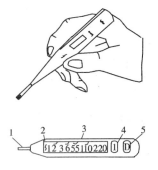

图 4-8 液晶显示测试笔
1—笔端金属体；2—电源信号；
3—电压显示；4—感应测试钮；
5—接触测试钮

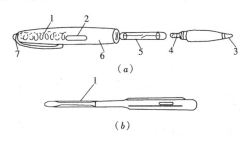

图 4-9 低压验电笔
(a) 钢笔式低压验电笔；　(b) 螺丝刀式低压验电笔
1—弹簧；2—小窗；3—笔尖的金属体；4—电阻；5—氖管；6—笔身；7—笔尾的金属体　　　1—绝缘套管

1) 低压验电笔　又称测电笔（简称电笔），有数字显示式和发光式两种。

数字显示式测电笔如图 4-8 所示，可以用来测试交流电或直流电的电压，测试的范围是 12V、36V、55V、110V 和 220V。

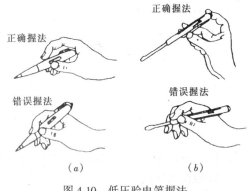

图 4-10 低压验电笔握法
(a) 钢笔式握法；(b) 螺丝刀式握法

发光式低压验电笔又有钢笔式和螺丝刀式两种，如图 4-9 所示。

发光式低压验电笔检测电压的范围为 60~500V。发光式低压验电笔使用时，必须按照图 4-10 所示的正确方法把笔握妥。以手指触及笔尾的金属体，使氖管小窗背光朝向自己。当用电笔测试带电体时，电流经带电体、电笔、人体到大地形成通电回路，只要带电体与大地之间的电位差超过 60V 时，电笔中的氖管就发光。

2) 高压验电器　又称高压测电器，10kV 高压验电器由金属钩、氖管、氖管窗、固紧螺钉、护环和握柄等构成，如图 4-11 所示。

高压验电器在使用时，应特别注意手握部位不得超过护环，如图 4-12 所示。

(2) 使用验电器的安全知识

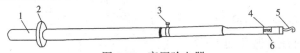

图 4-11 高压验电器
1—把柄；2—护环；3—固紧螺钉；4—氖管窗；5—金属钩；6—氖管

1) 验电器在使用前应在确有电源处测试，证明验电器确实良好，方能使用；

2) 使用发光式低压验电笔时，应使验电笔逐渐靠近被测物体，直至氖管发光，只有在氖管不亮时，它才可与被测物体直接接触；

3) 室外使用高压验电器时，必须在气候条件良好的情况下才能使用，在雪、雨、雾及温度较高的情况下，不宜使用，以防发生危险；

4) 高压验电器测试时必须戴上符合耐压要求的绝缘手套；不可一个人单独测试，身旁要有人监护；测试时要防止发生相间或对地短路事故；人体与带电体应保持足够的安全距离，10kV 高压的安全距离为 0.7m 以上。并应半年作一次预防性试验。

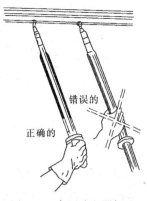

图 4-12　高压验电器握法

(3) 低压测电笔的用途

1) 区别电压的高低　使用发光式低压验电笔测试时，可根据氖管发亮的强弱来估计电压的高低。一般在带电体与大地间的电位差低于 36V，氖管不发光；在 60~500V 之间氖管发光，电压越高氖管就越亮。

数字显示验电笔的笔端直接接触带电体，手指触及接触测试钮，液晶显示的最后位的电压数值，即是被测带电体电压。

2) 区别相线与零线　在交流电路中，当验电笔触及导线时，氖管发亮或液晶显示的电压数值的即是相线。

3) 区别直流电与交流电　交流电通过验电笔时，氖管里的两个极同时发亮；直流电通过验电笔时，氖管里两个电极只有一个发亮。

4) 区分直流电的正负极　把测电笔连接在直流电的正负极之间，氖管发亮的一端即为直流电的负极。

5) 识别相线碰壳　用验电笔触及电机、变压器等电气设备外壳，若氖管发亮，则说明该设备相线有碰壳现象。如果壳体上有良好的接地装置，氖管就不会发亮。

6) 识别相线接地　用验电笔触及三相三线制星形接法的交流电路时，有两根比通常亮，而另一根的亮度较暗则说明亮度较暗的相线有接地现象，但还不太严重。如果两根很亮，而另一根不亮，则这一相有接地现象。在三相四线制电路中，当单相接地后，中性线用验电笔测量时，也会发亮。

7) 判断绝缘导线是否断线　使用数字显示式验电笔，把笔端放在相线的绝缘层表面或保持适当距离，用手指触及感应测试钮，液晶屏上可显示出电源信号 "✗"，然后将笔端慢慢沿相线的绝缘层移动，若在某一位置时液晶显示屏上的电源信号 "✗" 消失，则该位置的相线已经断线。

## 1.2　钳　工　工　具

### 1.2.1　锯割工具和台虎钳

(1) 锯割工具

常用的锯割工具是手锯，如图 4-13 所示，手锯由锯弓和锯条组成。

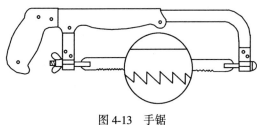

图 4-13 手锯

1) 锯弓　锯弓是用来张紧锯条,分固定式和可调式两种。常用的是可调式。

2) 锯条　锯条根据锯齿的牙距大小,分有粗齿、中齿和细齿三种,常用的规格是长 300mm 的一种。

3) 锯条的正确选用应根据所锯材料的软硬、厚薄来选择。粗齿锯条适宜割软材料或锯缝工件,细齿锯条适宜锯割硬材料、管子、薄板料及角铁。

4) 锯条安装可按加工需要,将锯条装成直向的或横向的,且锯齿的齿尖方向要向前,不能反装,锯条的绷紧程度要适当,若过紧,锯条会因受力而失去弹性,锯割时稍有弯曲,就会崩断,若安装过松,锯割时不但容易弯曲造成折断,而且锯缝易歪斜。

(2) 台虎钳

台虎钳又称台钳,如图 4-14 所示。台虎钳是用来夹持工件的夹具,有固定式和回转式两种。台虎钳的规格以钳口的宽度表示,有 100mm、125mm 和 150mm 等。台虎钳在安装时,必须使固定钳身的工作面处于钳台边缘以外,钳台的高度约为 800~900mm。

1.2.2　凿削工具

(1) 手锤

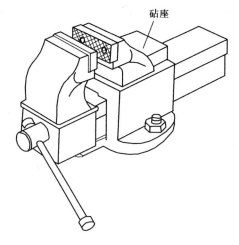

图 4-14　台虎钳

手锤,如图 4-15 (a) 所示是钳工常用的敲击工具,常用的规格有 0.25kg、0.5kg、1kg 等。锤柄长在 300~350mm 之间。为防止锤头脱落,在顶端打入有倒刺的斜楔 1~2 个。

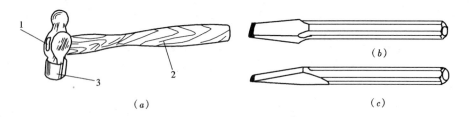

图 4-15　凿削工具
(a) 手锤;(b) 阔凿;(c) 狭凿
1—斜楔铁;2—木柄;3—锤头

(2) 凿子

凿子又称錾子,是凿削的切削工具。它是用工具钢锻打成形后进行刃磨,并经淬火和回火处理而制成。常用的如图 4-15 (b) 和 (c) 所示阔 (扁) 凿和狭凿两种。凿削时,凿子的刃口要根据加工材料性质不同,选用合适的几何角度。

### 1.2.3 活络扳手

**1. 活络扳手的结构和规格**

活络扳手又称活络扳头，是用来紧固和拧松螺母的一种专用工具。它由头部和柄部两部分组成，头部由活络扳唇、呆扳唇、扳口、蜗轮和轴销等构成，如图 4-16 所示。

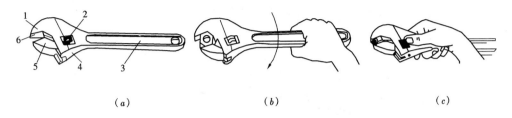

图 4-16 活络扳手
(a) 活络扳手结构；(b) 扳较大螺母时握法；(c) 扳较小螺母时握法
1—呆扳唇；2—蜗轮；3—手柄；4—轴销；5—活络扳唇；6—扳

旋转蜗轮可调节扳口的大小，规格以长度×最大开口宽度（单位为 mm）来表示，电工常用的活络扳手有 150mm×19mm（6in）、200mm×24mm（8in）、250mm×30mm（10in）和 300mm×36mm（12in）等四种。

(2) 活络扳手的使用方法

1) 使用时应注意将扳唇紧压螺母的平面；

2) 扳动小螺母时，需要力矩不大，但螺母过小易打滑，故手应握在接近头部的地方，如图 4-16 (c) 所示；

3) 扳动较大螺母时，需要力矩较大，手应握在近柄尾处，如图 4-16 (b) 所示；

4) 活络扳手不可反用，以免损坏活络扳唇，也不可用钢管接长手柄来施加较大的扳拧力矩；

5) 活络扳手不可当作撬杠或手锤使用。

### 1.2.4 电工用凿

电工常用凿有圆榫凿、小扁凿、大扁凿及长凿等，如图 4-17 所示。

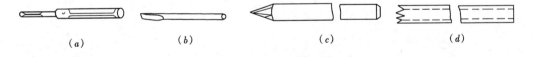

图 4-17 电工用凿
(a) 圆榫凿；(b) 小扁凿；(c) 凿混凝土孔用长凿；(d) 凿砖孔用长凿

(1) 圆榫凿

圆榫凿也称麻线凿，用于在混凝土结构的建筑物上凿打木榫孔。电工常用的圆榫凿有 16 号和 18 号两种，16 号的可凿直径约 8mm 的木榫孔，18 号的可凿直径约 6mm 的木榫孔。凿孔时，要用左手握住圆榫凿，并要不断地转动凿子，使灰砂碎石及时排出。

(2) 小扁凿

小扁凿是用来凿打砖墙上的方形木榫孔。电工常用的是凿口宽约 12mm 的小扁凿。

(3) 长凿

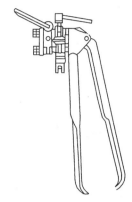

图 4-18 压接钳

长凿是用来凿打穿墙孔的。用来凿打混凝土穿墙孔的长凿由中碳圆钢制成,如图 4-17(c)所示;用来凿打穿砖墙孔的长凿由无缝钢管制成,如图 4-17(d)所示。长凿直径分为 19mm、25mm 和 30mm,长度通常有 300mm、400mm 和 500mm 等多种。使用时,应不断旋转,及时排出碎屑。

1.2.5 压接钳

压接钳是制作大截面导线接线鼻子的压接工具,有手动压接钳、液压压接钳等。图4-18所示为国产 LTY 型手动压接钳,可以压接直径 1.3~3.6mm 的铝—铝、铝—铜导线。

压接钳的使用方法:用压接钳对导线进行冷压接时,应先将导线表面的绝缘层及油污清除干净,然后将两根需要压接的导线头对准中心,在同一轴上,用手扳动压接钳的手柄,压 2~3 次,铝—铜接头压 3~4 次。

1.2.6 锉刀

锉刀的一般结构如图 4-19(a)所示。

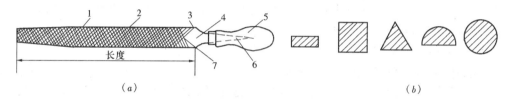

图 4-19 锉刀
(a)结构;(b)普通锉刀截面形状
1—锉刀面;2—锉刀边;3—底齿;4—锉刀尾;5—木柄;6—锉刀舌;7—面齿

锉削软金属用单齿纹,此外都用双齿纹。双齿纹又分粗、中、细等各种齿纹。

粗齿锉刀一般用于锉削软金属材料,加工余量大或精度、光洁度要求不高的工件;细齿锉刀则用于与粗齿锉刀相反的场合。

## 1.3 其他用具

1.3.1 冲击钻和电锤

冲击钻和电锤均属电动工具,具有普通钻孔和锤击钻孔两种功能。在建筑物上打孔,一般都使用冲击钻和电锤,其构造及外形如图 4-20 所示。

(1)冲击电钻

冲击电钻如图 4-20(a)所示,是一种旋转带冲击的电钻,一般制成调式结构。当调节环在旋转无冲击位置时,装上普通麻花钻头能在金属上钻孔;当调节环在旋转带冲击位置时,装上镶有硬质合金的钻头,能在砖石、混凝土等脆性材料上钻孔,单一的冲击是非常轻微的,但每分钟 40000 多次的冲击频率可以产生连续的力。

(2)电锤

电锤如图 4-20(b)所示,是依靠旋转和捶打来工作。钻头为专用的电锤钻头,如图 4-20(c)所示,单个捶打力非常高,并具有每分钟 1000~3000 的捶打频率,可产生显著

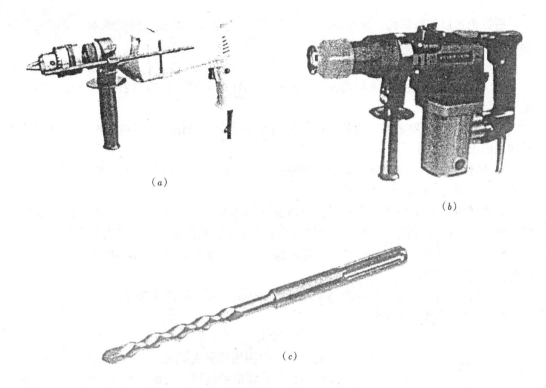

图 4-20 冲击电钻和电锤
（a）冲击电钻；（b）电锤；（c）电锤钻头

的力。与冲击电钻相比，电锤需要最小的压力来钻入硬材料，例如石头和混凝土，特别是对较硬的混凝土。用电锤凿孔并使用膨胀螺栓，可提高各种管线、设备等安装速度和质量，降低施工费用。在使用过程中不要外加很大的力，钻深孔须分几次完成。

（3）使用安全知识

1）使用前检查电源线插头是否良好，有无接地装置，外壳手柄有无裂纹或破损；

2）通电后，应使冲击钻空钻 1min，以检查传动部分和冲击部分转动是否灵活；

3）机具不可弄湿，不得在潮湿环境下操作，机具把柄要保持清洁干燥，以便两手能握牢；

4）若是多用途冲击钻或电锤，应根据工作要求，调整机具的工作方式，选择至合适位置；

5）不熟悉机具使用的人员不准擅自使用，只允许单人操作；作业时，需要戴防护眼镜，登高使用机具时，应做好防止感应触电坠落的安全措施；

6）遇到坚硬物体时，不要施加过大压力，出现卡钻时，要立即关掉开关，严禁带电硬拉、硬压和用力扳扭，以免发生事故。

### 1.3.2 射钉枪

射钉枪是利用枪管内弹药爆发时的推力，将特殊形状的螺钉（射钉）射入钢板或混凝土构件中，以安装或固定各种电气设备、仪表、电线电缆以及水电管道，如图 4-21 所示。

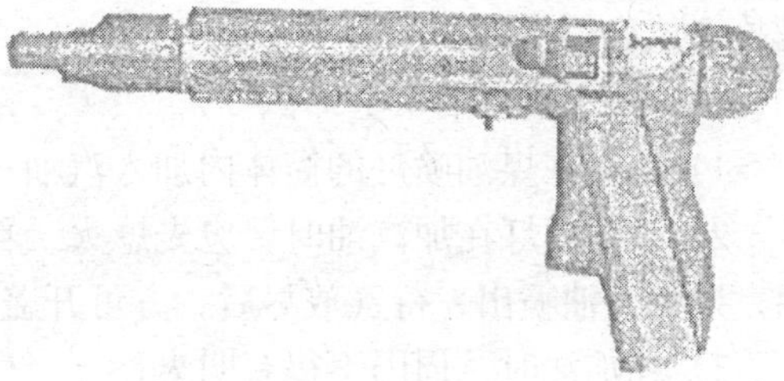

图 4-21 射钉枪

射钉枪可以代替凿孔、预埋螺钉等手工劳动，提高工程质量，降低成本，缩短施工周期，是一种先进的安装工具。

射钉枪使用的安全知识：

1）根据构件的性能和不同的使用要求选择相应的射钉，并根据射钉的直径大小选择枪管。

2）使用前，要熟悉射钉枪的结构原理与安全常识，操作前要对射钉枪进行检查，然后按说明书进行操作。

3）操作时，操作者要站稳脚跟，佩戴护目镜，高空作业时，还要系好安全带，作业面背后不得站人，以防发生事故。

4）发射时，射钉枪的护罩必须垂直压紧在射击平面上，严禁在凹凸不平的表面上射钉。如果第一枪未能射入，严禁在原位上补射第二枪，以防射钉窜出发生事故。

5）被射构件的厚度应大于2.5倍射钉长度，对厚度不超过100mm的混凝土结构不准射钉，不准在空心砖上或多孔砖上施射。

6）射钉与混凝土构件边缘距离不应小于100mm，以免构件受振碎裂。

7）射钉枪应派专人保管。

### 1.3.3 喷灯

喷灯是一种利用喷射火焰对工件进行加热的工具，常用来焊接铅包电缆的铅包层，大截面铜导线连接处的搪锡，以及其他电连接表面的防氧化镀锡等。喷灯的结构如图4-22所示。按照燃料的不同，喷灯分为煤油喷灯和汽油喷灯两种。

（1）喷灯的使用方法

1）加油　旋下加油阀的螺栓，倒入适量的油，一般以不超过筒体的3/4为宜，保留一部分空间储存压缩空气，以维持必要的空气压力。加完油后应旋紧加油口的螺栓，关闭放油阀的阀杆，擦净洒在外面的汽油，并检查喷灯各处是否有渗漏现象。

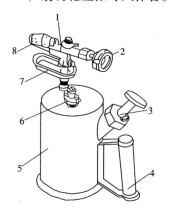

图4-22　喷灯
1—喷油针孔；2—放油调节阀；3—打气阀；4—手柄；5—筒体；6—加油阀；7—预热燃烧盘；8—火焰喷头

2）预热　在预热燃烧盘（杯）中倒入汽油，用火柴点燃，预热火焰喷头。

3）喷火　待火焰喷头烧热后，燃烧盘中汽油烧完之前，打气3~5次，将放油阀旋松，使阀杆开启，喷出油雾打气，到火力正常为止。

4）熄火　如需熄灭喷灯，应先关闭放油调节阀，直到火焰熄灭，再慢慢旋松加油口螺栓，放出筒体内的压缩空气。

（2）使用喷灯的安全知识

1）不得在煤油喷灯的筒体内加入汽油；

2）汽油喷灯在加汽油时，应先熄火，再将加油阀螺栓旋松，听见放气声后不要再旋出，以免汽油喷出，待气放尽后，方可开盖加油；

3）在加油时，周围不得有明火；

4）打气压力不可过高，打气完后，应将打气柄卡牢在泵盖上；

5）在使用过程中应经常检查油筒内的油量是否少于筒体容积的1/4，以防筒体过热发生危险；

6）经常检查油路密封圈零件配合处是否有渗漏跑气现象；

7）灯的加油、放油以及拆卸火嘴等工作，必须待喷火嘴冷却泄压后再进行；

8）使用完毕应将剩气放掉，待冷却后，再放入工具箱内。

1.3.4　电钻

一般工件也可用电钻钻孔。电钻有手枪式和手提式两种，如图4-23（a）所示。通常采用的电压为220V和36V的交流电源。为保证安全，使用电压为220V的电钻时，应带绝缘手套，在潮湿的环境中应采用电压为36V的电钻。

常用的钻头是麻花钻，如图4-23（b）所示。柄部是用来夹持、定心和传递动力。钻头直径为13mm以下的一般都制成直柄，直径为13mm以上的一般都制成锥柄式。

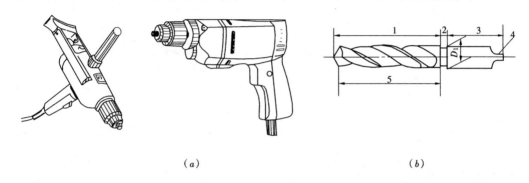

图4-23　钻孔设备和工具
（a）电钻；（b）麻花钻头
1—工作部分；2—颈部；3—柄部；4—扁尾；5—导向部分

1.3.5　攻丝（又称套丝、套扣和板牙架）

用丝锥在孔中切削出内螺纹称为攻丝，套扣是利用板牙在圆杆上切削出外螺纹。

（1）攻丝工具

1）丝锥是加工内螺纹的工具，如图4-24（a）所示。

常用的有普通螺纹丝锥和圆柱形丝锥两种。螺纹牙形代号分别是M和G，如M10表示粗牙普通螺纹，公称外径为10mm；M16×1表示细牙普通螺纹，公称外径是16mm，牙距是1mm；G3/4表示的是圆柱管螺纹，配用的是3/4in。丝锥有头锥、二锥、三锥。

管子内径为英寸（圆柱管螺纹通常都以英制标称）。M6～M14的普通螺纹丝锥两只一套；小于M6和大于M14的普通螺纹丝锥为三只一套；圆柱管螺纹丝锥为两只一套。

2）绞手　绞手是用来夹持丝锥的工具，如图4-24（b）所示。常用的是活络绞手，绞手长度应根据丝锥尺寸来选择。小于和等于M6的丝锥，选用长度为150～200mm的绞手；M8～M10的丝锥，选用长度为200～250mm的绞手；M12～M14的丝锥，选用长度为250～300mm的绞手；大于和等于M16的丝锥，选用长度为400～450mm的绞手。

3）丝锥的使用要求：

A. 丝锥选用的内容通常有外径、牙形、精度和旋转方向等。应根据所配用的螺栓大

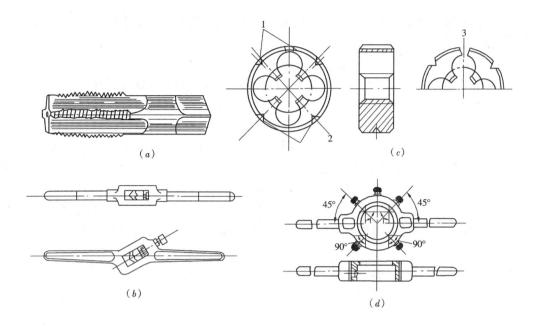

图 4-24 攻丝和套丝工具
(a) 丝锥；(b) 绞手；(c) 圆板牙；(d) 板牙绞手
1—调整螺钉锥坑；2—卡紧螺钉坑；3—磨通

小选用丝锥的公称规格。

B. 攻丝前应确定底孔直径，底孔直径应比丝锥螺纹小径略大，还要根据工件材料性质来考虑，可用下列经验公式计算。

钢和塑性较大的材料　　$D \approx d - t$

铸铁等脆性较大的材料　　$D \approx d - 1.05t$

式中　$D$——底孔直径，mm；

　　　$d$——螺纹大径，mm；

　　　$t$——螺距，mm。

C. 旋向分左旋和右旋，即俗称倒牙和顺牙，通常都只用右旋的一种。

(2) 套丝工具

1) 板牙　如图 4-24 (c) 所示，它是加工外螺纹的工具。常用的有圆板牙和圆柱板牙两种。圆板牙如同一个螺母，在上面有几个均匀分布的排屑孔，并以此形成刀刃。

M3.5 以上的圆板牙，外圆上有四个螺钉坑，借助绞手上的四个相应位置的螺钉将板牙紧固在绞手上。另有一条 V 形槽，当板牙磨损后，可用片状砂轮或锯条沿 V 形槽将板牙磨割出一条通槽，用绞手上方两个调紧螺钉，拧紧顶入板牙上面的两螺钉坑内，即可使板牙的螺纹尺寸变小。

2) 板牙绞手　板牙绞手有可安装板牙，如图 4-24 (d) 所示，与板牙配合使用。板牙外圆上有五只螺钉，其中均匀分布的四只螺钉起紧固板牙作用，上方的两只并兼有调节小板牙螺纹尺寸的作用；顶端一只起调节大板牙螺纹尺寸作用，这只螺钉必须插入板牙的 V 形槽内。

## 课题 2  常用的电工仪表

为了准确测量线路中的电压、电流、电能等各种电量,掌握常用仪器、仪表的正确选择、使用方法及正确电工测量方法,是重要的电工操作技能。

### 2.1  便携式仪表的使用及注意事项

2.1.1  电流表、电压表的使用

电压、电流的测量是最基本的电工测量,测量电路中电压、电流的仪表型号很多,但使用方法基本相同。使用电流表、电压表时应注意如下事项:

(1) 根据实际测量要求,合理选择测量线路和测量仪表。

选择仪表时应注意,要从测量要求的实际出发,既能满足测量要求,又要综合地考虑选择仪表的类型、准确度、内阻和量程等,特别要着重考虑引起测量误差较大的因素。对于仪表的使用环境和工作条件,必须在国标规定的限度内使用。

(2) 测量时,仪表要正确接线。

电压表应并联在待测电路中;电流表应串联在待测电路中。测量直流电压、电流时,应注意电表的极性不能接错,其接线方法如图 4-25 和图 4-26 所示。

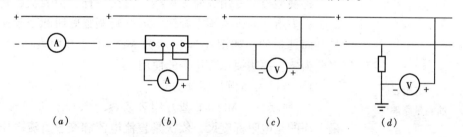

图 4-25  直流电路中电流表、电压表接线方法

(a) 直流电流表;(b) 带分流器的直流电流表;(c)、(d) 直流电压表接线方法

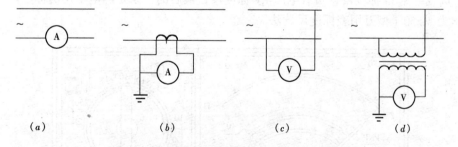

图 4-26  单相交流电路中电流表、电压表接线方法

(a) 交流电流表接线;(b) 带 TA 的交流电流表接线;(c) 交流电压表接线;(d) 交流电流表接线

测量电流若带有外附分流器时,要注意将电流接头串于电路中,电位接头接电测仪表,分流器与电流表的连接应当用规定的定值导线。分流器的接线方法如图 4-27 所示。

(3) 读数:测量时,一般均使用多量程仪表,读数时,一定要注意刻度盘与选用的量程之间的关系。刻度盘与选用量程一致时,可直接读数,不一致时,读数是仪表的示数乘以一个相应的系数即可。

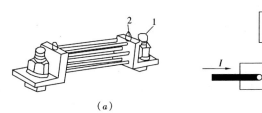
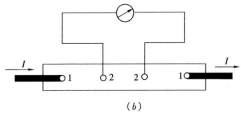

（a）　　　　　　　　　　　　　　（b）

图 4-27　分流器接线方法

（a）外形图；（b）接线原理图

1—电流端钮；2—电位端钮

2.1.2　万用表的使用

万用表是一种多功能、多量程便携式仪表，是从事电气安装、调试和维修的必备仪表，分为模拟万用表和数字万用表两类。

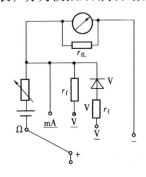

万用表的型号很多，功能也有差异，结构和基本原理是相同的，一般由测量机构、测量线路功能及量程转换开关三个基本部分构成，其简单的测量原理如图 4-28 所示。

（1）模拟万用表的使用方法

各种型号的万用表面板结构不完全一样，但表盘、转换开关、表头指针的机械调零旋钮、零欧姆调整旋钮和表笔插孔都是共同具备的。如图 4-29 所示为 MF50-1 型万用表面板结构，以此为例，说明模拟万用表的使用。

图 4-28　万用表简单的测量原理

1）万用表面板各部分功能：

A. 刻度盘　MF50-1 型万用表表盘上共设有 8 条标度尺，最上面的是电阻标度尺，依次是直流电流和交、直流电压公用标度尺，0~10V 交流电压专用标度尺，测晶体三极管共发射极直流放大系数 $h_{FE}$ 的两条标度尺，负载电流 LI 标度尺，负载电压 LV 标度尺，最后的一条是测电平用的标度尺。图 4-30 所示为 MF50-1 型万用表标度尺读法。

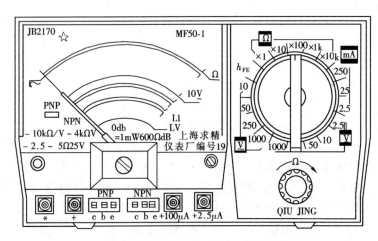

图 4-29　MF50-1 型万用表面板结构

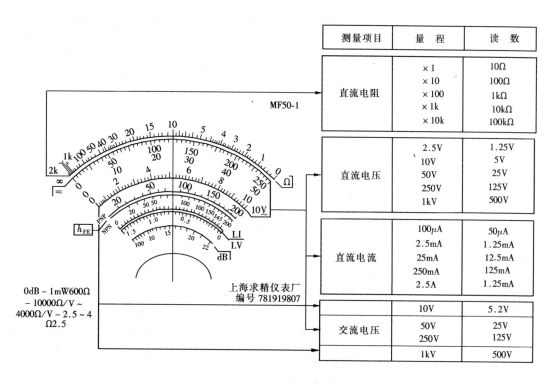

图 4-30　MF50-1 型万用表标度尺读法

B. 量程转换开关　图 4-31 所示为 MF50-1 型万用表的转换开关结构图。该开关为单层三刀十八位结构，它配合标有各种工作状态和量程范围的指示盘，用来完成测试功能和量程的选择。

C. 机械调零按钮　仪表使用前，用螺丝刀旋动机械调零旋钮，使指针调整在零位。

D. 零欧姆调整旋钮　测量电阻时，先将两表笔短接，调整零欧姆旋钮，使指针调整在零位。

E. 插孔　表笔插孔是万用表通过表笔与被测量连接的部位。使用时，红、黑表笔分别插入"+"、"*"孔内；测 100μA 或 2.5A 时，应将红表笔插入 +100μA 或 +2.5A 插孔内；在测量直流放大倍数 $h_{FE}$ 时，按晶体管类型将三极管三个电极插入对应的 e、b、c 孔内。

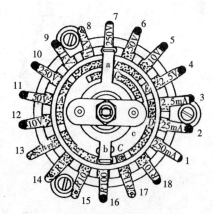

图 4-31　MF50-1 型万用表的转换开关

F. 电池盒　电池盒位于后盖的上方，打开盖板即可更换电池。

2) 模拟万用表的使用方法

A. 万用表测电压的方法：

a. 测交流电压的方法：先将转换开关旋钮旋至 V~ 位置，然后根据被测电压的大小来选择合适的量程。若无法估计被测数值，可选用表的最高量程，根据指针的偏转情况，从表盘上直接读取被测量数值。其测量方法如图 4-32（a）所示。

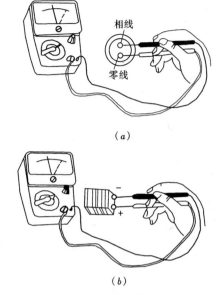

图4-32 电压的测量方法
(a) 交流电压的测量；(b) 直流电压的测量

b. **测直流电压的方法**：与测交流电压的方法基本相同，如图4-32（b）所示。将转换开关旋至V位置，测直流电压时，"+"表笔（红笔）接被测电源的正极，负表笔接被测电源的负极，极性不能接反。若无法确定被测电源极性时，可选用较大量程，用两表笔迅速碰触测试点，观察指针指向来确定极性。

B. **万用表测直、交流电流** 测电流的方法与测电压的方法基本相同，如图4-33所示。将量程开关旋至"mA"范围的适当量程档（或交流电流档），测试表笔串接在被测电路中，使电流从红表入、黑笔出，按指针在表盘上的相应刻度线读数。

**提示**：在测未知的电压的电流时，应先将量程旋至最高量程，用测试表笔很快碰触测试点，根据表盘偏转情况确定适当的量程。测高压或大电流时，应严格遵守有关操作规程。测量中不允许带电旋动开关旋钮，以防损坏仪表、保证人身安全。

C. **万用表测电阻** 把量程转换开关置于"Ω"档的适当位置上，先将两表笔短接、旋

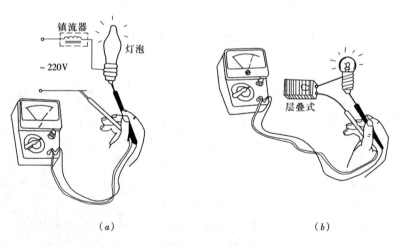

图4-33 交、直流电流的测量
(a) 测交流电流；(b) 测直流电流

零欧姆旋钮调零，再用表笔测量被测电阻。面板上×1、×10、×100、×1k、×10k的符号表示倍率，读出指针在Ω刻度的示数，再乘上该档的倍率，就是被测电阻值。万用表测量电阻的方法如图4-34所示。例如：用×100档测一电阻，表盘读数为20，则所测电阻的实际值为20×100＝2000Ω。

**提示**：万用表"Ω"档测电阻前，一定要进行欧姆调零。当表笔短接后，指针不能调至零位时，说明电池电压不足，应及时更换，每次换档后都应重新调零。严禁在被测电路带电情况下测量电阻。

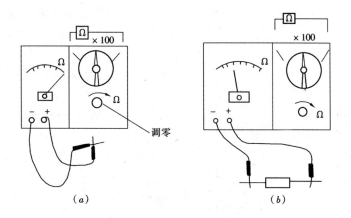

图 4-34 万用表测电阻的方法
(a) 欧姆调零；(b) 测电阻值

D. 三极管直流放大倍数 $h_{FE}$ 的测量。将转换开关置于 $R \times 10$ 档，表笔短接调零后，再将转换开关置于 $h_{FE}$ 档，把被测晶体管的 e、b、c 管脚按管型插入相应的插孔内，读出指针在 $\beta$ 刻度线上的读数即可。万用表测量 $h_{FE}$ 值的方法如图 4-35 所示。

3) 模拟万用表使用注意事项：

A. 要根据所要求测量的项目和精度以及经济条件等合理选择万用表。在条件允许的情况下，应尽可能选用灵敏度高、基本误差小、测量功能全、量程范围大的万用表。

B. 使用前，要充分了解万用表的性能，了解和熟悉转换开关等部件的作用和用法。

C. 端钮或插孔选择要正确。红表笔应插入"+"插孔内，黑表笔应插入"-"插孔内。使用欧姆档时，应注意万用表内电池的极性与面板上的极性相反。

D. 转换开关的位置应选择正确。测量前，要根据被测量的种类和大小，把转换开关旋至合适的位置，并且反复核对无误后方可进行测量。测量时，量程选择要合适，应尽量使表盘指针偏转位置达到刻度尺满刻度的 2/3 左右，读数较为准确。

E. 读数要正确。万用表有多条标尺，读数时一定要认清所对应的读数标尺以及表盘读数与转换开关对应量程的对应关系。

F. 测量完毕应养成良好的用表习惯。万用表应水平放置使用，不得受振动、受热或受潮，每次使用完毕，将转换开关置于空档或最高电压档，不允许将转换开关置于电阻档上，以免两表笔相碰短路，消耗表内电源。

(2) 数字万用表的使用

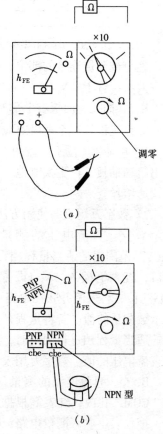

图 4-35 万用表测量 $h_{FE}$ 值的方法
(a) 欧姆档调零；(b) 测量 $h_{FE}$ 值

DT-830型数字万用表是国内应用广泛的一种袖珍式数字万用表，如图4-36所示。

1）万用表面板各部分的功能：

A. 液晶显示器。采用LED显示器，最大显示值为1999（或-1999），仪表具有自动显示极性功能。显示屏左端显示箭头符号时，应更换电池；输入信号超量程时，屏左端出现"1"或"-1"提示字样。

B. 电源开关。"POWER"下面注有"OFF"（关）和"ON"（开）字符。将开关旋至"ON"，接通电源，仪表可以使用；将开关旋至"OFF"，则关表。

C. 量程开关。旋转式量程开关用来完成测试功能和量程选择。若表内蜂鸣器做通断检查时，量程开关应停放在"·)))"符号位置。

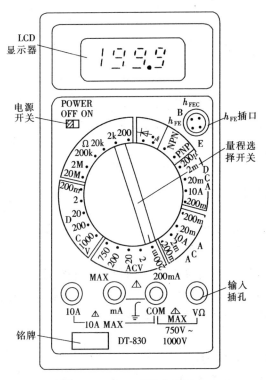

图4-36 DT-830型数字万用表

D. 输入插孔。输入插孔是万用表通过表笔与被测量连接的部位，使用时黑表笔置于"COM"插孔，红表笔应根据被测量的种类、大小，置于"V·Ω"、"mA"或"10A"插孔。

E. $h_{FE}$插孔。面板右上部有一个四眼插孔，并标有B、C、E字母。测量三极管$h_{FE}$值时，应将三极管三个电极对应插入孔中。

F. 电池盒。位于后盖的下方，如图4-37所示。拉出活动抽板，可更换电池。为检修方便，盒内装有快速熔丝管。

2）数字万用表的使用方法：

A. 交、直流电压的测量。将量程开关置于"ACV"范围内的适当量程档，黑表笔插入"COM"插口，红表笔插入"V·Ω"插孔，电源开关旋至"ON"位，将表笔并联在电路中，显示器上便直接显示被测量的值。若将量程开关旋至"DCV"范围内的适当量程档进行测量时，则显示屏上显示出被测直流电压的值。数字万用表测量电压的方法如图4-38所示。

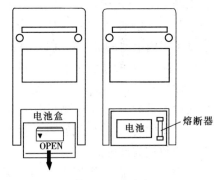

图4-37 电池盒

B. 交、直流电流的测量。将量程开关旋至"ACA"范围内的适当量程档，黑表笔插入"COM"孔内，红表笔根据估计的被测量的大小，插入相应的"mA"或"10A"插孔内，把仪表串联入测量电路，检查无误后，接通表内电源，即可显示出被测交流电流值。若将量程开关旋至"DCA"范围内的适当量程档，用上述方法进行测量，则显示屏上直接显示出被测直流电流的值。交、直流电流的测量方法如图4-39所示。

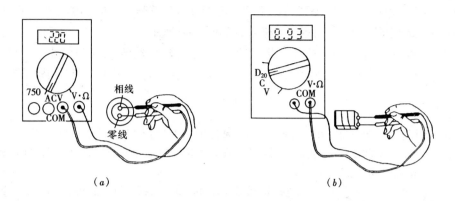

图 4-38 数字万用表测量电压的方法
（a）交流电压的测量；（b）直流电压的测量

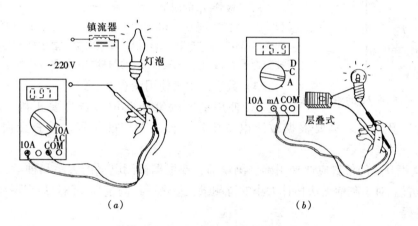

图 4-39 交、直流电流的测量方法
（a）测交流电流；（b）测直流电流

**提示**：数字万用表测量电压、电流时，直接显示被测量的数值，其单位与量程开关旋至相应档的单位有关。如果量程置于"~200mV"档，显示值以"mV"为单位，若置于"mA"档，则显示值以"mA"为单位。

C.电阻的测量。将量程开关旋至"Ω"范围内适当的量程档，黑表笔插入"COM"孔，红表笔插入"V·Ω"插孔，接通电源后，可测量不带电情况下的直流电阻值。

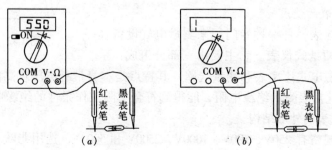

图 4-40 二极管简易测试方法
（a）测正向电阻；（b）测反向电阻

D. 二极管的测量。将量程开关置于"二极管符号"符号档，红、黑表笔分别插入"V·Ω"和"COM"插孔，用表笔测试二极管，如图4-40所示。

若按图4-40（a）和（b）进行测量时，万用表显示数值分别为较小、"1"，则说明二极管是好的。若万用表显示数值均为"000"或"1"，说明二极管内部短路或开路。

**提示：**

a. 数字万用表测电阻与模拟万用表测电阻时，量程开关的使用不同。模拟万用表"Ω"档量程表示倍率，仪表读数必须乘以倍率才能得到待测阻值。数字万用表"Ω"量程表示测量范围，当待测阻值超过量程时，显示器会显示"1"。

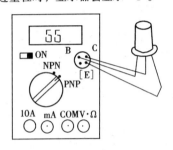

b. 检测二极管时，方法与模拟万用表相似，不同之处在于判别二极管极性时，数字万用表的面板插孔极性与内部电源极性相同。

E. 三极管 $h_{FE}$ 的测量方法。测量前，应先判别出三极管的管型和管脚，将被测管子的相应管脚插入 $h_{FE}$ 插孔，根据被测三极管类型选择"NPN"或"PNP"量程档，接通电源，显示屏上会直接显示出被测管子的 $h_{FE}$ 值。三极管 $h_{FE}$ 的测量方法如图4-41所示。

图4-41 三极管 $h_{FE}$ 的测量方法

3) 数字万用表使用注意事项：

A. 使用前，表笔插孔位置选择要正确。黑表笔插入"COM"孔，红表笔要根据被测电量要求，插入相应的位置，检查无误后再进行测量。

B. 量程开关的位置应选择正确。测量前，要根据被测电量的大小和种类，确定量程开关的位置。对于测前无法估计大小的待测量，应选择最高量程，测量后根据显示结果选择合适量程。

C. 数字万用表的频率特性较差，测交流电量频率范围为45～500Hz，且显示的是正弦波电量的有效值。

D. 严禁带电测电阻。

E. 仪表测量误差增大，常因电源电压不足引起，应随时注意欠压指示，及时更换电池；每次测量结束后都应关闭电源，以延长其使用寿命。

## 2.2 其他常用电工仪表及注意事项

### 2.2.1 兆欧表的使用

兆欧表俗称摇表，是一种专门用来测量电气设备及电路绝缘电阻的便携式仪表。它主要由三部分组成：手摇直流发电机、磁电式比率表和测量线路。其特点是本身带有电压较高的电源，电压为500～5000V，因此摇表测量绝缘电阻，能得到符合实际工作条件的绝缘电阻。图4-42所示为ZC11型兆欧表的外形结构。

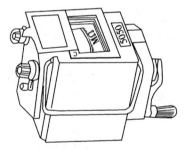

图4-42 兆欧表

兆欧表常用规格有250V、500V、1000V、2500V和5000V，选用兆欧表主要考虑它的输出电压及其测量范围，可参考表4-1所示的不同额定电压兆欧表的使用范围。

(1) 兆欧表的使用方法

1）兆欧表使用前的准备工作：

A．根据被测量要求，合理选择合适规格的兆欧表，参看表 4-1。

不同额定电压兆欧表使用范围 表 4-1

| 测量对象 | 被测绝缘额定电压（V） | 兆欧表的额定电压（V） | 测量对象 | 被测绝缘额定电压（V） | 兆欧表的额定电压（V） |
|---|---|---|---|---|---|
| 绕组绝缘电阻 | 500 以下 | 500 | 电机绝缘电阻 | 380 以下 | 1000 |
|  | 500 以上 | 1000 | 电气设备绝缘 | 500 以下 | 500～1000 |
| 电力变压器、电机绕组绝缘电阻 | 500 以上 | 1000～2500 |  | 500 以上 | 2500 |
|  |  |  | 绝缘子 |  | 2500～5000 |

B．检查兆欧表的好坏。其方法是将兆欧表水平放置，摇动手柄，指针应指到"∞"处，再慢慢摇动手柄使"L"和"E"输出线瞬时短接，指针应迅速回零。注意，摇动手柄时不得让"L"和"E"短接时间过长，否则将损坏兆欧表。

C．检查被测电气设备和电路是否全部切断电源，有电容元件的设备或线路，是否已先行放电，使用兆欧表绝对不允许带电操作。

2）兆欧表的测量方法：

A．使用兆欧表测量时，首先要正确接线。兆欧表有三个接线柱："L"（线路）、"E"（接地）、"G"（保护环或屏蔽端子）。在测量电气设备线路对地绝缘电阻时，"L"用单根导线接设备或线路的待测部位，"E"接设备外壳或接地。当测电缆的绝缘电阻时，为消除因表面漏电产生的误差，"L"接线芯，"E"接外壳，"G"接线芯与外壳间的绝缘层，如图 4-43 所示。

B．摇测绝缘电阻。方法是将兆欧表水平放置于平稳牢固的地方，摇动手柄，由慢到快，转速要均匀，不允许忽快忽慢，一般规定转速要达到 120r/min，通常要摇动 1min 后，待指针稳定下来再读数，读数的单位是兆欧。若被测电路中有电容时，测完后一定要先拆去接线，再停止摇动，以免电容器对兆欧表放电而使其损坏。若被测量中发现指针指零，说明被测绝缘物发生短路，应立即停止摇动，以防表内线圈损坏。

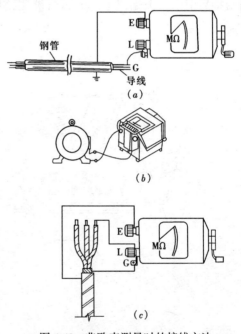

图 4-43 兆欧表测量时的接线方法
(a) 测量照明或动力线路绝缘电阻；(b) 测量电机绝缘电阻；(c) 测量电缆绝缘电阻

C．摇测完毕，兆欧表未停转以前，切勿用手去触及设备测量部位或兆欧表接线柱，并应对设备充分放电，以免引起触电事故。

（2）兆欧表使用的注意事项

1）兆欧表使用前，必须先切断电源，并将设备进行充分放电，以保证人身安全和测量准确；

2) 禁止在雷电时或附近有高压导体的设备上测量，只有在设备不带电又不可能感应带电的情况下，才可测量；

3) 兆欧表接线柱上引出线不能用双股绝缘线或绞线，应用单股分开单独连接，避免因绞线绝缘不良而引起误差；

4) 兆欧表接线要正确，手摇发电机要保持匀速，不可忽快忽慢，使指针不停地摆动；

5) 测量具有电容设备的绝缘电阻时，测量前要充分放电，读数后不能立即停止摇动手柄，以防损坏兆欧表。

**提示：** 兆欧表就相当于一台小型发电机，本身就能输出 500～5000V 高压，使用时一定要严格遵守操作规程，不允许带电摇测，以保证人身及仪表安全。

2.2.2 接地电阻测量仪表的使用

ZC-8 型接地电阻测量仪（又称接地摇表）是根据补偿原理制成的一种专门用于测量接地电阻的仪表，外形及内部电路如图 4-44 所示。图示电路中有四个端钮，其中 P2、C2 可短接后引出一个端钮 E，将 E 与被测接地极相连。端钮 C1 接电流探针，P1 接电压探针。

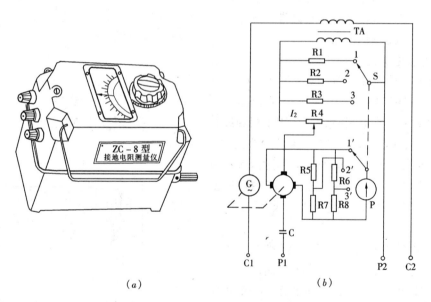

图 4-44 ZC-8 型接地电阻测量仪
(a) 外形；(b) 内部电路图

(1) ZC-8 型接地兆欧表的使用

使用 ZC-8 型接地摇表测量接地电阻的接线及测量方法如图 4-45 所示。

1) 将两支探针分别垂直插入被测接地体 40m 和 20m 的地下 400mm 深处，并与接地极成一直线排列；

2) 将接地摇表放置在接地体附近平稳的地方先调零后，进行接线，最短连接线在表的 E 端钮和接地体相连，40m 处探针的连线接在表的 C1 (c)，接 20m 处探针的连线接在表的 P1 (p) 上。

3) 根据被测接地电阻要求，调整倍率开关（粗旋钮：有三档可调范围）选择合适

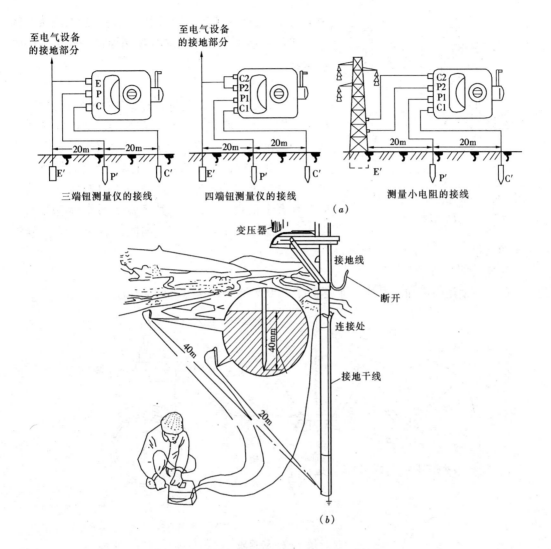

图 4-45　ZC-8 型接地电阻兆欧表测量接地电阻
（a）正确接线方法；（b）测量方法

量程档，以减少测量误差。当检流计的指针接近平衡时，加快发电机手柄的转速，使其达到 120r/min 以上，调整"测量标度盘"读数乘以倍率的倍数即为所测的接地电阻值。如测盘读数为 0.35，倍率选择是 10，则接地电阻 = 倍率 × 测量标度盘读数 = 10 × 0.35 = 3.5Ω。

（2）测量注意事项

1）当检流计的灵敏度过高时，可将电位探针插入土壤的深度放浅一些；当检流计灵敏度不够时，可沿电位探针和电流探针注水，使其所接触土壤湿润；

2）当接地体 E′和电流探针 C′之间的距离大于 20m 时，将电位探针 P′插在 E′、C′之间的直线相距几米以外的地方，测量时的误差可以不计；但当 E′、C′之间的距离小于 20m 时，则应将电位探针 P′正确地插于 E′和 C′的直线中间；

3）当用 0～1/10/100Ω 规格的仪表（具有四个端钮）测量小于 1Ω 的接地电阻时，应

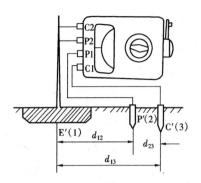

图 4-46 消除连接导线电阻附加误差的测量接线图

将 C2、P2 间连片打开，分别用导线连接到被测接地体上，如图 4-46 所示，以消除测量用连接导线电阻的附加误差。

### 2.2.3 转速表

转速表是专门用来测量各种旋转机械转速的仪表，按其结构分为离心式和数字式两大类。离心式转速表属机械式仪表，它主要由机心、变速器和指示器三部分组成，其结构外形如图 4-47 所示。便携式转速表常利用变速器来改变转速表的量程，如 LZ-30 型转速表就具有五个量程（r/min），其表盘上通常标有两列刻度，分度盘外圈标有 3～12，内圈标有 10～40，分别用于两组量程。

转速表使用的注意事项：

(1) 在使用前应加润滑油（钟表油），可从外壳和调速盘上的油孔注入。

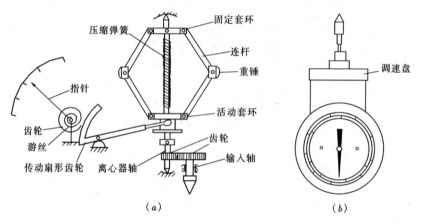

图 4-47 转速表
(a) 结构示意图；(b) 外形图

(2) 不允许用低速档去测量高转速。

(3) 为减少测量误差，应合理选择调速盘的档位（即合适量程）。若不知被测转速的大致范围，可先用最高转速档试测后，再选择合适的档进行测量。

(4) 测量时转速表轴与被测转轴接触时，应使两轴心对准，动作要缓慢，以两轴接触时不产生相对滑动为准。同时尽量使两轴保持在一条直线上。

(5) 准确读数。若调速盘的位置在Ⅰ、Ⅲ、Ⅴ档，则测得的转速应为分度盘外圈数值再分别乘以 10、100、1000；若调速盘的位置在Ⅱ、Ⅳ档，测得的转速应为分度盘内圈数值分别乘以 10、100 即可。

### 2.2.4 示波器

通用示波器的型号很多，面板布置和使用方法大同小异。现以 ST-16 型示波器为例，说明通用示波器的使用方法。

ST-16 型示波器是一种通用小型示波器，它具有 0～5MHz 的频带宽度和 20mV/div 的垂直输入灵敏度，扫描时其系统采用触发扫描，最快扫描速度达 100ns/div。其面板如图 4-48 所示。

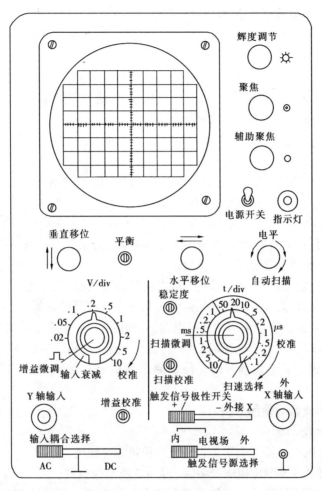

图 4-48　ST-16 型示波器面板图

（1）ST-16 型示波器面板布置及各旋钮开关的作用

1）示波管屏幕处于面板左上方，便于用来观察输入、输出波形。

2）位于右上方的电源开关和示波管控制部分的旋钮：

A．辉度调节：调节光点及波形亮度，顺时针旋转亮，反之则暗。

B．聚焦：调节电子束焦距，使光点和波形显示清晰。

C．辅助聚焦：与聚焦调节配合使用，使光点散焦最小。

D．电源开关和指示灯：控制电源的通断，通过指示灯来显示，接通电源后，指示灯亮。

3）面板左下部分为垂直系统控制部件（Y 轴系统）：

A．Y 轴灵敏度选择 V/div：调节该旋钮，可改变荧光屏上波形的幅值。当置于"⊓"档时，内部产生 100mV 电网频率（50Hz）方波，供示波器校准用。

B．增益微调（红色旋钮）：它与 Y 轴灵敏度选择同心，可在一定范围内连续改变垂直放大器增益。

C. Y轴输入：被测信号的输入端，若使用探头输入时，信号被衰减10倍。

D. 垂直移位：调节波形在垂直方向的位置。

E. 两个半可调调节孔：平衡、增益校准（平衡指垂直放大系统的输入电路中的直流电平保持平衡状态的调节装置）。

F. 输入耦合方式选择 DC⊥AC：测直流或极低频率的交流信号，开关置于DC上，测交流信号置于AC上，当三位开关置于"⊥"处，Y轴输入端接地。

4）面板右下半部分为水平扫描系统的控制旋钮：

A. 扫速切除开关：用来选择内部扫描速度，每小格所对应的时间值为 0.1μs/div～10ms/div，共分十六个档。

B. 扫描微调：与扫速切换开关同心，在一定范围内，可连续调节扫描速度。

C. 水平移位：调节波形在水平方向的位置。

D. 电平（触发电平调节）：调节触发信号波形上触发点的相应电平值，使在这一电平上启动扫描，若旋钮顺时针旋转，并脱开与它相连动的开关，扫描电路转为自动扫描。

E. 两个半调电平器：稳定度、扫描校准。

F. X轴输入（外触发）：X轴信号或外触发信号的输入端。

G. 触发信号极性开关（+/−，外接X）：是一个三位板键开关，"+"、"−"是选择触发信号的上升沿还是下降沿来启动扫描电路。"外接X"是触发信号X轴输入端输入。

H. 触发信号源选择（内、电视场、外）：当开关置于"内"时，扫描触发信号取自垂直放大器；当开关置于"电视场"时，使被测电视信号与场频同步；当开关置于"外"时，外接触发信号。

（2）ST-16型示波器的使用方法

1）使用前的检查。

A. 检查电源电压与仪器需电压是否一致，相符方可使用。

B. 将仪器面板上各控制旋钮或开关置于表4-2所示的位置。

C. 接通电源，指示灯显示，待仪器进入正常工作状态，顺时针调节辉度旋钮，此时屏幕应显示出不同步的校准信号方波。

仪器面板上各控制旋钮或开关的位置　　　　　　表4-2

| 控制旋钮 | 作用位置 | 控制旋钮 | 作用位置 | 控制旋钮 | 作用位置 | 控制旋钮 | 作用位置 |
| --- | --- | --- | --- | --- | --- | --- | --- |
| ☼ | 逆时针旋足 | AC⊥DC | ⊥ | →← | 居中 | +/− 外接X | + |
| ⊙ | 居中 | 电平 | 自动 | V/div | 校准 | 内电视场外 | 内 |
| ○ | 居中 | t/div | 2ms | | | | |
| ↑↓ | 居中 | 微调 | 校准 | 微调 | 校准 | | |

D. 将触发电平调节至方波，波形达到稳定后，将方波波形移到屏幕中间，若仪器性能基本正常，则此时屏幕显示的方波垂直幅度为5格（5div），方波周期在水平轴上的宽度为10格（10div），如图4-49所示。否则应旋转"增益校准"或"扫描校准"电位器分别进行校正，以达到上述要求。

2）观察交流信号电压的波形。

A. 将面板上有关控制开关及旋钮置于表4-3的所示位置。

B. 调节"辉度"旋钮使荧光屏上显示一条亮度适中的水平扫描线。调节"聚焦"与"辅助聚焦"旋钮，使扫描基准线变得又细又清晰，调节"水平移位"和"垂直移位"旋钮，使扫描基准线位于荧光屏中央。

C. 将被测的交流信号经示波器的探头衰减10倍后，从"Y"输入端引入示波器，同时将示波器输入耦合方式选择开关从"⊥"旋至"AC"上。

D. 根据信号电压的大小，适当调节"V/div"及其微调旋钮，使荧光屏上能显示适当幅值的正弦波形。

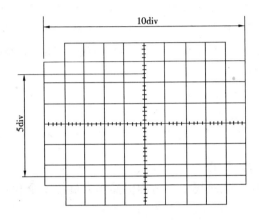
图 4-49 荧光屏上的校准方波波形

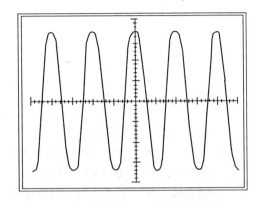
图 4-50 交流电压信号的输出波形

E. 根据信号频率的大小，适当调节"t/div"及其微调旋钮，使荧光屏上能显示 2~5 个完整波形。

F. 调节电平位置，使荧光屏上显示的正弦波稳定不动。

G. 调节"垂直移位"、"水平移位"旋钮，使被测波形位于荧光屏中央。观察交流信号的波形如图 4-50 所示。

有关控制旋钮的作用位置　　　　　　　　　　　　　　表 4-3

| 控制旋钮 | V/div | t/div | +/-外接 X | 内、电视场、外 | AC⊥DC |
|---|---|---|---|---|---|
| 作用位置 | 0.02~1.0 | 0.5ms | + | 内 | ⊥ |

3）测量交流电压信号的幅值及其频率。

ST-16 型示波器机内有校准信号可以比较，因此在观察信号电压波形的同时，就能够从荧光屏上的刻度上直接读取电压的大小和周期。只是测量前，必须先用校准方波信号对示波器的垂直放大系统增益和水平扫描进行校准。

A. 示波器经过校准后，将面板上的有关旋钮置于适当位置，如表 4-4 所示位置，直接或通过探头输入被测信号，可观察到如图 4-51 所示正弦波。调节"电平"使波形稳定。

调节"0.5V、1kHz"信号电压的有关旋钮及作用位置　　表 4-4

| 控制旋钮 | V/div | T/div | AC⊥DC |
|---|---|---|---|
| 作用位置 | 0.02V | 0.5ms | AC |

B. 根据电压波形及有关控制旋钮的作用位置，确定电压幅值。如图 4-51 中所示；波形的峰点与谷点之间距离 7 格，V/div 作用位置为 0.02V/div，加之探头对信号衰减 10 倍，可计算出电压的大小为：

*119*

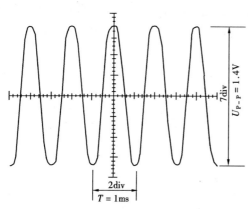

图 4-51　0.5V、1kHz 的信号电压波形

$$U_{PP} = 10 \times 0.02 \times 7 = 1.4V$$

将此值换算成有效值：

$$U = \frac{U_{PP}}{2\sqrt{2}} = 0.5V$$

C. 对于周期性信号的频率测量，一般可按时间测量方法测出信号的周期，取其倒数即为频率值，其准确度将取决于周期测量的精度。如图 4-51 所示：波形中两个谷点（或两个峰点）间的水平距离是 2 格，根据 t/div 作用位置 0.5ms t/div，可推算出信号电压的周期 T 为：

$$T = 0.5 \times 2 = 1ms$$

则

$$f = \frac{1}{T} = 1000Hz$$

（3）示波器使用注意事项

1）仪器所用供电电源，必须满足其技术指标要求；

2）仪器应避免外磁场干扰，规定不得工作在强磁场中；为确保操作人员的安全和减少外界电磁场的干扰，仪器外壳应可靠接地；

3）测试输入线通常采用屏蔽线，且尽量短，以减少测量误差；

4）测试中，荧光屏上辉度不宜调得过亮，暂时不用时，应将辉度调至最小，光点不许长时间停留在一点，以免烧坏该处荧光粉。关机时应将辉度调小后再切断电源。

## 课题 3　常用的电工材料

### 3.1　绝缘导线的型号及使用方法

#### 3.1.1　绝缘导线的型号（表 4-5）

绝缘导线的型号及主要特点　　　　　　　　表 4-5

| 名称 | 类型 | 型号 | | 主　要　特　点 |
| --- | --- | --- | --- | --- |
| | | 铝芯 | 铜芯 | |
| 聚氯乙烯绝缘线 | 普通型 | BLV、BLVV（圆型）、BLVVB（平型） | BV、BVV（圆型）、BVVB（平型） | 这类电线的绝缘性能良好，制造工艺简便，价格较低。缺点是对气候适应性能差，低温时变硬发脆，高温或日光照射下增塑剂容易挥发而使绝缘老化加快。因此，在未具备有效隔热措施的高温环境、日光经常照射或严寒地方，宜选择相应的特殊型塑料电线 |
| | 绝缘软线 | | BVR、RV、RVB（平型）、RVS（绞型） | |
| | 阻燃型 | | ZR-RV、ZR-RVB（平型）、ZR-RVS（绞型）ZR-RVV | |
| | 耐热型 | BLV105 | BV105、RV-105 | |

续表

| 名称 | 类型 | 型号 铝芯 | 型号 铜芯 | 主要特点 |
|---|---|---|---|---|
| 丁腈聚氯乙烯复合绝缘软线 | 双绞复合物软线 |  | RFS | 这种电线具有良好的绝缘性能，并具有耐寒、耐油、耐腐蚀、不延燃、不易热老化等性能，在低温下仍然柔软，使用寿命长，远比其他型号的绝缘软线性能优良。适用于交流额定电压250V及以下或直流电压500V及以下的各种移动电器、无线电设备和照明灯座的连接线 |
|  | 平型复合物软线 |  | RFB |  |
| 橡皮绝缘电线 | 棉纱编织橡皮绝缘线 | BLX | BX | 这类电线弯曲性能较好，对气温适应较广，玻璃丝编织线可用于室外架空线或进户线。但是由于这两种电线生产工艺复杂，成本较高，已被塑料绝缘线所取代 |
|  | 玻璃丝编织橡皮绝缘线 | BBLX | BBX |  |
|  | 氯丁橡皮绝缘线 | BLXF | BXF | 这种电线绝缘性能良好，且耐油、不易霉、不延燃、适应气候性能好、光老化过程缓慢，老化时间约为普通橡皮绝缘电线的两倍，因此适宜在室外敷设。由于绝缘层机械强度比普通橡皮线弱，因此不推荐用于穿管敷设 |

### 3.1.2 绝缘导线的连接方法

导线与导线的连接以及导线与电器间的连接，称为导线的接头。在室内配线工程中应尽量减少导线接头，并应特别注意接头的质量。因为导线一般发生的故障，多数是发生在接头上，但必要的连接是不可避免的。为了保证导线接头质量，当设计无特殊规定时，应采用焊接、压板压接或套管连接。导线连接应符合下列要求：

1) 接触紧密，使接头处电阻最小；
2) 连接处的机械强度与非连接处相同；
3) 耐腐蚀；
4) 接头处的绝缘强度与非连接处导线绝缘强度相同。

对于绝缘导线的连接，其基本步骤为：剥切绝缘层、线芯连接（焊接或压接）、恢复绝缘层。

(1) 导线绝缘层剥切方法

绝缘导线连接前，必须把导线端头的绝缘层剥掉，绝缘层的剥切长度因接头方式和导线截面的不同而不同。绝缘层的剥切方法，通常有单层剥法、分段剥法和斜削法三种，如图4-52所示。一般塑料绝缘导线采用单层剥法，橡皮绝缘线采用分段剥法或斜削法。剥切绝缘层时，不应损伤线芯。

(2) 导线连接

1) 单股铜线的连接法 截面较小的单股铜线（如6mm² 以下），一般多采用绞接法连接。而截面超过6mm²的铜线，常采用绑接法连接。

A. 绞接法：

a. 直线连接 图4-53（a）所示为两根导线直接连接。绞

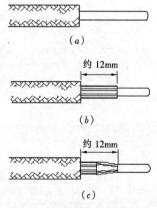

图4-52 导线绝缘层剥切方法
(a) 单层剥法；(b) 分段剥法；
(c) 斜削法

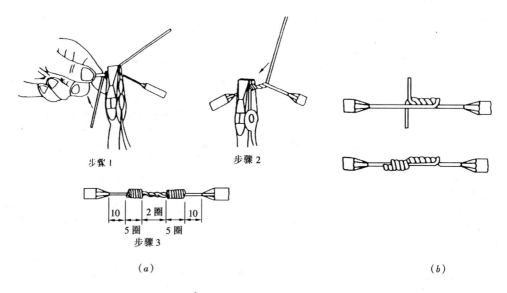

图 4-53 单芯线直接连接
(a) 接法（一）；(b) 接法（二）

接时，先将导线互绞 2~3 圈，然后将每一根导线端部分别在另一导线上紧密地缠绕 5 圈，余线割弃，使端部紧贴导线。

图 4-54 双芯线连接　　　　　图 4-55 粗、细单股导线的连接

直线连接的另一种方法，如图 4-53（b）所示。双芯线采用直线连接如图 4-54 所示，两处连接位置应错开一定距离。

粗细不等单股铜线的连接如图 4-55 所示，将细导线在粗导线上缠绕 5~6 圈后，弯折粗导线端部，使它压在细导线缠绕层上，再把细导线缠绕 3~4 圈后，剪去多余细线头。

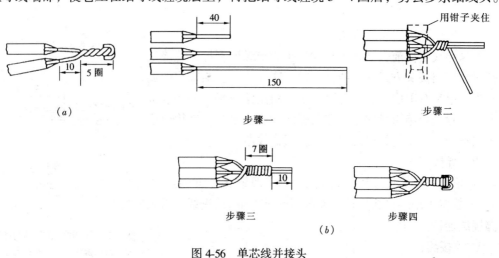

图 4-56 单芯线并接头
(a) 接法（一）；(b) 接法（二）

b. 并接连接  图 4-56（a）所示为两根导线并接连接，将连接线端相并合，在距离绝缘层 15mm 处将芯线捻绞 5 圈，留余线适当长剪断折回压紧，防止线端部插破所包扎的绝缘层。两根导线并接连接一般不应在接线盒内出现，应直接通过，不断线，否则连接起来不但费工也浪费材料。

图 4-56（b）所示为三根导线并接连接。三根及三根以上单股导线的线盒内并接在现场的应用比较多（如多联开关的电源相线的分支连接）。在进行连接时，应将连接线端相并合，在距导线绝缘层 15mm 处用其中一根芯线，在其连接线端缠绕 7 圈后剪断缠绕线。把被缠绕线余线头折回压在缠绕线上。应注意计算好导线端头的预留长度和剥切绝缘的长度。

不同直径的导线并接头，如果细导线为软线时，则应先进行挂锡处理。如图 4-57 所示为软导线与单股导线连接。先将细线在粗线上距离 15mm 处交叉，并将线端部向粗线端缠卷 5 回，将粗线端头折回，压在细线上。

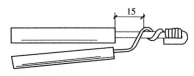

图 4-57 不同线径导线接头

c. 分支连接  图 4-58 所示为 T 形分支连接。绞接时，先用手将支线在干线上粗绞 1~2 圈，再用钳子紧密缠绕 5 圈，余线割弃。

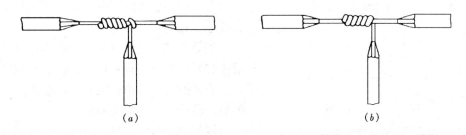

图 4-58 单芯线 T 形分支接法
（a）单芯线分支绞接法（一）；（b）单芯线分支绞接法（二）

图 4-59 所示为一字形分支连接。绞接时，先将支线Ⅱ与干线合并，支线Ⅰ在支线Ⅱ与干线上粗绞 1~2 圈，用钳子紧密缠绕 5 圈，支线Ⅰ的余线割弃；然后将支线Ⅱ在干线上紧密缠绕 5 圈，余线割弃。

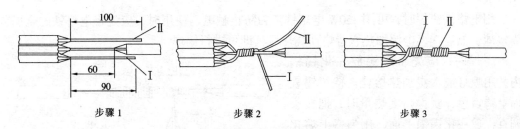

图 4-59 单芯线一字形分支绞接法

图 4-60 所示为十字形分支连接。如图 4-60（a）所示，绞接时，先将两根支线并排在干线上粗绞 2~3 圈，再用钳子紧密缠绕 5 圈，余线割弃。图 4-60（b）为两根支线分别在两边紧密缠绕 5 圈，余线割弃。

B. 绑接法：

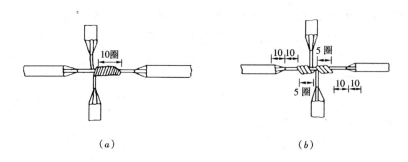

图 4-60 单芯线十字形分支连接
(a) 接法 (一); (b) 接法 (二)

a. 直线连接　如图 4-61 所示,先将两线头用钳子弯起一些,然后并在一起(有时中间还可加一根相同截面的辅助线),然后用一根直径为 1.5mm 的裸铜线做绑线,从中间开始缠绑,缠绑长度为导线直径的 10 倍,两头再分别在一线芯上缠绑 5 圈,余下线头与辅助线绞合,剪去多余部分。较细导线可不用辅助线。

b. 分支连接　如图 4-62 所示,先将分支线作直角弯曲,其端部也稍作弯曲,然后将两线合并,用单股裸线紧密缠绕,方法及要求与直线连接相同。

铜导线的连接无论采用上面哪种方法,导线连接好后均应用焊锡焊牢,使熔解的焊剂流入接头处的各个部位,以增加机械强度和良好的导电性能,避免锈蚀和松动。

锡焊的方法因导线截面不同而不同。$10mm^2$ 及以下的铜导线接头,可用电烙铁进行锡焊,在无电源的地方,可用火烧烙铁;$16mm^2$ 及以上的铜导线接头,则用浇焊法。无

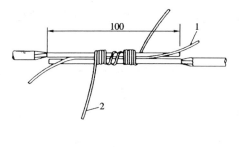

图 4-61 直线连接绑接法
1—添线;2—连接线

论采用哪一种方法,锡焊前,接头上均须涂上一层无酸焊锡膏或天然松香溶于酒精中的糊状溶液。

用电烙铁锡焊时,可用 150W 电烙铁。为防止触电,使用时,应先将电烙铁的金属外壳接地,然后接入电源加热,待烙铁烧热后,即可进行锡焊。

浇焊时,应先将焊锡放在化锡锅内,用喷灯或木炭加热熔化。待焊锡表面呈磷黄色,获得高度热量时,把接头调直,放在化锡锅上面,用勺盛上熔化了的锡,从接头上面浇下,如图 4-63 所示。刚开始浇焊时,因为接头冷,锡在

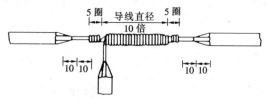

图 4-62 分支连接绑接法

接头上不会有很好的流动性,此时应继续浇下,以提高接头处温度,直到全部焊牢为止。最后用抹布轻轻擦去焊渣,使接头表面光滑。

C. 压接法:

a. 管状端子压接法　如图 4-64 所示。将两根导线插入管状接线端子，然后使用配套的压线钳压实。

b. 塑料压线帽压接法　塑料压线帽是将导线连接管（镀银紫铜管）和绝缘包缠复合为一体的接线器件，外壳用尼龙注塑成型，如图 4-65 所示。单芯铜导线塑料压线帽压接，可以用在接线盒内铜导线的连接，也可用在夹板布线的导线连接。单芯铜导线塑料压线帽，用于 1.0～4.0mm² 铜导线的连接。

使用压线帽进行导线连接时，导线端部剥削绝缘露出线芯长度应与选用线帽规格相符，将线头插入压线帽内，如填充不实，可再用 1～2 根同材质、同线径的线芯插入压线帽内填补，也可以将线芯剥出后折插入压线帽内，使用专用阻尼式手握压力钳压实。

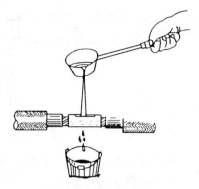

图 4-63　接头浇焊法

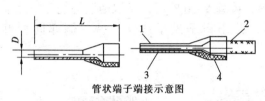

图 4-64　管状端子压接法
1—穿入导线；2—导线；3—端子管身；4—塑料护帽

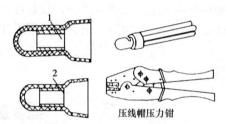

图 4-65　塑料压线帽压接法
1—镀银紫铜管；2—铝合金套管

c. 套管压接法　套管直线压接如图 4-66 所示。先将压接管内壁和导线表面的氧化膜及油垢等清除干净，然后将导线从管两端插入压接管内。当采用圆形压接管时，两线各插到压接管的一半处。当采用椭圆形压接时，应使两线线端各露出压接管两端 4mm，然后用压接钳压接，要使所有压坑的中心线处在同一条直线上。压接时，一般只要每端压一个坑，就能满足接触电阻和机械强度的要求，但对拉力强度要求较高的场合，可每端压两个坑。压坑深度，控制到上下模接触为止。

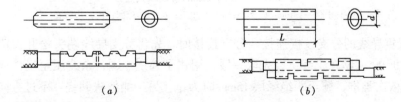

图 4-66　套管直线压接
(a) 单线圆管压接；(b) 单线椭圆管压接

圆形铜压接管规格表如表 4-6 所示。铜套管内壁必须镀锡。

GT-1 型铜连接管规格表（mm）　　表 4-6

| 导线截面（mm²） | 16 | 25 | 35 | 50 | 70 | 95 | 120 | 150 | 185 | 240 | 300 | 400 |
|---|---|---|---|---|---|---|---|---|---|---|---|---|
| D | 9 | 10 | 11 | 13 | 15 | 18 | 20 | 22 | 25 | 2 | 30 | 34 |
| d | 6 | 7 | 8 | 10 | 12 | 14 | 15 | 17 | 19 | 21 | 24 | 28 |
| L | 52 | 56 | 64 | 72 | 78 | 82 | 90 | 94 | 100 | 110 | 120 | 124 |

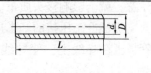

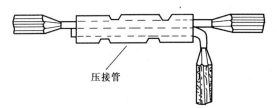

图 4-67 管压法分支连接

铜导线的压接钳,基本上与铝线压接钳相同,但由于铜线较硬,所以要求压接钳的压力大,施工时可采用 JTB-2 型脚踏式压接钳。它能适用于各种截面的铜、铝导线压接。

套管压接突出的优点是:操作工艺简便,不耗费有色金属,适合现场施工。

单股导线的分支和并头连接,均采用压接法,如图 4-67 和图 4-68 所示。

2) 多股铜导线的连接法。

A. 多股铜导线的直线绞接连接  多股铜导线的直线绞接连接如图 4-69 所示。先将导线线芯顺次解开,成 30°伞状,用钳子逐根拉直,并剪去中心一股,再将各张开的线端相互交叉插入,

图 4-68 并头连接

根据线径大小,选择合适的缠绕长度,把张开的各线端合拢,取任意两股同时缠绕 5~6 圈后,另换两股缠绕,把原有两股压住或割弃,再缠 5~6 圈后,又取两股缠绕,如此下去,一直缠至导线解开点,剪去余下线芯,并用钳子敲平线头。另一侧亦同样缠绕。

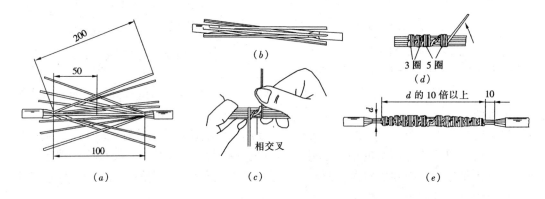

图 4-69 多股铜导线的直线绞接连接
(a) 步骤一;(b) 步骤二;(c) 步骤三;(d) 步骤四;(e) 步骤五

B. 多股铜导线的分支绞接连接  分支连接时,先将分支导线端头松开,拉直擦净为两股,各曲折 90°,贴在干线下,先取一股,用钳子缠绕 5 圈,余线压至里档或割弃,再调换一根,依次类推,缠至距绝缘层 15mm 时为止。另一侧依法缠绕,不过方向相反,如图 4-70 所示。

3) 铝导线的连接  铝导线与铜导线相比较,在物理、化学性能上有许多不同之处。由于铝在空气中极易氧化,导线表面生成一层导电性不良并难于熔化的氧化膜。当铝熔化时,它便沉积在铝液下面,降低了接头质量。因此,铝导线连接工艺比铜导线复杂,稍不注意,就会影响接头质量。铝导线的连接方法很多,施工中常用的是机械冷态压接。

机械冷态压接的基本原理是:用相应的模具在一定压力下,将套在导线两端的铝连接管紧压在导线上,使导线与铝连接管形成金属相互渗透,两者成为一体,构成导电通路。

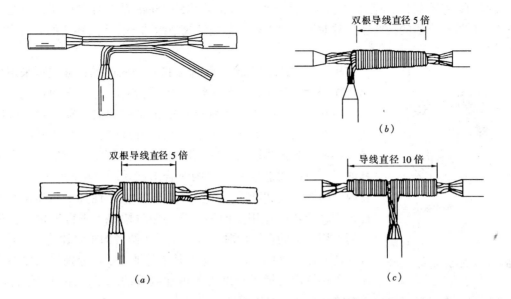

图 4-70 多股铜导线的分支绞接连接
(a) 分线连接（一）；(b) 分线连接（二）；(c) 分线连接（三）

铝导线的压接可分为局部压接法和整体压接法两种。局部压接的优点是：需要的压力小，容易使局部接触处达到金属表面渗透。整体压接的优点是：压接后连接管形状平直，容易解决高压电缆连接处形成电场过分集中的问题。下面主要介绍施工中常用的局部压接法。

A. 单股铝导线连接　小截面单股铝导线，主要以铝连接管进行局部压接。压接所用的压钳如图 4-71 所示。这种形式的压钳，可压接 2.5mm²、4mm²、6mm² 和 10mm² 四种规格的单股导线。铝压接管的截面与铜压接管一样也有圆形和椭圆形两种。圆形铝压接管规格如表 4-7 所示。

**GT-1 型铝连接管规格表**（mm）　　　　　　　　　　　　　　表 4-7

| 导线截面 (mm²) | 10 | 16 | 25 | 35 | 50 | 70 | 95 | 120 | 150 | 185 | 240 | 300 | 400 |
|---|---|---|---|---|---|---|---|---|---|---|---|---|---|
| D | 9 | 10 | 12 | 14 | 15 | 18 | 20 | 22 | 25 | 28 | 30 | 36 | 40 |
| d | 4.6 | 6 | 7 | 8 | 10 | 12 | 14 | 15 | 17 | 19 | 21 | 24 | 28 |
| L | 60 | 62 | 70 | 75 | 80 | 88 | 95 | 100 | 105 | 110 | 120 | 130 | 140 |

铝导线压接工艺基本与铜导线压接工艺相同。不同点仅是在铝导线压接前，铝压接管要涂上石英粉-中性凡士林油膏，目的是加大导线接触面积。

铝导线并接也可采用绝缘螺旋接线钮，如图 4-72 所示。绝缘螺旋接线钮适用于 6mm² 及以下的单芯铝线。绝缘螺旋接线钮的做法如图 4-73 所示。

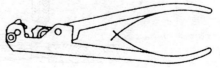

图 4-71 单股导线压接钳

将导线剥去绝缘层后,把连接芯线并齐捻绞,保留芯线约15mm左右剪去前端,使之整齐,然后选择合适的接线钮,顺时针方向旋紧,要把导线绝缘部分拧入接线钮的导线空腔内。

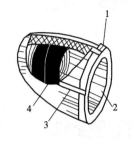

图 4-72 绝缘螺旋接线钮外形示意图
1—塑料绝缘护套;2—导线空腔;3—防滑肋;4—塔式弹簧

B. 多股铝导线压接 截面为 16~240mm² 的铝导线可采用机械压钳或手动油压钳压接。铝压接管的铝纯度应高于 99.5%。

压接前,先把两根导线端部的绝缘层剥去。每端剥去长度为连接管长的一半加上 5mm,然后散开线芯,用钢丝刷将每根导线表面的氧化膜刷去,并立即在线芯上涂以石英粉-中性凡士林油膏,再把线芯恢复原来的绞合形状。同时用圆锉除去连接管内壁的氧化膜和油垢,涂一薄层石英粉-中性凡士林油膏。中性凡士林油膏的作用是使铝表面与空气隔绝,不再氧化;石英粉的作用是帮助在压接时挤破氧化膜。两者的重量比为 1:1 或 1:2(凡士林)。涂上石英粉-中性凡士林油膏后,分别将两根导线插入连接管内,插入长度为各占连接管的一半,并相应划好压坑的标记。根据连接导线截面的大小,选好压模装到钳口内。

压接时,可按图4-74所示的顺序进行,共压四个坑。四个坑的中心线应在同一条直线上。压坑时,应该一次压成,中间不能停顿,直到上下模接触为止。压完一个坑后,稍停 10~15min,待局部变形继续完成稳定后,就可松开压口,再压第二个口,依次

图 4-73 绝缘螺旋接线钮连接顺序
(a)剥线;(b)捻绞;(c)剪断;(d)旋紧

进行。压接深度、压口数量和压接长度应符合产品技术文件的有关规定。压完后,用细齿锉刀锉去压坑边缘及连接端部因被压而翘起的棱角,并用砂布打光,再用浸蘸汽油的抹布擦净。

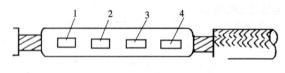

图 4-74 直接连接压坑顺序

C. 多股铝导线的分支线压接 压接操作基本与上述内容相同。压接时,可采用两种方法,一种是将干线断开,与分支线同时插入连接管内进行压接,如图4-75所示。为使线芯与线管内壁接触紧密,线芯在插入前除应尽量整圆外,线芯与管子空隙部分可补填一些铝线。铝接管规格的选择,可根据主线与支线总的截面积考虑。

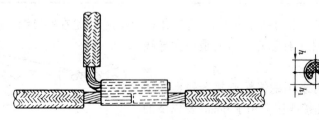

图 4-75 多股导线分支连接法

另一种方法是不断开主干线，采用围环法压接，也就是用开口的铝环，套在并在一起的主线和支线上，将铝环的开口卷紧叠合后，再进行压接。

D. 铝导线的焊接　电阻焊是用低电压大电流通过铝线连接处的接触电阻产生的热量，将全部铝芯熔接在一起的连接方法。焊接时需要降压变压器（或电阻焊机）容量 1~2kV·A，二次电压在 6~36V 范围内。配用一种特殊焊钳，焊钳上用两根直径为 8mm 的炭棒做电极，焊钳引线采用 10mm² 的铜芯橡皮绝缘软线。

焊接前应先按焊接长度接好线，把连接线端相并合，用其中一根芯线在其他连接线上缠绕 3~5 圈后顺直，按适当长度剪断，如图 4-76 所示。

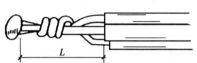

图 4-76　单芯铝导线电阻焊接法

接线后应随即在线头前端，蘸上少许用温开水调合成糊状的铝焊药，接通电源后，将两个电极碰在一起，待电极端部发红时，立即分开电极，夹在蘸了焊药的线头上，待铝线开始熔化时，慢慢撤去焊钳，使熔成小球，如图 4-77 所示。然后趁热浸在清水中，清除焊渣和残余焊药。

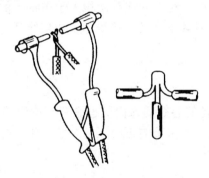

图 4-77　铝导线电阻焊

另一种方法是将两电极相碰并稍成一个角度，待电极端部发红时，直接去接触导线连接的端头，等铝线熔化后向上托一下焊钳，使焊点端部形成圆球状。如果连接线端面较大时，可将电极在线端圆圈形移动，待全部芯线熔化时，再向上托一下，撤下电极后再将电极分开，这样导线端就可以形成蘑菇状。焊接后应将铝导线立即蘸清水，以除去主导线上残余的焊渣和焊药。

气焊前将铝导线芯线剥开顺直合拢。用绑线把连接部分作临时缠绑。导线绝缘层处用浸过水的石棉绳包好。焊接时火焰的焰心离焊接点 2~3mm，当加热至熔点时，即可加入铝焊粉，借助焊药的填充和挑动，即可使焊接处的铝芯相互融合，而后焊枪逐渐向外端移动，直到焊完，然后立即蘸清水清除焊药。铝导线的气焊连接如图 4-78 所示。

焊接连接的焊缝，不应有凹陷、夹渣、断股、裂缝及根部未焊合的缺陷。焊缝的外形尺寸应符合焊接工艺评定文件的规定，焊接后应清除残余焊药和焊渣。

4）铜导线与铝导线的压接　由于铜与铝接触在一起时，日久铝会产生电化腐蚀，因此，多股铜导线与铝导线连接应采用铜铝过渡连接管。使用时，连接管的铜端插入铜导线，铝端插入铝导线，采用局部压接法压接。其压接方法同前所述。

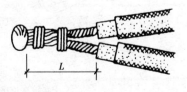

图 4-78　多芯铝线气焊

(3) 恢复导线绝缘

所有导线连接好后，均应采用绝缘带包扎，以恢复其绝缘。经常使用的绝缘带有黑胶布、自粘性橡胶带、塑料带和黄蜡带等。应根据接头处环境和对绝缘的要求，结合各绝缘带的性能进行选用。包缠时采用斜叠法，使每圈压叠带宽的半幅。第一层绕完后，再用另一斜叠方向缠绕第二层，使绝缘层的缠绕厚度达到电压等级绝缘要求为止。包缠时，要用力拉紧，使之缠紧密坚实，以免潮气浸入。图4-79（a）所示为并接头绝缘包扎方法，（b）所示为直线接头绝缘包扎方法。

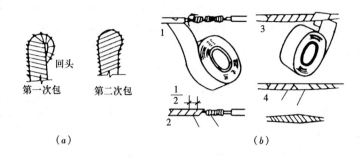

图4-79 导线绝缘包扎方法
（a）并接头绝缘包扎；（b）直线接头绝缘包扎

3.1.3 导线的封端

为保证导线线头与电器设备的连接质量和机械性能，对于导线截面积大于 $10mm^2$ 的多股铜线、铝线一般都应在导线线头上焊接或压接接线端子（又称接线鼻子或接线耳），这种方法叫做导线的封端。

(1) 铜导线的封端

铜导线封端常用锡焊法和压接法

1) 压接法 把剥去绝缘层并涂上石英粉-凡士林膏的芯线插入内壁也涂有石英粉-凡士林膏的铜接线端子孔内，用压接钳进行压接，在铜接线端子的正面压两个坑，先压外坑，再压内坑，两个坑要在一条直线上，如图4-80所示。

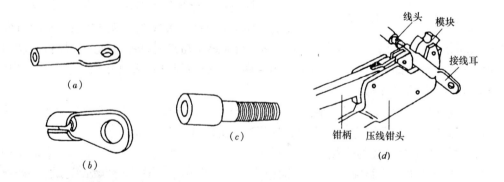

图4-80 铜导线压接法封端
（a）大载流量用接线端子；（b）小载流量用接线端子；（c）接线桩螺钉；
（d）导线线头与接线头的压接方法

2) 锡焊法具体做法如图4-81所示。

(2) 铝导线的封端

由于铝导线表面极易氧化，用通常的焊法较为困难。一般都采用压接法封端，如图4-82所示。铝接线端子与压接坑尺寸见表4-8和表4-9。

| 封端方法 | 图示 | 封端方法 | 图示 |
|---|---|---|---|
| ①剥掉铜芯导线端部的绝缘层，除去芯线表面和接线端子内壁的氧化膜，涂以无酸焊锡膏 | 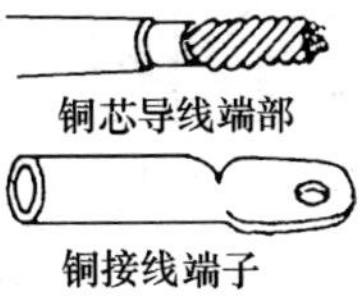 | ④把芯线的端部插入接线端子的插线孔内，上下插拉几次后把芯线插到孔底 | 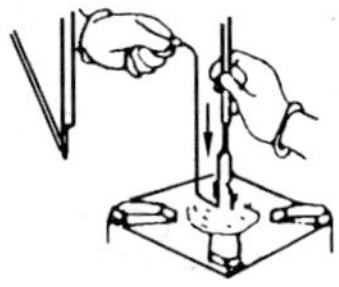 |
| ②用一根粗钢丝系住铜接线端子，使插线孔口朝上并放到火里加热 | 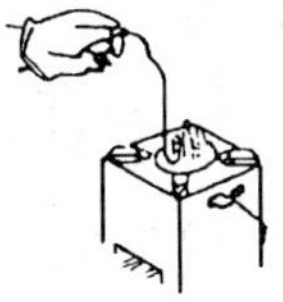 | ⑤平稳而缓慢地把粗钢丝和接线端子浸到冷水里，使液态锡凝固，芯线焊牢 |  |
| ③把锡条插在铜接线端子的插线孔内，使锡受热后熔解在插线孔内 | 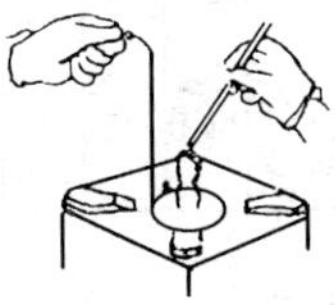 | ⑥用锉刀把铜接线端子表面的焊锡除去，用砂布打光后包上绝缘带，即可与电器接线桩连接 | 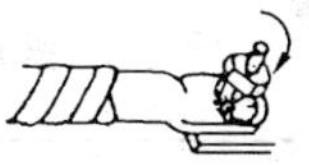 |

图 4-81 铜导线锡焊法封端

| 有关要求 | 图示 | 有关要求 | 图示 |
|---|---|---|---|
| ①根据铝芯线的截面查表 4-6 选用合适的铝接线端子，然后剥去芯线端部绝缘层 | 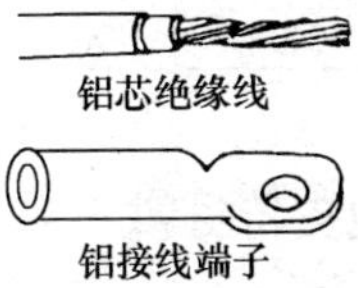 | ④铝芯线要插到孔底 | 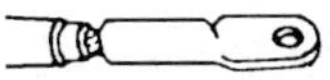 |
| ②刷去铝芯线表面氧化层并涂上石英粉-凡士林油膏 |  | ⑤用压接钳在铝接线端子正面压两个坑，先压靠近插线孔处的第一个坑，再压第二个坑，压坑的尺寸见表 4-7 | 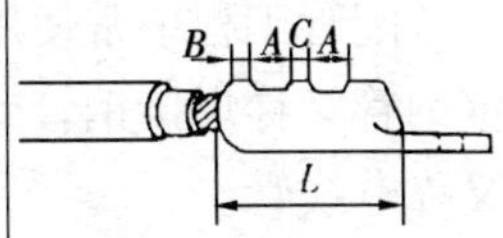 |
| ③刷去铝接线端子内壁氧化层并涂上石英粉-凡士林油膏 | 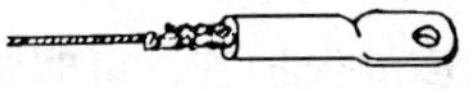 | ⑥在剖去绝缘层的铝芯导线和铝接线端子根部包上绝缘带（绝缘带要从导线绝缘层包起），并刷去接线端子表面的氧化层 | 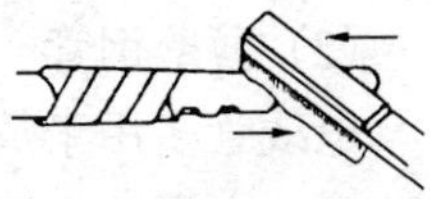 |

图 4-82 铝芯导线压接法封端

铝接线端子尺寸 表4-8

| 简图 | 适用导线截面(mm²) | 端子各部分尺寸 ||||||||| 压模深 |
|---|---|---|---|---|---|---|---|---|---|---|---|
| | | d | D | C | $L_1$ | $L_2$ | $L_3$ | b | h | φ | |
| (a) 铝接线端外形 (b) 铝接线端子规格尺寸 | 16 | 5.5 | 10 | 1 | 18 | 5 | 32 | 17 | 3.6 | 6.5 | 5.4 |
| | 25 | 6.8 | 12 | 1 | 20 | 8 | 32 | 17 | 4.0 | 8.5 | 5.9 |
| | 35 | 7.7 | 14 | 1 | 24 | 9 | 32 | 20 | 5.0 | 8.5 | 7.0 |
| | 50 | 9.2 | 16 | 1 | 28 | 10 | 37 | 20 | 5.0 | 10.5 | 7.8 |
| | 70 | 11.0 | 18 | 1 | 35 | 10 | 40 | 25 | 6.5 | 10.5 | 8.9 |
| | 95 | 13.0 | 21 | 1 | 36 | 11 | 45 | 28 | 7.0 | 13.0 | 9.9 |
| | 120 | 14.0 | 22.5 | 1 | 36 | 11 | 48 | 34 | 7.0 | 13.0 | 10.8 |
| | 150 | 16.0 | 24 | 1 | 36 | 11 | 50 | 34 | 7.5 | 17.0 | 11.0 |
| | 185 | 18.0 | 26 | 1 | 41 | 12 | 53 | 36 | 7.5 | 17.0 | 12.0 |

铝接线端子压接坑尺寸（mm） 表4-9

| 导线截面(mm²) | A | B | C | L | 导线截面(mm²) | A | B | C | L |
|---|---|---|---|---|---|---|---|---|---|
| 16 | 13 | 2 | 2 | 32 | 95 | 17 | 3 | 4 | 45 |
| 25 | 13 | 2 | 2 | 32 | 120 | 17 | 5 | 5 | 48 |
| 35 | 13 | 2 | 2 | 32 | 150 | 18.4 | 5 | 5 | 50 |
| 50 | 14 | 3 | 3 | 37 | 185 | 18.7 | 6 | 6 | 53 |
| 70 | 15 | 3 | 4 | 40 | 240 | 20.8 | 6 | 6 | 60 |

## 3.2 管材及其他支持材料

电气工程中常用的管材有金属管和塑料管。

### 3.2.1 金属管

配管工程中常使用的钢管有厚壁钢管、薄壁钢管、金属波纹管和普利卡套管四类。厚壁钢管又称焊接钢管或低压流体输送钢管（水煤气管），有镀锌和不镀锌两种。薄壁钢管又称电线管。

（1）厚壁钢管

水煤气管用作电线电缆的保护管，可以暗配于一些潮湿场所或直埋于地下，也可以沿建筑物、墙壁或支架敷设。明敷设一般在生产厂房中出现较多。

（2）薄壁钢管

电线管多用于敷设在干燥场所的电线、电缆的保护管，可明敷设或暗敷设。

（3）金属波纹管

金属波纹管也叫金属软管或蛇皮管，主要用于设备上的配线，如冷水机组、水泵等。它是用0.5mm以上的双面镀锌薄钢带加工压边卷制而成，轧缝处有的加石棉垫，有的不加,其规格尺寸与电线管相同。

(4) 普利卡金属套管

普利卡金属套管是电线电缆保护套管的更新换代产品,其种类很多,但其基本结构类似,都是由镀锌钢带卷绕成螺纹状,属于可挠性金属套管。具有搬运方便、施工容易等特点。可用于各种场合的明、暗敷设和现浇混凝土内的暗敷设。

图 4-83 为 LZ-3 型普利卡金属套管。外层为镀锌钢带(FeZn);里层为电工纸(P)。主要用于室内装修和电气设备及低压室内配线。

普利卡金属套管除了 LZ-3 型以外,还有 LZ-4、LZ-5、LE-6、LVH-8 等多种类型,适用于多潮湿或有腐蚀性气体等场所。

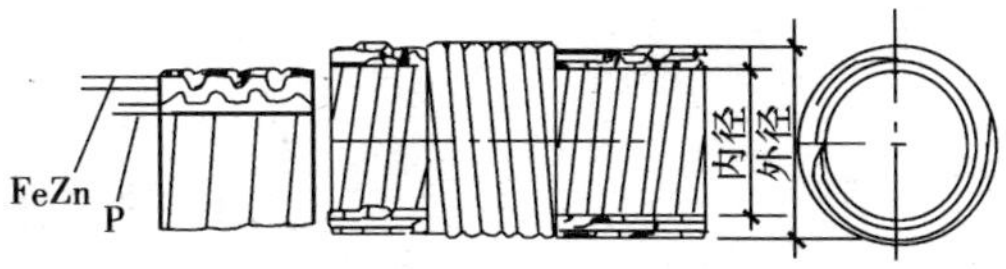

图 4-83 LZ-3 型普利卡金属套管构造图

### 3.2.2 塑料管

建筑工程中常用的塑料管有硬质塑料管(PVC 管),半硬塑料管和软塑料管。

(1) PVC 塑料管

PVC 硬质塑料管适用于民用建筑或室内有酸、碱腐蚀性介质的场所。由于塑料管在高温下机械强度下降,老化加快,所以环境温度在 40℃以上的高温场所不应使用。在经常发生机械冲击、碰撞、摩擦等易受机械损伤的场所也不应使用。

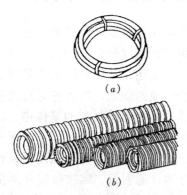

图 4-84 半硬塑料管外形
(a) 难燃平滑塑料管;
(b) 难燃聚氯乙烯波纹管

PVC 塑料管应耐热、耐燃、耐冲击并有产品合格证,内外径应符合国家统一标准。外观检查管壁壁厚应均匀一致,无凸棱、凹陷、气泡等缺陷。在电气线路中使用的硬质 PVC 塑料管必须具有良好的阻燃性能。

PVC 塑料管配管工程中,应使用与管材相配套的各种难燃材料制成的附件。

(2) 半硬塑料管

半硬塑料管多用于一般居住和办公建筑等干燥场所的电气照明工程中,暗敷设配线。

半硬塑料管可分为难燃平滑塑料管和难燃聚氯乙烯波纹管(简称塑料波纹管)两种,如图 4-84 所示。

### 3.2.3 管材支持材料

(1) U 形管卡

U 形管卡用圆钢煨制而成,安装时与钢管壁接触,两端用螺母紧固在支架上,如图 4-85 所示。

(2) 鞍形管卡

鞍形管卡用钢板制成,与钢管壁接触,两端用木螺钉、胀管直接固定在墙上,如图 4-86 所示。

(3) 塑料管卡

用木螺钉、胀管将塑料管卡直接固定在墙上,然后用力把塑料管压入塑料管卡中,如图 4-87 所示。

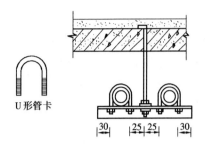
图 4-85 U形管卡

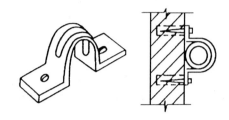
图 4-86 鞍形管卡

## 3.3 紧 固 材 料

常用的固结材料除一般常见的圆钉、扁头钉、自攻螺钉、铝铆钉及各种螺钉外，还有直接固结于硬质基体上所采用的水泥钉、塑料胀管和膨胀螺栓。

### 3.3.1 水泥钢钉

水泥钢钉是一种直接打入混凝土、砖墙等的手工固结材料。钢钉应有出厂合格证及产品说明书。操作时最好先将钢钉钉入被固定件内，再往混凝土、砖墙等上钉。

### 3.3.2 射钉

射钉是采用优质钢材经过加工处理后制成的新型固结材料，具有很高的强度和良好的韧性。射钉与射钉枪、射钉弹配套使用，利用射钉枪去发射钉弹，使弹内火药燃烧释放的能量，将各种射钉直接钉入混凝土、砖砌体等其他硬质材料的基体中，将被固定件直接固定在基体上。利用射钉固结，便于现场及高空作业，施工快速简便，劳动强度低，操作安全可靠。射钉分为普通射钉、螺纹射钉和尾部

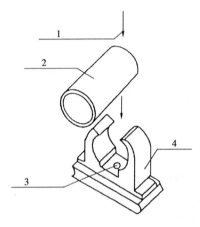

图 4-87 塑料管卡
1—按此方向向下压；2—塑料电线管；
3—安装固定孔；4—开口管卡

带孔射钉。射钉杆上的垫圈是起导向定位作用，一般用塑料或金属制成。尾部有螺纹的射钉，便于在螺纹上直接拧螺栓。尾部带孔的射钉，用于悬挂连接件。射钉弹、射钉、射钉枪必须配套使用。常用射钉形状如图 4-88 所示。

### 3.3.3 膨胀螺栓

膨胀螺栓由底部呈锥形的螺栓、能膨胀的套管、平垫圈、弹簧垫片及螺母组成，如图 4-89 所示。用电锤或冲击钻钻孔后安装于各种混凝土或砖结构上。螺栓自铆，可代替预埋

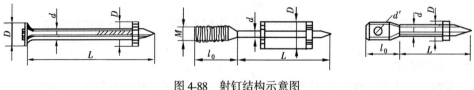

图 4-88 射钉结构示意图
(a) 一般射钉（平头射钉）；(b) 螺纹射钉；(c) 带孔射钉

螺栓,铆固力强,施工方便。膨胀螺栓常见规格如表4-10所示。膨胀螺栓在混凝土上的使用要求见表4-11。

**沉头式膨胀螺栓常见规格** 表4-10

| 类型 | 规格尺寸（mm） | | | 重量 (kg/1000件) | 类型 | 规格尺寸（mm） | | | 重量 (kg/1000件) |
|---|---|---|---|---|---|---|---|---|---|
| | 规格 | 螺栓长 L | 套管长 i | | | 规格 | 螺栓长 L | 套管长 i | |
| Ⅰ型 | M6×65 | 65 | 35 | 2.77 | Ⅰ型 | M12×150 | 150 | 65 | 19.6 |
| | M6×75 | 75 | 35 | 2.93 | | M16×150 | 150 | 90 | 37.2 |
| | M6×85 | 85 | 35 | 3.15 | | M16×175 | 175 | 90 | 40.4 |
| | M8×80 | 80 | 45 | 6.14 | | M16×200 | 200 | 90 | 43.5 |
| | M8×90 | 90 | 45 | 6.42 | | M16×220 | 220 | 90 | 46.1 |
| | M8×100 | 100 | 45 | 6.72 | Ⅱ型 | M12×150 | 150 | 65 | 19.6 |
| | M10×95 | 95 | 55 | 10 | | M12×200 | 200 | 65 | 40.4 |
| | M10×110 | 110 | 55 | 10.9 | | M16×225 | 225 | 90 | 46.8 |
| | M10×125 | 125 | 55 | 11.6 | | M16×250 | | | |

**膨胀螺栓使用要求** 表4-11

| 规格 | M6 | M8 | M10 | M12 | M16 |
|---|---|---|---|---|---|
| 钻头直径（mm） | φ10 | φ12 | φ14 | φ18 | φ22 |
| 钻孔直径（mm） | φ10.5 | φ12.5 | φ14.5 | φ19 | φ23 |
| 钻孔深度（mm） | 40 | 50 | 60 | 75 | 100 |
| 允许拉力（N） | 2400 | 4400 | 7000 | 10300 | 19400 |
| 允许剪力（N） | 1800 | 3300 | 5200 | 7400 | 14400 |

图4-90所示为膨胀螺栓安装方法。安装膨胀螺栓,用电锤钻孔时,钻孔位置要一次定准,一次成孔,避免位移、重复钻孔,造成"孔崩"。钻孔直径与深度,应符合膨胀螺栓的使用要求。一般在强度低的基体（如砖结构）打孔,其钻孔直径要比膨胀螺栓直径缩小1~2mm。钻孔时,钻头应与操作平面垂直,不得晃动和来回进退,以免孔眼扩大,影响锚固力。当钻孔遇到钢筋时,应避开钢筋,重新钻孔。

### 3.3.4 塑料胀管

塑料胀管系以聚乙烯、聚丙烯为原料制成,如图4-91所示。这种塑料胀管比膨胀螺栓的抗拉、抗剪能力要低,适用于静定荷载较小的材料。塑料胀管的常用规格见表4-12。塑料胀管的使用要求见表4-13。使用塑料胀管,当往胀管内拧入木螺钉时,应顺胀管导向

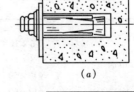
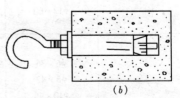

图4-89 膨胀螺栓
(a) 沉头式膨胀螺栓;(b) 吊钩式膨胀螺栓

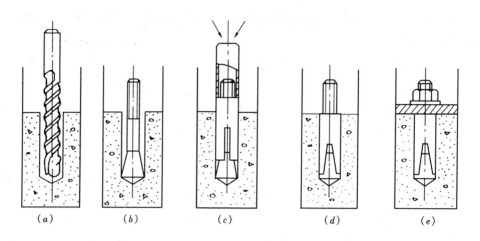

图 4-90 膨胀螺栓安装方法
(a) 钻孔；(b) 清除灰渣，放入螺栓；(c) 锤入套管；
(d) 套管胀开，上端与地坪齐；(e) 设备就位后，紧固螺母

槽拧入，不得倾斜拧入，以免损坏胀管。

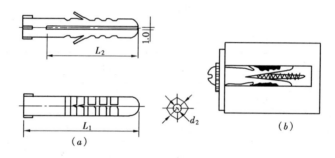

图 4-91 塑料胀管
(a) 塑料胀管外形图；(b) 塑料胀管安装示意图

塑料胀管规格表　　表 4-12

| 规　格 | 使　用　规　定 | | |
|---|---|---|---|
| 直径×长度（mm） | 钻孔直径（mm） | 钻孔深度（mm） | 适用螺钉直径（mm） |
| 甲型 $\phi 6\times 31$ | 6 | 36 | 3.4~4 |
| $\phi 8\times 48$ | 8 | 53 | 4~4.8 |
| $\phi 10\times 59$ | 10 | 64 | 4.5~5 |
| $\phi 12\times 60$ | 12 | 64 | 5.5~6.3 |
| 乙型 $\phi 6\times 36$ | 6 | 36 | 3.4~4 |
| $\phi 8\times 42$ | 8 | 53 | 4~4.8 |
| $\phi 10\times 46$ | 10 | 64 | 4.5~5 |
| $\phi 12\times 64$ | 12 | 65 | 5.5~6.3 |

塑料胀管使用要求　　　　　　　　　表 4-13

| 规　格<br>外径×长度（mm） | 钻　孔　直　径　规　定（mm） | | | 钻孔深度<br>（mm） |
|---|---|---|---|---|
| | 混凝土中钻孔 | 加气混凝土中钻孔 | 砖结构中钻孔 | |
| φ6×30<br>φ8×50<br>φ9×60<br>φ10×10<br>φ12×70 | 钻孔直径可与塑料胀管直径相同 | 钻孔直径应比塑料胀管直径小 0.5~1mm | 钻孔直径应比塑料胀管直径小 0.5~1mm | 钻孔深度应与塑料胀管长度相等或深 1~2mm |

## 3.4　绝　缘　材　料

电工绝缘材料一般分为有机绝缘材料和无机绝缘材料。有机绝缘材料有树脂、橡胶、塑料、棉纱、纸、麻、蚕丝、人造丝、石油等，多用于制造绝缘漆和绕组导线的被覆绝缘物。无机绝缘材料有云母、石棉、大理石、瓷器、玻璃和硫磺等，多用作电机和电器的绕组绝缘、开关的底板及绝缘子等。

### 3.4.1　绝缘油

绝缘油主要用来填充变压器、油开关、浸渍电容器和电缆等。绝缘油在变压器和油开关中，起着绝缘、散热和灭弧作用。在使用中常常受到水分、温度、金属、机械混杂物、光线及设备清洗的干净程度等外界因素的影响。这些因素会加速油的老化，使油的使用性能变坏，而影响设备的安全运行。

对浸渍电容器的电缆所用的油，要求和变压器油大致相同，但绝缘性能要求更高一些。

### 3.4.2　树脂

树脂是有机凝固性绝缘材料，它的种类很多，在电气设备中应用极广。电工常用树脂有虫胶（洋干漆）、酚醛树脂、环氧树脂、聚氯乙烯、松香等。

（1）环氧树脂

常见的环氧树脂是由二酚基丙烷与环氧丙烷在苛性钠溶液的作用下缩合而成。按分子量的大小分类，有低分子量和高分子量两种。电工用环氧树脂以低分子量为主。这种树脂收缩性小，黏附力强，防腐性能好，绝缘性能好，广泛用作电压、电流互感器和电缆接头的浇筑物。

目前国产环氧树脂有 E-51、E-44、E-42、E-35、E-20、E-14、E-12、E-06 等数种。前四种属于低分子量环氧树脂，后四种为高分子量环氧树脂。

（2）聚氯乙烯

它是热缩性合成树脂，性能较稳定，有较高的绝缘性能，耐酸、耐蚀，能抵抗大气、日光、潮湿的作用，可用作电缆和导线的绝缘层和保护层。还可以做成电气安装工种中常用的聚氯乙烯管和聚氯乙烯带等。

### 3.4.3　绝缘漆

按其用途分为浸渍漆、涂漆和胶合漆等。浸渍漆用来浸渍电机和电器的线圈，如沥青漆（黑凡立水）、清漆（清凡立水）和醇酸树脂漆（热硬漆）等。涂漆用来涂刷线圈和电机绕组的表面，如沥青晾干漆、灰磁漆和红磁漆等。胶合漆用于粘合各种物质，如沥青漆和环氧树脂等。

绝缘漆的稀释剂主要有汽油、煤油、酒精、苯、松节油等。不同的绝缘漆要正确地选择不同的稀释剂。

### 3.4.4 橡胶和橡皮

橡胶分天然橡胶和人造橡胶两种。它的特性是弹性大、不透气、不透水，且有良好的绝缘性能。但纯橡胶在加热和冷却时，都容易失去原有的性能，所以在实际应用中常把一定数量的硫磺和其他填料加在橡胶中，然后再经过特别的热处理，使橡胶能耐热和耐冷。这种经过处理的橡胶即称为橡皮。含硫磺25%～50%的橡皮叫硬橡皮，含硫磺2%～5%的橡皮叫软橡皮。软橡皮弹性大，有较高的耐湿性，所以广泛地用于电线和电缆的绝缘，以及制作橡皮包带、绝缘保护用具（手套、长统靴、橡皮毡等）。

人造橡胶是碳氢化合物的合成物。这种橡胶的耐磨性、耐热性、耐油性都比天然橡胶要好，但造价比天然橡胶高。目前，人造橡胶中耐油、耐腐蚀用的氯丁橡胶、丁腈橡胶和硅橡胶等都广泛应用在电气工程中，如丁腈耐油橡胶作为环氧树脂电缆头引出线的堵油密封层，硅橡胶用来制作电缆头附件等。

### 3.4.5 玻璃丝

电工用玻璃丝（布）是用无碱、铝硼酸盐的玻璃纤维所制成的。它的耐热性高、吸潮性小、柔软、抗拉强度高、绝缘性能好，因而用它制成许多种绝缘材料，如玻璃丝带、玻璃丝布、玻璃纤维管、玻璃丝胶木以及电线的编织层等。电缆接头中常用无碱玻璃丝带作为包扎材料，其机械强度好、吸水性小、绝缘强度高。

### 3.4.6 绝缘包带

又称绝缘包布。在电气安装工程中主要用于电线、电缆接头的绝缘。绝缘包带的种类很多，最常用的有如下几种：

(1) 黑胶布带

黑胶布带又称黑胶布。用于电线接头时作为包缠用绝缘材料。它是用干燥的棉布，涂上有黏性、耐湿性的绝缘剂制成。绝缘剂是用25%～40%绝缘胶和树脂、沥青漆等材料配制而成。棉布与绝缘剂的重量比为75%～80%与25%～20%。常用规格为：厚度0.45～0.5mm，宽度为20mm。

(2) 橡胶带

主要用于电线接头时包缠绝缘材料。有生橡胶带和混合橡胶带两种。其规格一般为宽度20mm，厚度0.1～1.0mm，每盘长度约为7.5～8m。

(3) 塑料绝缘带

采用聚氯乙烯和聚乙烯制成的绝缘胶粘带都称为塑料绝缘胶带。在聚氯乙烯和聚乙烯薄膜上涂敷胶粘剂，卷切而成。可以代替布绝缘胶带。也能作绝缘防腐密封保护层。一般可在-15～+60℃范围内使用。

### 3.4.7 电瓷

电瓷是用各种硅酸盐和氧化物的混合物制成的。电瓷的性质是在抗大气作用上有极大的稳定性，有很高的机械强度、绝缘性和耐热性，不易表面放电。电瓷主要用于制造各种绝缘子、绝缘套管、灯座、开关、插座和熔断器等。

## 实验一　电工基本操作实习

**一、实验目的**

通过本次操作实习，使同学们能够熟练掌握导线的基本连接方式。

**二、实验材料**

1. 常备电工手工工具。
2. BV1.5mm$^2$、BV2.5mm$^2$、多股铜芯 BV10mm$^2$ 导线若干。
3. 绝缘带。

**三、实习步骤及要求**

（一）单股导线直线连接、并接和十字分支连接。

1. 根据图 4-53、图 4-56 和图 4-60 所示方法进行操作。
2. 操作要求如下：
（1）接线方法正确；
（2）连接牢固整齐；
（3）绝缘恢复良好；
（4）安全操作。

（二）多股铜导线的直接绞接连接和分支绞接连接

1. 根据图 4-69 和图 4-70 所示方法进行操作。
2. 操作要求如下：
（1）接线方法正确；
（2）连接牢固整齐；
（3）绝缘恢复良好；
（4）安全操作。

## 实验二　常用电工仪表的使用练习

**一、实验目的**

1. 掌握电工常用仪表的使用方法及量程选择。
2. 练习电路的连接及基本操作技能。

**二、实验仪表及设备**

1. 单相交流电源（220V）及调压器一台。
2. 交流电流表一只（0～1A）。
3. 交流电压表一只（0～250V 或 0～500V）。
4. 万用表一只。
5. 可变电阻器、灯板及白炽灯泡各一只（220V、40W），电阻若干（阻值各异）。
6. 双刀开关一只。

**三、实验步骤**

1. 熟悉仪器设备的结构和使用方法，如调压器、滑动变阻器、万用表的接线及使用方法。

2. 根据实验所给定的电源电压值，电阻器的阻值及白炽灯泡的规格估算电路中通过的电流，以便选择电流表的量程范围。

3. 按照图4-92中接好电路，经指导教师检查无误后，将调压器的输出调节到零，方可接通电源。随后调节调压器，使输出电压逐渐增大。直到电流表读数为满量程的90%时，记下电流表读数，并用电压表测出可变电阻 $R$ 两端的电压降。按表4-14要求，继续测电流表读数为满量程的80%、70%时，电流表、电压表的读数，并将结果记入表4-14中。

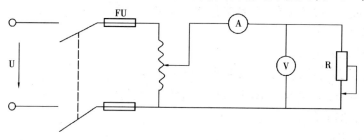

图4-92　实验电路

4. 将图4-92中的可变电阻器 $R$ 改换成白炽灯泡。将调压器的输出电压调节到220V、200V、180V 三种情况下分别读出电流表的读数，同时测出灯泡两端电压表的读数，将测量结果记入表4-15中。

5. 任取电阻四支，使用万用表逐一测量，将数据结果记入表4-16中。

测量与计算结果　　　　　　　　　　　表4-14

| 实验次数 | 测量结果 | | 计算结果 |
|---|---|---|---|
| | $I$ (A) | $U$ (V) | $R = U/I$ (Ω) |
| 电流表为满量程的90% | | | |
| 电流表为满量程的80% | | | |
| 电流表为满量程的70% | | | |

测量与计算结果　　　　　　　　　　　表4-15

| 实验次数 | 测量结果 | | 计算结果 |
|---|---|---|---|
| | $I$ (A) | $U$ (V) | 灯泡电阻 $R = U/I$ (Ω) |
| 调压器输出为220V | | | |
| 调压器输出为200V | | | |
| 调压器输出为180V | | | |

万用表测标称电阻的阻值记录　　　　　　表4-16

| 测量内容 | $R_1$ | $R_2$ | $R_3$ | $R_4$ |
|---|---|---|---|---|
| 电阻标称值 | | | | |
| 万用表量程 | | | | |
| 测量值 | | | | |

## 思考题与习题

1. 常用的电工工具和钳工工具有哪些？
2. 低压测电笔有什么用途？
3. 使用喷灯时应注意什么？
4. 冲击电钻和电锤有什么不同？
5. 丝锥在使用上有什么要求？
6. 如何正确使用电流表和电压表？使用时应注意哪些事项？
7. 万用表在使用时应注意哪些事项？
8. 如何正确使用兆欧表？使用时应注意哪些事项？
9. 如何正确使用转速表？使用时应注意哪些事项？
10. 绝缘导线连接的基本要求是什么？
11. 导线并接连接有哪些方法？
12. 导线分支连接和并接连接采用压接法时，应如何进行压接？
13. 铜导线的连接后进行焊锡的目的是什么？
14. 导线压接法有哪些方法？
15. 膨胀螺栓和塑料胀管使用上分别有什么要求？

# 单元5 建筑防雷与安全用电

**知 识 点**：安全用电知识、低压配电系统接地、防雷装置。
**教学目标**：
(1) 了解雷电的危害性及防雷措施；掌握防雷平面图识图。
(2) 了解触电的方式；了解安全用电常识。
(3) 了解漏电保护器的工作原理及其在电路中的作用。
(4) 了解低压配电系统的接地形式。

## 课题1 建 筑 防 雷

雷电是一种常见的自然现象，当建筑物遭到雷击时，建筑物及其内部设备有可能受到严重破坏，甚至引起火灾或爆炸。因此，采取适当的防雷保护措施使建筑物免遭雷击，以保护人身安全和设备不受损失，具有重要的意义。

### 1.1 雷电的形成及危害

1.1.1 雷电的形成

当地面上的湿热空气上升后，在高空逐渐冷却，凝结成水滴，这些水滴在空中逐渐聚集起来，形成云层。云在运动过程中受到高空气流的强烈撞击和摩擦作用，形成了带有正电荷或负电荷的两部分雷云。随着雷云中的电荷越集越多，带有不同电荷的雷云之间形成了强大的电场。另外，由于接近地面的雷云的静电感应作用，附近地面或建筑物便感应出与其极性相反的电荷，使地面或建筑物与雷云之间也形成强大的电场。当电场强度达到足够大时，雷云附近的空气被击穿电离，开始放电。闪电便是放电时产生的强烈的光，放电时产生大量的热量使空气急剧膨胀而产生的爆炸声，就是通常所说的雷声。

1.1.2 雷电的危害

(1) 直击雷

直击雷就是雷云直接通过建筑物或地面设备对地放电的过程。强大的雷电流通过建筑物产生大量的热量，对建筑物造成劈裂等破坏作用，还能产生过电压破坏绝缘、产生火花、引起燃烧和爆炸等。其后果在雷电危害三种方式中最为严重。

(2) 雷电感应

雷电感应是附近有雷云或落雷所引起的电磁作用的结果，分为静电感应和电磁感应两种。静电感应是由于雷云靠近建筑物，使建筑物顶部由于静电感应积聚起极性相反的电荷，雷云对地放电后，这些电荷来不及流散大地，因而形成很高的对地电位，能在建筑物内部引起火花；电磁感应是当雷电流通过金属导体流散大地时，形成迅速变体的强大磁场，能在附近的金属导体内感应出电势，而在导体回路的缺口处引起火花，发生火灾。

（3）雷电波侵入

架空线路或金属管道在直接受到雷击或因附近落雷会感应出过电压，如果在中途不能使大量电荷导入大地，就会侵入建筑物内，破坏建筑物和电气设备。

### 1.1.3 建筑物屋面易受雷击的部位

建筑物屋面易受雷击的部位是与屋面的坡度有关的，凡是凸出的尖角部位都易受雷击。不同屋顶坡度（0°、15°、30°、45°）建筑物的雷击部位，如图 5-1 所示。

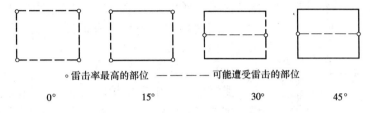

图 5-1 不同屋顶坡度建筑物的雷击部位

从图中看出，屋角与檐角的雷击率最高。屋顶的坡度越大，屋脊的雷击率也越高。当坡度大于 45°时，屋檐一般不会遭到雷击。当屋面坡度小于 27°，长度小于 30m 时，雷击点大多发生在山墙上，而屋檐一般不会遭受雷击。另处，屋面遭受雷击的几率很小。

## 1.2 建筑物防雷分类

建筑物防雷分类是根据建筑物的重要性、使用性质、发生雷击事故的可能性以及影响后果等来划分的。在建筑电气设计中，把民用建筑按照防雷等级分为三类。

### 1.2.1 第一类防雷民用建筑物

（1）具有特别重要用途和重大政治意义的建筑物，如国家级会堂、办公机关建筑；大型体育馆、展览馆建筑；特等火车站；国际性的航空港、通信枢纽；国宾馆、大型旅游建筑等。

（2）国家级重点文物保护的建筑物。

（3）超高层建筑物。

### 1.2.2 第二类防雷民用建筑物

（1）重要或人员密集的大型建筑物，如省、部级办公楼；省级的大型的体育馆、博览馆；交通、通信、广播设施；商业大厦、影剧院等。

（2）省级重点文物保护的建筑物。

（3）19 层及以上的住宅建筑和高度超过 50m 的其他民用建筑。

### 1.2.3 第三类防雷民用建筑物

（1）建筑群中高于其他建筑物或处于边缘地带的高度为 20m 以上的建筑物，在雷电活动频繁地区高度为 15m 的建筑物。

（2）高度超过 15m 的烟囱、水塔等孤立建筑物。

（3）历史上雷电事故严重地区的建筑物或雷电事故较多地区的重要建筑物。

（4）建筑物年计算雷击次数达到几次以上的民用建筑。

因第三类防雷建筑物种类较多，规定也比较灵活，应结合当地气象、地形、地质及周围环境等因素确定。

## 1.3 防雷装置

防雷装置是将雷云电荷或建筑物感应电荷迅速引入大地,以保护建筑物、电气设备及人身不受损害。防雷装置主要由接闪器、引下线和接地装置等组成,如图5-2所示。

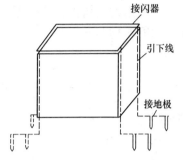

图5-2 防雷装置组成示意图

### 1.3.1 接闪器

接闪器是用来接收电荷的装置,一般安装在建筑物的最高处,使以它为中心的伞形范围内的建筑物得到保护。接闪器的主要类型有避雷针、避雷线、避雷带、避雷网、避雷器等。

(1) 避雷针

避雷针一般用来保护露天设备(如变电所设备、水塔、烟囱等)及建筑物,通常采用镀锌圆钢或镀锌钢管制成。当避雷针长度在1m以下时,圆钢直径不小于20mm;针长在1~2m时,圆钢直径不小于16mm;钢管直径不小于25mm;烟囱顶上的避雷针,圆钢直径不小于20mm,钢管直径不小于40mm。

(2) 避雷带

避雷带一般装设在屋脊、屋檐、女儿墙及突出屋面的水箱等易受雷击的部位。根据有关规范要求,应采用镀锌圆钢或镀锌扁钢制成。圆钢直径不应小于8mm,扁钢截面不应小于48mm$^2$,其厚度不小于4mm。目前,屋面上避雷带多采用–25mm×4mm的镀锌扁钢或$\phi 8$~$\phi 10$的镀锌圆钢。

女儿墙上敷设的避雷带,支持避雷带的支架,直线段间距为1m,转弯处为0.3m,避雷带一般高出女儿墙150mm。在屋面上明装的避雷带,一般用混凝土支座作为支架,支座间距为1.5m。平屋顶上所有凸起的金属构筑物及金属管道,均应与避雷带连接,避雷带示意图如图5-3所示。

(3) 避雷网

对于重要的建筑物,除了设置避雷带外,还应装设避雷网。一般将网格不大于10m的避雷网装于建筑物的屋面上,这是一种较全面的保护。避雷网可以明装,也可以暗装,所用材料与避雷带相同。图5-4为高层建筑的笼式避雷网。

(4) 避雷线

避雷线一般采用截面不小于35mm$^2$的镀锌钢绞线,架设在架空线路上方,用来保护架空线路避免遭雷击。

(5) 避雷器

避雷器用来防止雷电波沿线路侵入建筑物内,以免电气设备损坏。常用避雷器的类型有阀式避雷器和管式避雷器等。阀型避雷器的安装如图5-5所示。

《建筑电气工程施工质量验收规范》(GB 50303—2002)中要求:建筑物顶部的避雷针、避雷带等必须与顶部外露的其他金属物体连接成一个整体的电气通路,且与避雷引下线可靠连接。

### 1.3.2 引下线

引下线的作用是将接闪器上的雷电流迅速地引到接地装置中去,且与接闪器和接地装

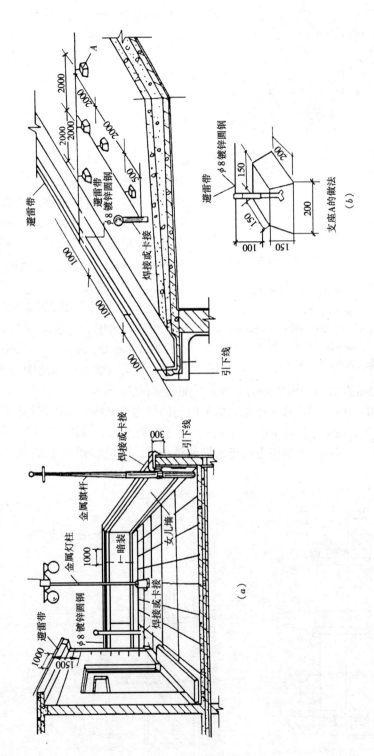

图 5-3 建筑物的避雷带
(a) 有女儿墙平顶屋顶的避雷带；(b) 无女儿墙平顶屋顶的避雷带

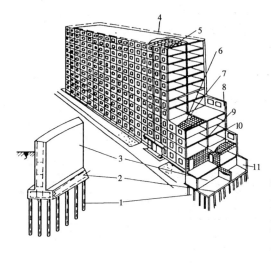

图5-4 高层建筑的笼式避雷网
1—基柱；2—承台梁；3—内横墙板；4—周圈式避雷带；
5—屋面板钢筋；6—各层楼板钢筋；7—内纵墙板；
8—外墙板；9—内墙板连接节点；10—内外墙板
钢筋连接点；11—地下室

置可靠连接。引下线通常用镀锌圆钢或镀锌扁钢制成。圆钢直径不小于8mm，扁钢截面积不小于48mm²，厚度不小于4mm。

引下线有明敷设和暗敷设两种。明敷设引下线应平直、无急弯，与支架焊接处油漆防腐，且无遗漏。明敷设引下线的支持件间距应均匀，水平直线部分0.5～1.5m，垂直部分1.5～3m，弯曲部分为0.3～0.5m，与墙面的距离应为15～20mm。目前明敷设的引下线一般采用25mm×4mm的镀锌扁钢。暗敷设的扁钢应加大一级，即采用40mm×4mm的镀锌扁钢。若用圆钢作引下线，暗敷设时直径不小于10mm，一般用φ12圆钢。图5-6为引下线明敷设做法。

建筑物上至少要设置2根引下线，且引下线应短而直，以便沿最短路径接地。在距地1.8m处，应做测量接地电阻用的断接卡子，断接卡子示意图如图5-7（a）所示。在距地1.5m左右易受损伤的引下线，应加套管保护。

在高层建筑中，往往利用柱头或剪力墙中的钢筋作为引下线。一般在每相柱头中，选用两根直径不小于12mm的主钢筋作为引下线。上下钢筋连接处应可靠焊接，焊接长度不小于6倍的直径或100mm。钢筋引下线可不做断接卡子，但应在距地1.8m处引出接地电

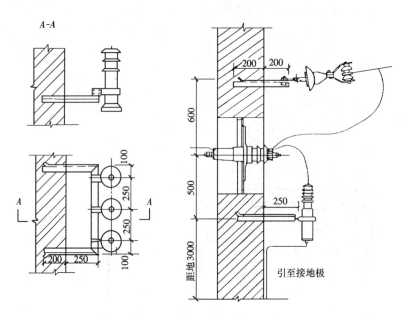

图5-5 阀型避雷器在墙上安装及接线

阻测试点，如图5-7（b）所示。

通常在建筑物四角用一块100mm×100mm×5mm的预埋钢板与引下线焊接固定。当设计未作规定时，一幢建筑物测试点不得少于两处。在高级装饰墙面中，测试点宜暗敷设在专用盒内，暗设断接卡子盒示意图，如图5-8所示。

另外，建筑物的消防梯、钢柱等金属构件，也可作为引下线，但其各部件之间均应可靠连接，组成良好的电气通路。

### 1.3.3 接地装置

接地装置可以迅速使雷电流在大地中散流，接地装置包括接地极和接地母线。

（1）接地极

接地极一般采用镀锌角钢、钢管或圆钢。角钢厚度不小于4mm，一般采用

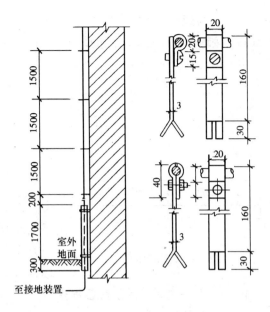

图5-6 引下线明敷设做法

40mm×40mm×4mm或以上的镀锌角钢。镀锌钢管的管壁最小厚度为3.5mm，一般采用

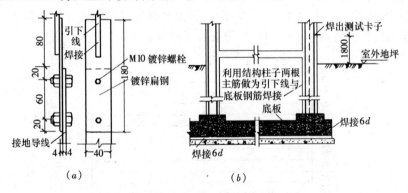

图5-7 断接卡子示意图

（a）沿墙明敷设引下线断接卡子；（b）高层建筑暗埋引下线的断接卡子

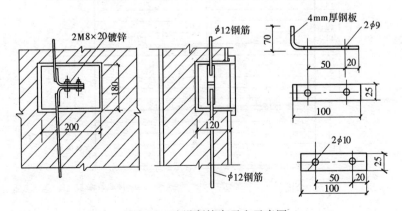

图5-8 暗设断接卡子盒示意图

φ40及以上的规格。镀锌圆钢直径最小规格为φ10,一般用φ20。接地极的长度一般为2.5mm,接地极与接地极之间的距离为5m。接地极在敷设时应垂直打入地下,顶埋深不小于0.6m,如图5-9所示。

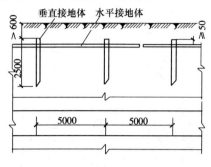

图5-9 接地极示意图

(2)接地母线

接地母线一般采用镀锌圆钢或扁钢,圆钢直径最小规格为10mm,一般为φ20镀锌圆钢,扁钢规格为-40mm×4mm,埋地深度不应小于0.6m。

## 1.4 建筑物的防雷措施

雷击的种类有三种,即直接雷击、感应雷击和雷电波侵入。因此,对一、二类的民用建筑应从这三方面来考虑防雷保护,对三类民用建筑物主要考虑直击雷和防雷电波侵入的措施。

### 1.4.1 第一类民用建筑防雷措施

(1)防止直击雷措施

1)屋面装设避雷带或避雷网。避雷带尺寸不大于10m×10m。避雷网有明敷设和暗敷设两种。如图5-4所示。如果是上人的屋顶,可敷设在顶板内5cm处;不上人的屋顶,可敷设在顶板15cm处。突出屋面部分,应沿着其顶部装设避雷针或环状避雷带。若突出屋面部分为金属物体,可以不装,但应与屋面避雷网可靠连接。当有三条及以上平行避雷带

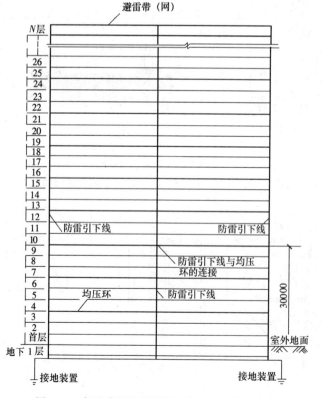

图5-10 高层建筑物避雷带、均压环连接示意图

时，每隔不大于24m处需要相互连接。

高层建筑从首层起，每三层沿建筑物周围装设均压环。均压环可利用结构圈梁水平钢筋或扁钢构成。所有引下线、建筑物内的金属结构和金属物体等应与均压环可靠连接。为防侧击雷，自30m以上，每隔三层沿建筑物四周敷设一条25mm×4mm的扁钢作为水平避雷带，并与引下线可靠连接。30m及以上外墙上的栏杆、门窗等较大金属物，应与防雷装置相连接，如图5-10所示。

2) 防雷引下线。防雷引下线不应少于2根，并应沿建筑物四周均匀或对称布置，其间距不应大于18m。

3) 接地装置。接地装置应围绕建筑物敷设成一个闭合回路。冲击接地电阻不应大于10Ω，并应和电气设备接地装置及所有进入建筑物的金属管道相连，此接地装置可作防雷电感应之用。

(2) 防雷电感应的措施

1) 防静电感应的措施。为了防止静电感应产生火花，建筑物内较大的金属物（如设备、管道、构架、电缆外皮、钢屋梁、铝窗等）均应与接地装置可靠连接，使因感应而产生的静电荷流散入大地，避免静电感应过电压的产生。

2) 防电磁感应的措施。为了防止电磁感应产生火花，平行敷设的金属管道、金属构架和电缆金属外皮等互相靠近的金属物体，其净距小于100mm时，应采用金属线跨接，跨接点的间距不应大于30m。交叉净距小于100mm时，其交叉处亦应跨接。

3) 防雷电感应的接地电阻。防雷电感应的接地装置的工频接地电阻不应大于10Ω。

(3) 防雷电波侵入的措施

低压线路宜全线采用电缆直埋敷设。在入户端应将其外皮、钢管接到防雷电感应的接地装置上。当全线采用电缆有困难时，在入户端一段可用铠装电缆引入，埋地长度不应小于15m。在电缆与架空线连接处，应装设阀型避雷器。避雷器、电缆金属外皮和绝缘子铁脚应连接在一起接地，其冲击接地电阻应小于10Ω。

进入建筑物的埋地金属管道及电气设备的接地装置，应在入户处与防雷接地装置连接。建筑物内的电气线路采用钢管配线。垂直敷设的电气线路，在适当部位装设带电部分与金属外壳间的击穿保护装置。垂直敷设的主干金属管道，尽量设在建筑物内的中部和屏蔽的竖井中。

### 1.4.2 第二类防雷建筑的防雷措施

(1) 防直击雷的措施

1) 在屋顶的屋脊、屋檐、屋角、女儿墙等易受雷击部位装设环形避雷带，屋面上任何一点距避雷带不应大于10m。当有三条及以上平行避雷带时，每隔不大于30m处需要相互连接一次。若采用避雷带与避雷针混合组成的接闪器，所有避雷针应采用避雷带相互连接。当采用避雷网保护时，网格不大于15m×15m。

2) 防雷引下线不少于2根，其间距不宜大于20m。当仅利用建筑物钢筋混凝土中的钢筋作为防雷引下线时，可按跨度设置引下线，但引下线的平均间距不应大于20m，且建筑物外廊各个角上的钢筋应被利用。

3) 防直击雷和防雷电感应宜共用接地装置，冲击接地电阻不应大于10Ω，并与电气设备等接地共用同一接地装置，并宜与埋地金属管道相连。

在共用接地装置与埋地金属管道相连情况下，接地装置宜围绕建筑物敷设成环形接地体。

高层建筑中，防侧击雷的均压环、避雷带的要求与一类防雷相同。

(2) 防雷电感应的措施

1) 建筑物内的设备、管道、桥架等主要金属物，应就近接到防雷接地装置或电气设备的保护接地装置上。

2) 平行敷设的管道、桥架和电缆金属外皮等长金属物的要求与一类防雷电感应措施相同。

(3) 防雷电波侵入的措施

1) 当低压线路全长采用埋地电缆或架空金属线槽内的电缆引入接地，在入户处应将电缆金属外皮、金属线槽接地，并与防雷接地装置相连。

2) 低压架空线应采用一段不小于15m的金属铠装电缆或护套电缆穿钢管直接埋地引入。电缆与架空线连接处应装设避雷器。避雷器、电缆金属外皮和绝缘子铁脚应连接在一起接地，其冲击接地电阻应小于10Ω。

3) 进出建筑物的各种金属管道及电气设备的接地装置应在进出户处与防雷接地装置连接。

### 1.4.3 第三类建筑防雷措施

(1) 防直击雷

1) 在易受雷击部位装设避雷带或避雷针。当采用避雷带时，屋面上任何一点距离避雷带不应大于10m。当在三条及以上平行避雷带时，每隔30~40m处需要相互连接。平屋面的宽度不大于20m时，可仅沿周边敷设一圈避雷带。

2) 引下线不应少于2根，其间距不应大于25m。

3) 接地装置的冲击电阻不应大于10Ω，并应与电气设备接地装置及埋地金属管道相连接。

(2) 防雷电波侵入

1) 对低压架空进出线，应在进出处装设避雷器并与绝缘子铁脚连接在一起，接到电气设备的接地装置上。

2) 进出建筑物的各种金属管道应在进出处与防雷接地装置连接。另外，高层建筑的屋顶及侧壁的航空障碍灯，其灯具的全部金属体和建筑物的钢骨架在电气上可靠连接，保持通路。高层建筑的水管进口部位应与钢骨架或主要钢筋连接。水管竖到屋顶时，进口要和屋顶的防雷装置连接。

## 课题2 触电与急救知识

建筑工地上的起重机械，水泥搅拌机，施工现场临时照明等设备，都离不开用电。为了安全生产，施工人员必须了解安全用电知识，遵守操作规程，并对电气设备定期检查和维护，派专人管理。应采取必要的防护措施，防止发生因触电造成人身伤亡等事故，给工程建设带来重大的经济损失。因此，学习掌握安全用电的知识，正确合理地使用电气设备对安全生产具有重大的意义。

## 2.1 触电的形式和对人体的危害

### 2.1.1 电流对人体的危害

通过了解电流对人体作用的规律可定量地分析触电事故，并且根据规律性，科学地评价采取的预防触电措施和设施是否完善，科学地评定电器产品是否合格等。

小电流通过人体时，会引起麻感、针刺感、压迫感、痉挛、疼痛、呼吸困难、血压异常、心律不齐、窒息、心室颤动等症状。数安培以上的电流通过人体时，还可能导致严重的烧伤。

在一定概率下，通过人体引起的轻微感觉的最小电流称为感知电流。概率为50%时，成年男子平均感知电流约为1.1mA，成年女子约为0.7mA。当通过人体的电流超过感知电流时，肌肉收缩增加，刺痛感觉增强，感觉部位扩展。当电流增大到一定程度时，由于中枢神经反射和肌肉收缩、痉挛，触电者将不能自行摆脱带电体。人体触电后能自行摆脱带电体的最大电流称为摆脱电流。

通过人体引起心室发生纤维性颤动的最小电流称为室颤电流。电击致死的原因是比较复杂的，例如在高压触电事故中，可能因为强电弧或大电流导致的烧伤使人致命；低压触电事故中，可能因为心室颤动，或者因为窒息时间过长使人致命。一旦发生心室颤动，数分钟内即可导致死亡。因此，在小电流的作用下，电击致命的主要原因是电流引起心室颤动，故可以认为室颤电流是短时间作用下的最小致命电流。

### 2.1.2 安全电压

当人体接触到输电线或电气设备的带电部分时，电流就会流过人体，造成触电。一般来讲，人体允许电流可按摆脱电流来考虑。在工频50Hz下，10mA以下的电流对人体还是安全的，在装有防止电击的速断装置的场合，人体允许电流可按30mA左右考虑。交流电压50V及以上，50~100mA的交流电流就有可能使人猝然死亡。流过人体的电流大小与触电的电压及人体的电阻有关。大量的测试数据表明，人体的平均电阻在1000Ω以上，在潮湿的环境中，人体的电阻更低。根据这个平均数据，国际电工委员会规定了长期保持接触的电压最大值，对于15~100Hz的交流电，在正常环境下，该电压为50V。根据工作场所和环境条件的不同，我国规定安全电压的标准有42V、36V、24V、12V和6V等规格。一般用36V，在潮湿的环境下，选用24V。在特别危险的环境下，如人浸在水中工作等情况下，应选用更安全的电压，一般为12V。

### 2.1.3 触电事故的原因和规律性

(1) 触电事故的原因

无高度触电危险的建筑物是指干燥温暖、无导电粉尘的建筑物，如仪表装配大楼、实验室、纺织车间、陶瓷车间、住宅和公共场所等。

有高度触电危险的建筑物是指潮湿炎热、高温和有导电粉尘的建筑物。潮湿的建筑工地往往存在高度触电的危险。

有特别触电危险的建筑物指非常潮湿、有腐蚀性气体、煤尘或游离性气体的建筑物。如铸造车间、锅炉房、酸洗和电镀车间、化工车间等。地下施工工地（包括隧道）属于有特别触电危险建筑物的范畴。

(2) 触电的规律性

1）触电人群的规律：文化水平较低、中年人、直接用电操作者等触电机率多。

2）触电场所的规律：农村多于城市。触电事故的发生农村是城市的6倍，主要原因是农村的用电条件差，群众盲目用电缺乏安全用电知识，技术人员水平较低且管理不严。建设工程施工现场触电事故多，主要原因是移动式设备多、电动工具多、施工条件环境潮湿、施工期间持续高温，施工人员文化水平参差不齐，管理难度大。

3）触电天气的规律：有明显的季节性，触电事故大多发生在6~9月份。在此期间，由于天气潮湿，电气设备的绝缘性差；加之人体多汗，人体电阻大大降低；而且天气炎热，操作人员的防护意识差，农村临时用电不断增加等原因，导致触电事故较多。恶劣天气也是造成触电事故多的原因之一，如打雷、狂风、暴雨天气等。

4）触电自身的规律：低压触电多于高压触电，低压触电占触电事故总数的90%以上。主要因为低压电网比高压电网的覆盖面广，用电设备多，关联的人多；相对来说人们对高压的警惕性较高，防护措施较严密。低压触电电流超过摆脱电流后，触电者已不能摆脱，而高压触电大多属于电弧触电，当触电者还没有触及导体时电弧已经形成，只要电弧不是很强烈，触电者能够自行摆脱。单相触电高于两相及三相触电，单相触电占触电事故总数的70%以上。

5）触电部位的规律：事故多发生在电气连接部分，如分支线、接户线、地爬线、接线端子、压接头、焊接头、灯头、插头、插座、熔断器、接触器等。

6）触电设备的规律：移动式电气设备和手持电动工具触电事故多，主要原因是使用环境恶劣、经常拆线接线、绝缘易磨损等；"带病工作"的设备和线路事故多；假冒伪劣产品和工程事故多。

7）触电原因多样性规律：90%以上的触电事故至少有两个以上原因。

8）触电心理规律：不少人认为即使违反安全用电的规定也无关紧要，并不一定会发生事故，往往抱有侥幸心理，明知故犯，一旦发生事故懊悔不已。

9）触电事故与安全管理关系的规律：绝大多数触电事故都是因为违反了有关规范、标准、规程和制度造成的。用电安全管理混乱必然会导致触电事故，不发生只是偶然的。

## 2.2 触电的种类与触电方式

### 2.2.1 触电的种类

按照触电事故的性质，触电事故可分为电击和电伤。

（1）电击触电

电击是电流对人体内部组织的伤害，是最危险的一种伤害，绝大部分的触电死亡事故都是由电击造成的。电击的主要特征有伤害人体内部、在人体的外表没有显著的痕迹以及致命电流小等。

（2）电伤

电伤是由电流的热效应、化学效应、机械效应等对人体造成的伤害。触电伤亡事故中，大约85%以上的触电死亡事故是电击造成的，但其中大约70%的触电事故含有电伤成分。对专业电工自身的安全而言，预防电伤具有更加重要的意义。

### 2.2.2 触电方式

（1）单相触电

在我国三相四线制低压供电系统中，电源变压器低压侧的中性点一般都有良好的工作接地，接地电阻 $R_o$ 小于或等于 $4\Omega$。因此，人站在地上，只要触及三相电源中的任何一根相线，就会造成单相触电，如图 5-11 所示。这时，人体处于电源的相电压下，电流将从人的手经过身体及大地回到电源的中性点。其电流为

$$I = \frac{U_P}{R_o + R_R} = \frac{220}{4 + 1000} = 0.22\text{A} = 220\text{mA}$$

式中，$U_P$ 是电源相电压；$R_R$ 为人体电阻（以 $1000\Omega$ 计算）；$R_o$ 为三相电源中性点接地电阻。

这个电流对人体是十分危险的。在图 5-11 中，如果人穿着绝缘性能良好的鞋子或站在绝缘良好的地板上，则回路电阻增大，电流减小，危险性也就相应减小。

电机等电气设备的外壳或电子设备的外壳，在正常情况下是不带电的。但如果电机绕组的绝缘损坏，外壳也会带电。因此当人体触及带电的外壳时，相当于单相触电，这是常见的触电事故，所以电气设备的外壳应采用接地等保护措施。

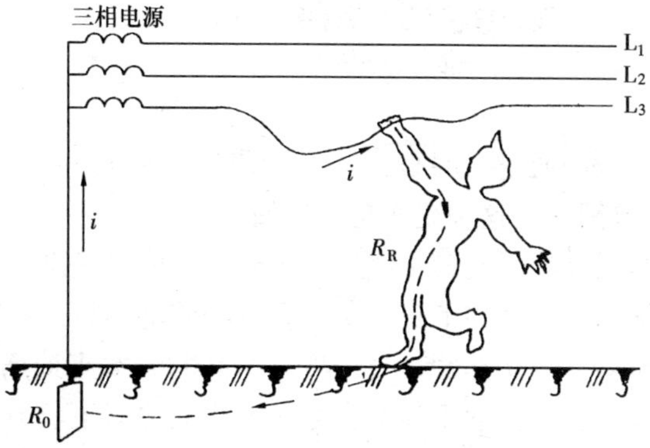

（2）两相触电

图 5-12 所示为两相触电。虽然人体与地有良好的绝缘，但因人同时和两根相线接触，人体处于电源线电压下，并且电流大部分通过心脏，故其后果十分严重。

图 5-11 单相触电

（3）跨步电压和接触电压触电

当电气设备发生接地故障时，接地电流通过接地体向大地流散，从而在地面上形成高低不同的电位分布。这时，如有人在接地短路点周围行走，其两脚之间所承受的电位之差，称为跨步电压。人的两脚间的跨距一般按 0.8m 考虑。跨步电压的大小决定于人体与接地点的距离。距离接地点越远，跨步电压值越小；距离越近，则跨步电压值越大。当人的一只脚踏在接地点上时，其跨步电压数值将达到最大值。

接触电压是指人站在发生接地故障的设备旁边时，其手、脚之间所承受的电压。一般所指的接触电压是指人站在距发生接地故障设备的水平方向 0.8m 处，人的手触及接地设备外壳距地面 1.8m 高处时，人

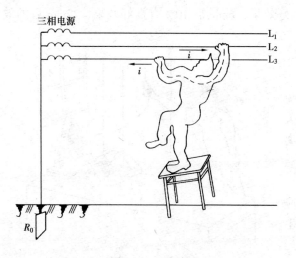

图 5-12 两相触电

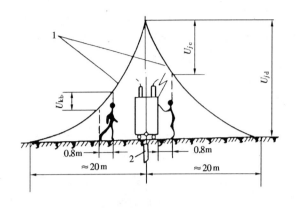

图 5-13 接触电压和跨步电压示意图
1—电位分布曲线；2—接地体

的手与脚两点之间的电位差。

接触电压的大小，随人体站立的位置而不同，人体距接地点越远，接触电压越大。如人体站立在距接地体 20m 处，且手能与带电设备的外壳接触时，接触电压将达到最大值，即等于带电设备的对地电压。当人体站在接地点与带电设备外壳接触时，接触电压为零。接地线与带电设备外壳等电位，如图 5-13 所示。图中 $U_{kb}$ 为跨步电压，$U_{jc}$ 为接触电压，$U_{jd}$ 为对地电压。

【例 5-1】 "出现跨步电压电击时，电流从人体的一只脚流至另一只脚，电流并没有通过人的心脏，所以对人没有危险。"这种说法对吗？

【解】 这种说法是错误的。

当人体受到跨步电压作用时，人体虽然没有直接接触带电导体，也没有放弧现象，但电流沿着人体的下身，从一只脚经胯部到另一只脚与大地形成通路。当电压低时，人的双脚发麻，甚至摔倒；当跨步电压高时，双脚抽筋，可能立即跌倒在地。跌倒后，由于人的头与脚之间的距离大，加在人体上的电压增高，电流随这增大，而且有较大可能使电流通过人体的重要器官，如从头到手或脚。经验证明，在跨步电压电击使人倒地后，即使电压只持续 2s 的时间，对人也是有致命危险的。

## 2.3 触电急救与安全用电措施

### 2.3.1 触电急救

如果一旦发生触电事故，触电急救工作要做到镇静、迅速、方法得当（触电的情况不同，急救的措施也不完全相同），切不可惊慌，必须争分夺秒进行急救，时间就是生命。据统计，触电 1min 后开始急救 90% 有良好效果，6min 后 10% 有良好效果，12min 后的效果微乎其微。具体的急救方法如下：

（1）迅速使人体脱离电源，方法有拉闸、拔插头、切断电线（应使用有绝缘手柄的工具，一次只能切断一根导线，以免短路电弧伤人），用绝缘工具将电线与人体分离开。图 5-14、图 5-15 为使人体脱离电源的方法。

（2）触电者脱离电源后的处置方法

触电者脱离电源后，如神志清醒，应先让其安静休息，不要走动，然后请医生或送医院诊治。如触电者已经昏迷，应先让其仰卧，解开衣扣、衣领、腰带，细心

图 5-14 断开开关或拔掉插头

判断是否有呼吸和心跳，观察胸部、腹部是否有起伏，把手放在鼻孔处是否感到有气流。判断心跳的方法是用手摸颈部或腹股沟处的大动脉，或把耳朵放在左胸区。如呼吸停止应立即进行人工呼吸；如心跳停止应同时进行胸外心脏挤压。有两人在场时，一个负责人工呼吸，另一人负责心脏挤压。只有一人在场时应交替进行人工呼吸和胸外心脏挤压，每次吹气2~3次，挤压10~15次。在进行上述抢救工作的同时，应尽快请医生或送医院。采用人工呼吸或心脏挤压一时收不到效果要坚持不懈，不要半途而废，即使在送医院的途中也不要停止抢救。经人工呼吸、胸挤压抢救脱险的触电者为数已经不少，事实证明该方法是有效的。图5-16为看、听试的操作方法示意图；图5-17为胸外挤压法操作过程；图5-18为人工呼吸法操作过程。

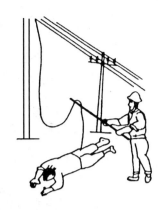

图5-15 挑、拉带电导线

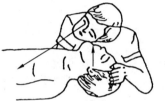 

图5-16 看、听、试操作方法示意图

#### 2.3.2 安全用电措施

(1) 直击电击的防护措施

电击分为直接电击和间接电击。对于直接电击，可采取以下防护措施：

1) 绝缘：即用绝缘防止接触带电体。应当注意单独用涂漆、漆包等类似的绝缘来防止触电是不符合要求的。

2) 屏护：即用屏障和围栏防止接触带电体。屏障或围栏除能防止无意接触带电体外，还应使人意识到超越屏障或围栏会发生危险而不会有意接触带电体。

3) 障碍：即设置障碍以防止无意接触或接近带电体，但不能防止有意绕过障碍去接触带电体。

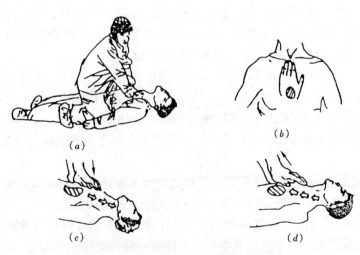

图5-17 胸外心脏挤压法操作过程
(a) 跨跪腰间；(b) 正确压点；(c) 向下挤压；(d) 突然放松

155

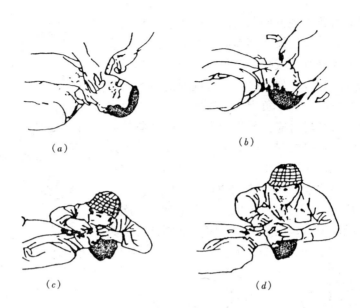

图 5-18 口对口人工呼吸法操作过程

(a) 清理口腔防阻塞；(b) 鼻孔朝天头后仰；(c) 捏鼻子、大口吹气；(d) 放松鼻孔，自身呼气

4）漏电保护装置：漏电保护又叫残余电流保护或接地故障电流保护。漏电保护只用做附加保护，不能单独使用，动作电流不宜超过 30mA。

5）间隔：即保持间隔以防止无意接触带电体。凡易于接近的带电体，应保持在手臂以外的范围。正常使用长杆工具时可加大间隔。

6）安全电压：即根据不同工作场所的特点，采用相应等级的安全电压。我国安全电压采用 42V 和 6V，前者多用于触电危险性大的场合，后者用于有高度触电危险的场合。

(2) 间接触电的防护措施

1）自动断开电源：该措施是根据低压配电网的运行方式和安全需要，采用适当的自动化元件和连接方法，当发生故障时能在规定时间内自动断开电源，防止接触带电压的危险。对于不同的配电网，可根据其特点分别取过电流保护（包括接零保护）、漏电保护、故障电压保护（包括接地保护）、绝缘监视等保护措施。

2）加强绝缘：该措施是采用双重绝缘或加强绝缘的电气设备，或者采用有共同绝缘的组合电气设备，防止工作绝缘损坏后，避免在易接近部分出现危险的对地电压。

3）不导电环境：该措施是防止工作绝缘损坏时人体同时接触两点不同的电位。当所在环境的墙和地板均为绝缘体，且可能同时出现两点不同电位的距离超过 2m 时，可满足这种保护条件。

4）等电位环境：该措施是把所有容易接近的裸露导体（包括设备以外的裸露导体）互相连接起来，使连接处的电位均为等电位，以防止危险的接触电压。

5）电气隔离：该措施是采用隔离变压器或有同等隔离能力的发电机供电，以实现电气隔离，防止裸露导体故障带时造成电击。被隔离回路的电压不应超过 500V，其带电部分不能同其他电气回路或大地相连，以保证隔离要求。

6）安全电压：与防止直接电击的安全电压相同。

# 课题3　低压配电系统的接地与接零保护

## 3.1　低压配电系统的接地形式和分类

在日常生活和工作中难免会发生触电事故。用电时人体与用电设备的金属结构相接触，如果电气装置的绝缘损坏，导致金属外壳带电，或者由于其他意外事故，使金属外壳带电，则会发生人身触电事故。为了保证人身安全和电气系统、电气设备的正常工作需要，采取保护措施是非常有必要的，最常用的保护措施就是保护接零和保护接地。根据电气设备接地不同的作用，国际电工委员会规定：低压配电系统接地形式分为 TT 系统、IT 系统和 TN 系统三种类型。

### 3.1.1　文字代号的意义

低压配电系统的接地代号的意义为：第一个字母表示电源侧接地状态：如 T 表示电源端有一点直接接地，一般是电源的中性点接地；I 表示电源不接地或有一点通过高阻抗接地。第二个字母表示负载侧接地状态：如 T 表示外露可导电部分直接接地，与电源的接地形式无关，彼此相互独立；N 表示外露可导电部分直接与电源接地点连接或与该点引出的导线连接。

### 3.1.2　TN 系统的组成

低压电源有一点（通过配电变压器的中性点）直接接地，电气设备的外露可导电部分（如金属外壳）通过保护线与该接地点相连，这种接地方式称为 TN 系统。

TN 系统根据中性线（N）与保护线（PE）的组合情况，又可以分为 TN—C、TN—S、TN—C—S 三种。TN 的后续字母 C 表示中性线（N）与保护线（PE）是合并为一体的，称为 PEN 线。S 表示中性线（N）与保护线（PE）线是分开的。C—S 表示一部分中性线与保护线是合用的，另一部分是分开的。各种接地系统如图 5-19 所示。

(1) TN—C 系统

整个系统的中性线（N 线）与保护线（PE 线）是合一的，称为 PEN 线，如图 5-19 (a) 所示。该系统具有简单、经济的特点。当三相负荷不平衡或只有单相负载设备时，PEN 线上有电流流过。由于 PEN 线有一定的阻抗存在，电源在 PEN 线上将产生电压降，而且离电源越远越大。该电压降呈现在用电设备的金属外壳和导线的金属保护管上，这对敏感的电子设备的工作是有影响的，因此对供电给数据处理设备和电子仪器设备的配电系统，不宜采用 TN—C 系统。该系统可以用在三相负荷基本平衡的工业企业中。（TN—C 系统就是通常所说的保护接零系统）

(2) TN—S 系统

只有供电系统一点接地，保护线（PE 线）接在用电设备的外露可导电部分（金属外壳）上。整个系统的中性线（N 线）和保护线（PE 线）是分开的，如图 5-19 (b) 所示。用电设备正常工作时，PE 线上不通过电流，因此用电设备的金属外壳对地不呈现电压，可以较安全地用于民用建筑中，特别是高层建筑，也适用于对精密电子仪器设备的供电。

(3) TN—C—S 系统

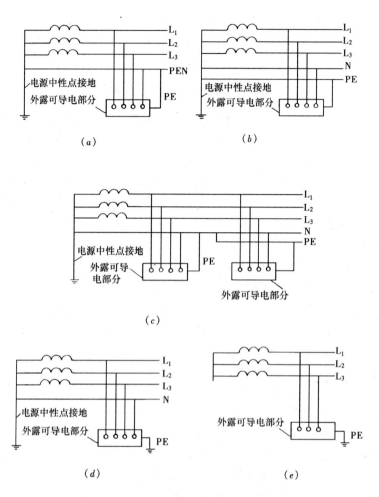

图 5-19 几种类型的接地系统图
(a) TN—C；(b) TN—S；(c) TN—C—S；(d) TT；(e) IT

系统中的前一部分的中性线与保护线是合为一体的，而后面一部分将 PEN 线分为中性线（N 线）和保护线（PE 线），如图 5-19（c）所示。分开以后，N 线应对地绝缘，而且 N 线和 PE 线不允许再合并，否则仍然属于 TN—C 系统。由于电源线路中的 PEN 线仍有一定的电压降，该电压仍将呈现在用电设备的金属外壳上。

在民用建筑及工业企业中，若采用 TN—C 系统作为进线电源，进入建筑物时把电源线路中的 PEN 线分为 PE 线和 N 线，这种系统简单经济，同时把 PEN 线分开后，建筑物内有专用的保护线（PE 线），具有 TN—S 系统的特点，因此，它是民用建筑（如小区建筑）中常用的接地系统。

3.1.3 TT 系统

电源端有一点（一般是变压器的中性点）直接接地，用电设备的外露可导电部分通过保护线（PE 线）接到与电源端接地但无电气联系的接地极上，这种接地形式称为 TT 系统。TT 系统就是通常所说的保护接地系统，如图 5-19（d）所示。

由于用电设备外壳用单独的接地极接地，与电源的接地极无电气上的联系。因此，

TT系统也适用于对接地要求较高的电子设备的供电。

我国上海等城市的低压公用电网，就是采用TT系统。

### 3.1.4 IT系统

电源端的带电部分（包括中性线）不接地或通过高阻抗接地，用电设备的外露可导电部分通过PE线接到接地极，如图5-19（e）所示。

IT系统适用于环境条件不良，容易发生一相接地或有火灾爆炸危险的场所，如煤矿等。

以上几种低压系统的接地形式，可根据建筑物不同功能和要求，选用合适的接地形式，以达到安全可靠、防止触电而又经济实用的目的。

【例5-2】 什么叫做中性线（N线）？保护线（PE线）和保护中性线（PEN线）？

【解】 所谓中性线（N线），就是与供电系统中性点（如三相变压器的中性点）相连，并能起输送电能作用的导体。

保护线（PE线），就是用来与下列任一部分作电气连接的导体：外露可导电部分、接地极、接地干线、电源接地点等。如在设备的外露可导电部分与接地极之间做电气连接的导体或设备的外露可导电部分与电源接地点之间做电气连接的导体，这种平时不通过电流，只起保护作用的导体就是保护线（PE线）。

具有中性线（N线）和保护线（PE线）两种功能的导体，称为保护中性线（PEN线）。可见PEN线是一种既与电气设备外壳相连又有电流通过的导线。

## 3.2 安 全 用 电

为了防止人身触电事故以及保证电气设备的安全运行，电气设备应采用保护接地或保护接零措施。

### 3.2.1 保护接地

为了防止电气设备由于绝缘损坏而造成的触电事故，将电气设备的金属外壳通过接地线与接地装置连接起来，这种保护人身安全的接地方式称为保护接地。

(1) IT系统中的保护接地

在IT系统中，电气设备的外露可导电部分（如电动机的金属外壳）直接接地，接地电阻$R'_0$很小（$R'_0<4\Omega$）。虽然电源端中性点不接地，但由于导线与大地之间有分布电容

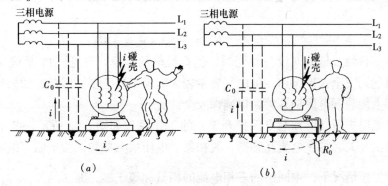

图5-20 保护接地（IT系统）
(a) 电气设备外壳不接地；(b) 电气设备外壳接地

$C_o$存在，一旦电气设备绝缘损坏时，外壳带电，则有电流通过外壳、接地极与分布电容$C_o$构成回路。从图5-20（b）可以看出，这时若人体触及设备外壳内体电阻和接地电阻并联，电流将同时沿着接地极和人体两条通路流过，流过的电流大小与其电阻成反比。由于人体电阻在1000Ω以上，比接地电阻$R'_o$大得多，因此，电流基本上从接地电阻中流过，通过人体的电流很小，从而避免了触电事故。若电气设备外壳不接地，如图5-20（a）所示，一旦外壳带电，电流将从外壳、人体及分布电容$C_o$流回到电源，虽然故障电流不大，但是如果电网绝缘强度下降，这个电流就有可能达到使人发生触电危险的程度。

（2）TT系统的保护接地

在TT系统中，电源中性点和电气设备外露可导电部分分别单独接地，如图5-21所示。根据有关规范要求，电源中性点接地电阻$R_o \leqslant 4Ω$。当设备绝缘损坏，发生一相碰壳时，其短路电流$I_d$为

$$I_d = \frac{U_P}{R_o + R'_o} = \frac{220}{4+4} = 27.5A$$

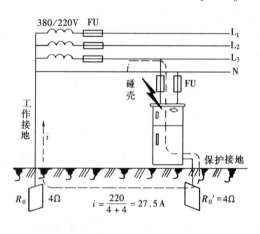

图5-21 保护接地（TT系统）

为了使线路上的保护装置能够可靠动作而切断电源，单相短路电流$I_d$与保护装置动作电流的配合应满足如下的关系

$$I_d \geqslant KI' \quad (5-1)$$

式中，$I_d$为单相短路电流，单位为A；$I'$为熔断器的熔体额定电流或自动空气断路器瞬时脱扣器的整定电流，单位为A；$K$为动作系数，当用熔断器保护时，$K=4$，当用自动空气断路器保护时$K=1.25 \sim 1.5$。由式（5-1）可知，当熔断器的熔体额定电流大于7A或自动空气断路器脱扣器整定电流大于19A时，均不可能可靠工作。即发生单相短路时，熔断器的熔体可能不会熔断，自动空气断路器可能不会迅速自动跳闸，不能及时切断电源，使电气设备的外壳长时间带电。此时外壳对地的电压为

$$U_d = I_d \cdot R'_o = 27.5 \times 4 = 110V$$

这时，人体一旦触及该电气设备外壳时，就有触电的危险。可见，TT系统对小容量的电气设备可以起到安全保护作用，但电气容量较大时就不安全了。因此，如果使用TT系统，必须在线路上加装漏电保护开关，以确保安全。

漏电电流保护器（俗称漏电保护开关）的工作原理如图5-22所示。电子式的漏电电流保护器由主开关、零序电流互感器、脱扣器、电压放大器和试验按钮等组成。

在正常工作情况下，主回路的三相电流的相量和等于零，即$\dot{I}_A + \dot{I}_B + \dot{I}_C = 0$。各相电流在零序电流互感器的环形铁心中感应的磁通量和亦等于零。因此，零序电流互感器的次级线圈没有感应电压信号输出，主开关处于闭合状态，继续向负载供电。

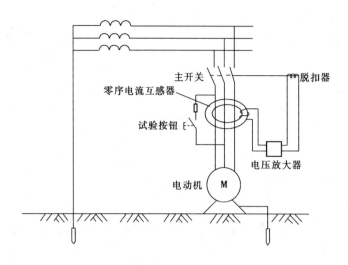

图 5-22 漏电保护开关工作原理图

当因绝缘损坏发生漏电或人体触及相线等带电体时，由于漏电电流经电气设备外壳或人体、接地体和大地流回到电源端，使主回路的三相电流的相量和不等于零，即 $\dot{I}_A + \dot{I}_B + \dot{I}_C \neq 0$。这样，零序电流互感器环形铁心部分将产生磁通，并在其次级线圈中感应出电压信号。该电压信号经电压放大器放大后，加在脱扣装置的动作线圈上，使脱扣器动作并将主开关跳闸，切断供电电源。这是电子式漏电电流动作保护器的工作原理。另一种电磁式漏电电流动作保护器的工作原理是将漏电信号电压加到一个高灵敏度电磁机构的线圈上，当漏电电流达到一定值时，该机构输出一个触发信号使脱扣器动作，将主开关断开。由于从零序电流互感器检测出漏电信号及到主开关动作，整个过程约在 0.1s 内完成，能有效地起到触电保护作用。

漏电保护开关有二极、三极、四极等规格。二极漏电开关用于单相回路，三极或四极漏电保护开关用于三相负载电路或三相负载和单相负载混合供电电路的保护中。

漏电保护开关的额定漏电动作电流有 15、30、50、100、300、500（mA）等，漏电动作时间一般小于或等于 0.1s。在配电线路末端一般选用额定漏电动作电流为 15mA 或 30mA 的漏电保护开关。

关于漏电保护开关，国际电工委员会（IEC）规定的通用名称为"剩余电流动作保护器"，常用英文名的缩写 RCD 来表示。

### 3.2.2 保护接零

在 TN 系统中，当电气设备一相碰壳时，相电压将被外壳、保护中性线（PEN 线）或保护线（PE 线）短路，产生较大的短路电流，使保护装置迅速动作（如熔断器的熔体熔断，空气断路器自动跳闸），从而切断故障电路，避免发生触电事故。图 5-23 为保护接零示意图。

### 3.2.3 工作接零

单相用电设备为获取相电压而接的零线，称为工作接零。其连接线称为中性线（N）或零线，与保护线共用的称为 PEN 线。工作接零如图 5-24 所示。

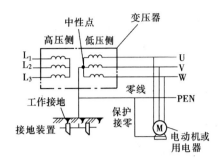

图 5-23 保护接零示意图

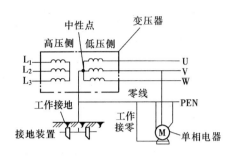

图 5-24 工作接零示意图

### 3.2.4 重复接地

在 TN—C 系统中，除了在电源中性点进行接地外，PEN 线还要相隔一定间距后再次接地，称为重复接地。

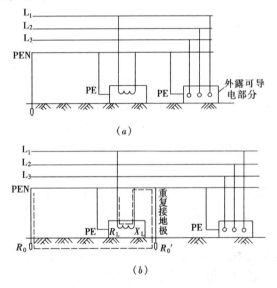

图 5-25 重复接地示意图
(a) 无重复接地时，PEN 线断裂时的情况；
(b) 有重复接地时，PEN 断裂时的情况

现以单相用电设备为例来说明重复接地的必要性。如果无重复接地时，如图 5-25（a）所示。一旦 PEN 线断裂，由于单相用电设备外壳通过保护线接到 PEN 线上，全部 220V 的电压将加到用电设备外壳上，使断线后面的所有电气设备（包括三相用电设备）外壳都带电。这时，人若触及设备外壳，就有触电危险。

对于 TN—S 系统，中性线（N 线）断开后，由于进入电气设备的 N 线与外壳是绝缘的，外壳不带电，对人身无危险。

PEN 线重复接地后，如图 5-25（b）所示，一旦 PEN 线断裂，单相用电设备的电流将从负载、重复接地极及电源中性点接地极形成回路，如图中虚线所示。这时，设备外壳对地电压 $U_D$ 为

$$U_D = \frac{U_P}{Z} R'_o = \frac{220}{\sqrt{(R_o + R'_o + R_L)^2 + X_L^2}} R'_o \quad (5-2)$$

式中，$R_o$ 为电源中性点接地极电阻，$R_o \leq 4\Omega$；$R'_o$ 电气设备重复接地电阻；$R_L$、$X_L$ 为电气设备负载的电阻和感抗。

显然，$R'_o < Z$，故重复接地后，电气设备外壳对地的电压明显降低，从而减轻了触电的危险。

架空线路的干线和分支线的首末端及沿线每隔 1km 处，PEN 线应重复接地。另外，不论是电缆或架空线路，进入建筑物后，PEN 线均应重复接地。重复接地的电阻不大于

$10\Omega$。

### 3.2.5 工作接地

在正常情况下，为保证电气设备的可靠运行，并提供部分电气设备和装置所需要的相电压，将电力系统中的变压器低压侧中性点通过接地装置与大地直接相连，这种接地方式称为工作接地。工作接地如图5-26所示。

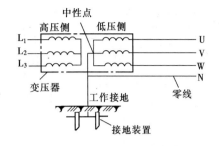

图 5-26 工作接地示意图

### 3.2.6 防雷接地

防雷接地的作用是将雷电流迅速安全地引入大地，避免建筑物及其内部电器设备遭受雷电侵害。防雷接地图如图5-27所示。

### 3.2.7 屏蔽接地

由于干扰电场的作用会在金属屏蔽层感应电荷，而将金属屏蔽层接地，使感应电荷导入大地，称屏蔽接地，如专用电子测量设备的屏蔽接地等。

### 3.2.8 专用电子设备的接地

如医疗设备、电子计算机等的接地，即为专用电气设备的接地。电子计算机的接地主要有直流接地（即计算机逻辑电路、运算单元、CPU等单元的直流接地，也称逻辑接地）和安全接地。一般电子设备的接地信号接地，安全接地、功率接地（即电子设备中所有继电器、电动机、电源装置、指示灯等的接地）等。

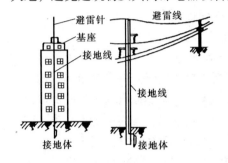

图 5-27 防雷接地示意图

### 3.2.9 接地模块

接地模块是近年来在施工中推广的一种接地方式。接地模块顶面埋深不小于0.6m，接地模块间距不应小于模块长度的3~5倍。接地模块埋设基坑，一般为模块外形尺寸的1.2~1.4倍，且在开挖深度内详细记录地层情况。接地模块应垂直或水平就位，不应倾斜设置，保持与原土层接触良好。接地模块应集中引线，用干线把模块接地并联焊接成一个环路，干线的材质与接地模块焊接点的材质应相同，钢制的采用热浸镀锌扁钢，引出线不少于两处。

### 3.2.10 建筑物等电位连接

建筑物等电位连接作为一种安全措施多用于高层建筑和综合建筑中。

《建筑电气工程施工质量验收规范》（GB 50303—2002）中要求：建筑物等电位连接干线应从与接地装置有不少于2处直接连接的接地干线等电位箱引出，等电位连接干线或局部等电位箱间的连接线形成环形网路，环形网路应就近与等电位连接干线或局部等电位箱连接。支线不应串联连接。

等电位连接的线路最小允许截面为：铜干线$16mm^2$，铜支线$6mm^2$，钢干线$50mm^2$，钢支线$16mm^2$。

【例5-3】 在同一电源供电系统中，如图5-28所示，一部分电气设备采用TN—C系统接地形式，另一部分采用TT系统接地形式是否可以？为什么？

【解】 不可以。

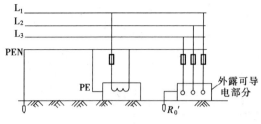

图 5-28 不正确的接地、接零保护

因为采用 TT 系统部分的电气设备发生相线碰壳时，故障电流由电动机外壳经保护接地极流入大地中，再通过电源中性点的接地极回到电源。当设备容量较大时，故障电流不能使自动空气断路器跳闸或使熔体熔断时，如果电源接地极的接地电阻 $R_0$ 和保护接地极接地电阻 $R'_0$ 相等，则该设备的外壳及电源的 PEN 线对地电位都升高到 110V，于是使 TN—C 系统的电气设备对地电压也升高到 110V，若此时维护人员因检查机械设备而碰壳，就会遭到电击，这是很危险的。除非采用 TT 系统的电动机，在电源侧装有漏电保护开关，一旦发生碰壳故障，就立即自动跳闸，切断电源，才能保证安全。

【例 5-4】 为什么在 TT 系统中，还需要装设漏电电流保护开关？

【解】 TT 保护系统中，当设备容量较小时，熔体额定电流或自动空气开关电流整定值较小，一旦相线与电气设备外壳相碰，会使熔体熔断或自动空气开关自动跳闸，切断故障电路，可以防止发生触电事故。但当电气设备容量较大时，熔体或自动空气开关就很难自动切断电源。这时电气设备外壳对地之间就存在一个危险电压，若因接地不良等原因电气设备的接地电阻 $R'_0$ 比电源端工作接地电阻 $R_0$ 大时，外壳对地电压就会高于 110V，甚至接近 220V，这是很危险的。因此，为了提高用电安全，防止发生触电事故，应装设漏电电流保护开关。

图 5-29 是 TT 系统中四极漏电电流保护开关供动力、照明混合回路使用的接线图。二极三极插座供电冰箱等单相用电负载使用，三相四孔插座供三相电热器等三相对称负载使用。RCD 是漏电保护开关，一旦发生某一相线碰壳事故，部分电流通过电气设备外壳保护接地极和大地流回到电源端，使通过漏电电流保护开关的零序电流互感器中的电流相量和不等于零，该电流值达到漏电电流开关额定动作电流值（一般选取 30mA）时，在 0.1s 内，开关自动跳闸，切断电源，起到了安全保护作用。

【例 5-5】 绘出在 TT 系统中安装漏电保护开关的几种典型接线示意图。

【解】 （1）图 5-30 所示为四极漏电保护开关供给照明、动力混合负荷的原理接线图。

（2）图 5-31 所示为四极漏电保护开关供给三相负荷的原理接线图。

（3）图 5-32 所示为四极漏电保护开关供给单相负荷的原理接线图。

（4）图 5-33 所示为三极漏电保护开关供给三相负荷的原理接线图。

（5）图 5-34 所示为三极漏电保护开关供给单相负荷的原理接线图。

（6）图 5-35 所示为二极漏电保护开关供给单相负荷的原理接线图。

【例 5-6】 试绘出在 TN 系统中安装漏电保

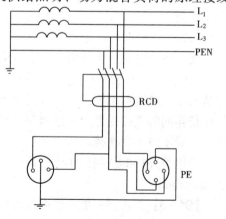

图 5-29 TT 系统中带有四极漏电保护开关电路图

护开关的几种典型接线示意图。

【解】 （1）图5-36所示为在TN—C系统中四极漏电保护开关供给照明、动力混合负荷的原理接线图。

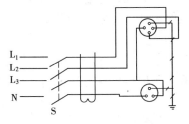

图5-30 四极漏电保护开关供动力、
照明回路原理接线图

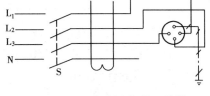

图5-31 四极漏电保护开关供
三相负荷原理接线图

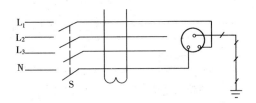

图5-32 四极漏电保护开关供给
单相负荷原理接线图

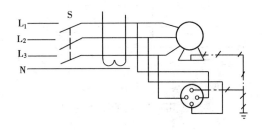

图5-33 三极漏电保护开关供给
三相负荷原理接线图

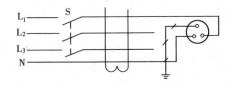

图5-34 三极漏电保护开关供给
单相负荷原理接线图

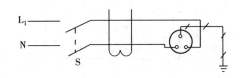

图5-35 二极漏电保护开关供给
单相负荷原理接线图

（2）图5-37所示为在TN—S系统中四极漏电保护开关供给照明、动力混合负荷的原理接线图。

（3）图5-38所示为在TN—C系统中三极漏电保护开关供给三相动力负荷的原理接线图。

（4）图5-39所示为在TN—S系统中三极漏电保护开关供给三相动力负荷的原理接线图。

（5）图5-40所示为在TN—C系统中四极漏电保护开关供给三相动力负荷的原理接线图。

（6）图5-41所示为在TN—S系统中四极漏电保护开关供给三相动力负荷的原理接线图。

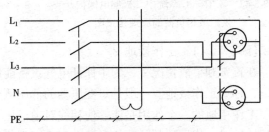

图5-36 在TN—C系统中四极漏电保护开关供给
照明、动力混合负荷原理接线图

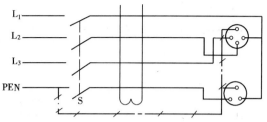

图 5-37 在 TN—S 系统中四极漏电保护开关
供给照明、动力混合负荷原理接线图

(7) 图 5-42 所示为在 TN—C 系统中二极漏电保护开关供给单相负荷的原理接线图。

(8) 图 5-43 所示为在 TN—S 系统中二极漏电保护开关供给单相负荷的原理接线图。

【例 5-7】 工作接地、保护接地、重复接地和保护接零在低压配电系统的接地形式中，各起什么作用？

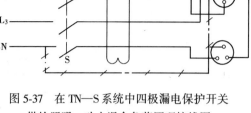

图 5-38 在 TN—C 系统中三极漏电保护开关
供给三相动力负荷的原理接线图

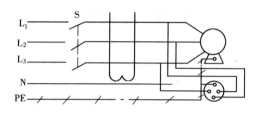

图 5-39 在 TN—S 系统中三极漏电保护开关
供给三相动力负荷的原理接线图

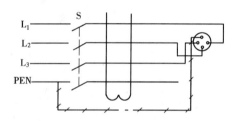

图 5-40 在 TN—C 系统中四极漏电保护开关
供给三相动力负荷的原理接线图

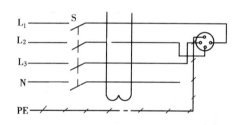

图 5-41 在 TN—S 系统中四极漏电保护开关
供给三相动力负荷的原理接线图

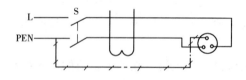

图 5-42 在 TN—C 系统中二极漏电保护开关
供给单相负荷的原理接线图

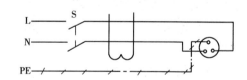

图 5-43 在 TN—S 系统中二极漏电保护开关
供给单相负荷的原理接线图

【解】 (1) 工作接地

在正常和事故情况下，为了保证电气设备能够可靠工作，而在电力系统的某一点进行接地，称为工作接地。一般是将变压器的低压侧中性点直接接地。

工作接地的一个作用是能够使相线对地电压维持不变。在中性点不接地系统中，发生一相接地时，将导致其他两相对地电压升高到线电压，即相电压的$\sqrt{3}$倍，从而增大触电的危险性。

它的另一个作用是能够迅速切断故障设备。当发生单相接地短路时，短路电流很大，能够使保护装置动作,而切断故障电路。若中性点不接地,单相接地电流很小,故障可能长时间地持续下去,这也是很不安全的。即使线路中装有漏电保护开关,因线路不能构成漏电电流的泄漏回路,漏电保护开关不会动作,无法达到切断电源的目的。

另一方面,若变压器低压中性点不接地,发生一相接地时,TN系统中接地的电气设备的外壳对地电压可能接近相电压,人体接触设备外壳时,将有触电的危险。

(2) 保护接地

将电气设备外露可导电部分(如金属外壳、构架等)与接地体或接地干线可靠地连接,以保证人身安全,这种接地称为保护接地。

保护接地可以起到避免或减轻人体触电危险的作用。当电气设备某处的绝缘损坏,其金属外壳带电,此时若人体触及外壳,则人体与接地装置并联,人体电阻一般在1000Ω以上,若接地装置的接地电阻仅为几欧,则流过人体的电流非常小。可见,保护接地可以避免或减轻人体触电危险,保证人身安全。

(3) 重复接地

在TN—C系统中,将零线上的某几处通过接地装置与大地再次连接起来,称为重复接地。

重复接地的一个作用是当零线断开时,可以使断线后面的故障危害程度减轻。另一方面,当发生相线碰壳等短路事故时,重复接地极、大地及电源端工作接地极为短路电流提供了另一条流通路径,使短路电流增大,线路越长,这种效果就越明显,从而加速了线路保护装置的动作,缩短了短路事故的时间。

(4) 保护接零

把电气设备外露可导电部分与电网的PEN或PE线可靠连接起来,称为保护接零。一旦相线碰壳形成单相短路,很大的短路电流将导致线路的保护装置迅速动作,切断故障设备,防止触电的危险。

## 3.3 接地装置的安装

### 3.3.1 接地体及安装

安装人工接地体时,一般应按设计施工图进行。接地体的材料均应采用镀锌钢材,并应充分考虑材料的机械强度和耐腐蚀性能。

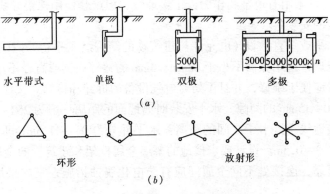

图 5-44 垂直接地体的布置形式
(a) 剖面;(b) 平面

(1) 垂直接地体

垂直接地体的布置形式如图 5-44 所示，其每根接地极的水平间距大于或等于 5m。

1) 垂直接地体的制作

垂直安装的人工接地体，一般采用镀锌角钢或圆钢制作，如图 5-45 所示。

2) 垂直接地体的安装

安装垂直接地体时一般要先挖地沟，再采用打桩法将接地体打入地沟以下。接地体的有效深度不应小于 2m，垂直接地体的安装如图 5-46 所示。

3) 连接引线和回填土

接地体按要求打桩完毕后，即可进行接地体的连接和回填土。

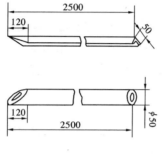

图 5-45 垂直接地体的制作
(a) 角钢；(b) 钢管

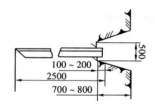

图 5-46 垂直接地体的埋设

(2) 水平接地体

水平接地体常见的形式有带型、环型和放射型等几种，如图 5-47 所示。水平安装的人工接地体，其材料一般采用镀锌圆钢或镀锌扁钢制作。如采用圆钢，其直径应大于 10mm；如采用扁钢，其截面尺寸应大于 100mm²，厚度不应小于 4mm。水平接地体所用的材料不应有严重的锈蚀或弯曲不平，否则应更换或矫直。水平接地体的埋设深度一般应在 0.7~1m 之间。

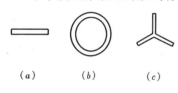

图 5-47 水平接地体
(a) 带型；(b) 环型；(c) 放射型

3.3.2 接地线的安装

(1) 人工接地线的材料

人工接地线一般包括接地引线、接地干线和接地支线等。为了使接地连接可靠并有一定的机械强度，人工接地线一般均采用镀锌扁钢或镀锌圆钢制作。移动式电气设备或钢质导线连接困难时，可采用有色金属作为人工接地线，但严禁使用裸铝导线作为接地线。

(2) 接地干线的安装

接地干线应水平或垂直敷设（也允许与建筑物的结构线条平行），在直线段不应有弯曲现象。接地干线通常选用截面不小于 12mm×4mm 的镀锌扁钢或直径不小于 6mm 的镀锌圆钢。安装的位置应便于维修，并且不妨碍电气设备的拆卸和检修。接地干线与建筑物或墙壁之间应留有 10~15mm 的间隙。水平安装时离地面的距离一般为 250~300mm，具体数据由设计决定。接地线支持卡子之间的距离：水平部分为 0.1~1.5m；垂直部分为 1.5~3m；转弯部分为 0.3~0.5m。设计要求接地的幕墙金属框架和建筑物的金属门窗，应就近与接地干线连接可靠，连接处不同金属间应有防电化腐蚀措施，室内接地干线安装如图 5-48 所示。

接地线在穿越墙壁、楼板和地坪处应加套钢管或其他紧固的保护套管，钢套管应与接

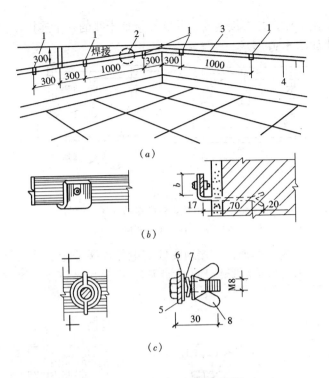

**图 5-48 室内接地干线安装图**
(a) 室内接地干线安装示意图；(b) 支持卡子安装图；(c) 接地端子图
1—卡子；2—接地端子；3—接地干线；4—干线连接处；5—接地干线；6—镀锌垫圈；7—弹簧垫圈；8—蝶形螺母

地线做电气连接。当接地线跨越建筑物变形缝时应设补偿装置，如图 5-49 所示。

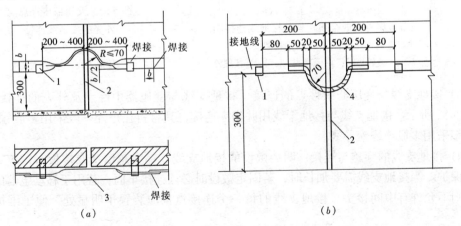

**图 5-49 接地线通过伸缩沉降缝的做法**
(a) 硬接地线；(b) 软接地线
1—支板；2—沉降缝；3—接地线；4—50mm² 裸铜软绞线

(3) 接地支线的安装

1) 接地支线与干线的连接 当多个电气设备均与接地干线相连时，每个设备的连接点必须用一根接地支线与接地干线相连接，不允许用一根接地线把几个设备接点串联后再与接地干线相连,也不允许几根接地支线并联在接地干线的一个连接点上。接地支线与接地干线并联的做法如图 5-50 所示。

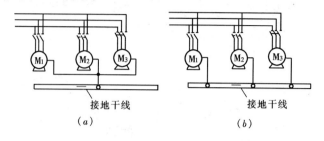

图 5-50 多个电气设备的接地连接示意图
(a)错误;(b)正确

2)接地支线与金属构架的连接 接地支线与电气设备的金属外壳及其他金属构架连接时(如是软性接地线则应在两端装设接线端子),应采用螺钉或螺栓进行压接,其安装做法如图 5-51 所示。

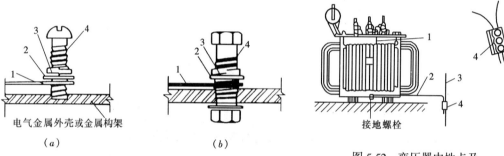

图 5-51 设备金属外壳或金属构架与接地线连接图
(a)电气金属外壳接地;(b)金属构架接地
1—接地支线;2—镀锌垫圈;3—弹簧垫圈;4—连接螺栓

图 5-52 变压器中性点及外壳的接地线连接
1—接地连线;2—接地支线;
3—接地干线;4—并沟线夹

3)接地支线与变压器中性点的连接 接地支线与变压器中性点及外壳的连接方法,如图 5-52 所示。接地支线与接地干线用并沟夹连接,其材料在户外一般采用多股铜绞线,户内多采用多股绝缘铜导线。

4)接地支线的穿越与连接 明装敷设的接地支线,在穿越墙壁或楼板时,应穿钢管加以保护。当接地支线需要加长时,若固定敷设时必须连接牢固;若用于移动电器的接地支线则不允许有中间接头。接地支线的每一个连接点都应装置于明显处,便于维护和检修。

### 3.3.3 自然接地装置的安装

电气设备接地装置的安装,应尽可能利用自然接地体和自然接地线,有利于节约钢材和减少施工费用。自然接地体有以下几种:金属管道、金属结构、电缆金属外皮、构筑物与建筑物钢筋混凝土基础等。自然接地线有以下几种:建筑物的金属结构、生产设备的金属结构、配线用的钢管、电缆金属外皮、金属管道等。

### 3.3.4 接地电阻的测量

接地装置安装完毕后,必须进行接地电阻的测量工作。《建筑电气工程施工质量验收规范》中要求：人工接地装置利用建筑物基础钢筋的接地装置必须在地面以上按设计要求位置设测试点。测试接地装置的接地电阻一般为30Ω、20Ω、10Ω，特殊情况下要求在4Ω以下，有弱电系统的综合接地电阻还要求在1Ω以下，具体数据应按设计规范确定。如不符合要求则应采用措施直至测量合格。

测量接地电阻的方法通常有接地电阻测试仪测量法，有时也采用电流表–电压表测量法。常用的接地电阻测试仪有ZC-8型和ZC-28型，以及新型的数字接地电阻测试仪。

# 实验　触电急救实训练习

## 一、实训目的

通过触电急救实训练习，使同学们能够掌握在触电情况下，能够熟练掌握触电急救的正确操作方法。

## 二、实训准备

运动垫、FSR心肺复苏模拟人

## 三、操作要领及要求

胸外心脏挤压法的操作要领是：救护人手掌根的压点要正确，用力的方向是垂直向下向脊柱方向挤压，并且挤压后要突然放松，使触电者的胸部自动复原，应连续不间断反复进行，每分钟不少于60～70次。

口对口人工呼吸的操作要领是：救护人向触电者嘴巴吹气并同时松开捏紧的鼻孔，让触电者自由呼气。

要求学生能达到熟练掌握触电急救的正确操作方法。

## 四、FSR心肺复苏模拟人简介

FSR心肺模拟人是一男性模拟人体，如图5-53所示。其形态逼真，肤色自然，能进行正确和实际的人工呼吸、胸外按压等操作训练。为了提高操作训练的真实感和培训效果，该模拟人口对口人工呼吸和胸外心脏挤压的操作正确与否、次数和效果进行显示、计数、记录和瞳孔、颈动脉的自行缩小、搏动。其正确的使用方法如下：

1. 使用前要认真检查

模拟人在使用前，应检查所有的设备是否完好，功能是否正常。具体方法是：

（1）将模拟人仰卧躺平后，将电控制器的15芯插头插入右侧腰部的15芯插座上。

（2）按下电控制器的"电源"键，检查电源指示灯是否亮。

（3）按"清零"键，将两组计数器处于零状态。

（4）尽量使模拟人头部后仰，吹气使胸部抬起，检查呼吸计数器是否计数和绿灯是否亮。

（5）检查两眼睛瞳孔是否处于放大状态，如不处于放

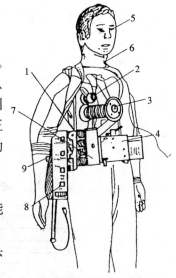

图5-53　FSR心肺复苏
模拟人结构示意图

1—男性成人躯体；2—呼吸系统；3—按压装置；4—记录仪；5—眼睛；6—颈动脉；7—电池盒；8—电路控制器；9—肘关节处浅表静脉等部件组成

大状态应按"复位"键。

(6) 按下"节拍"键，应听到有节奏的节拍声。

(7) 按下"记录键"，检查记录仪是否将记录纸从模拟人右侧的槽中输出等。

2. 单项操作

(1) 开放气道方法：当模拟人头部平射时，其气道管路堵塞，气吹不进肺部；当模拟人头部向后仰时，呼吸道畅通，空气进入肺部。

(2) 人工呼吸方法：模拟人头部后仰进行口对口人工呼吸，肺部进气时，呼吸器带动肺活量记录笔，在记录纸上面画出进气量曲线；当进气量超过 800mL 时，微型形状开关动作，电路控制器的呼吸计数器计数、绿灯亮；少于 800mL 时，绿灯熄灭。排气由排气管从右侧腰部的管口排出。

(3) 胸外心脏挤压法：正确压点压下时，按压活塞带动按压记录笔，在记录纸上画出按压曲线，压下 3.8～5cm 时微动开关动，电路控制器的按压计数器进行计数、黄灯亮。压点不正确时，红灯亮。

3. 单人复苏操作方法

操作前，先将选择开关置于"单人"处，按下电源键后再按"复位"和"节拍"键，使两眼瞳孔放大并听到有节奏的节拍声，最后清零。在按"清零"键后的 75s 时间内，以按压 15 次、进气 2 次，重复 4 遍，两组计数器应能分别计数和显示，两眼瞳孔和颈动脉能分别自行缩小和搏动，并有乐曲播出。若按压和进气不按 15∶2 进行操作，分组计数器自行封锁，并出现连续音调，若单人操作时间超过 75s，计数器显示"88"不正确数字。

4. 双人复苏操作方法

操作前，先将选择开关置于"双人"处，按下电源键后再按"复位"和"节拍"键，最后按"清零"键。在按"清零"键后的 75s 时间内，以按压 5 次、进气 1 次，重复 13 遍，则两组计数器分别计数和显示，两眼瞳孔和颈动脉能分别自行缩小和搏动，并有乐曲播出。若按压不按 5∶1 操作，则两级计数器自行封锁。若操作时间超过 75s，两级计数器显示"88"的不正确数字。

# 思考题与习题

1. 图 5-54 是插座接线图，试分析其中哪一种接法是正确的，哪一种是错误的。

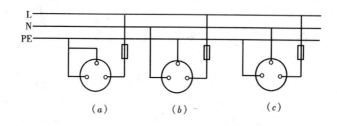

图 5-54 题 1 电路图

2. 在图 5-55 中，漏电保护断路器能否正常工作？

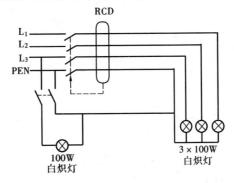

图 5-55　题 2 电路图

3. 在图 5-56 所示电路中，装设漏电保护断路器的电气设备 A 与不装设漏电保护断路器电气设备 B 共用一个接地极，是否可以？为什么？

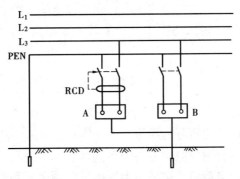

图 5-56　题 3 电路图

4. 雷电会带来什么危害？
5. 防雷装置由几部分组成？各部分的作用是什么？
6. 低压配电系统中保护接地系统中 TN 系统分为几种形式？各有什么特点？
7. 我国的安全电压值是怎样确定的？
8. 接地线过伸缩缝的时候如何处理？
9. 什么叫保护接零？保护接零的作用有哪些？它适用于哪些范围？
10. 什么是漏电保护断路器？其主要功能有哪些？

# 单元6 电子技术基础

**知识点**：半导体器件的基础知识、基本放大电路。
**教学目标**：
(1) 了解半导体二极管、三极管的结构、工作原理。
(2) 掌握基本放大电器的基本工作原理。

## 课题1 电子技术基础知识

半导体器件是近代电子学的重要组成部分，是构成电子线路的重要器件。由于半导体元器件具有体积小、重量轻、输入功率小和功率转换效率高等优点，因而得到了广泛应用。

### 1.1 半导体二极管

#### 1.1.1 半导体的导电特性

自然界中的物质按导电能力可分为导体、半导体和绝缘体。其中半导体的导电能力介于导体和绝缘体之间，而且它的导电能力会随着温度、光照或所掺杂质不同而显著变化，特别是掺杂改变半导体的导电能力，这是用半导体材料制造各种管子及集成电路的依据，半导体的这些特点，是由它的内部导电机理所决定。

(1) 本征半导体的导电机构

不含杂质的纯净半导体称为本征半导体。硅和锗都是四价元素，使用时都要制成晶体，形成稳定的共价键结构，即每个价电子不仅受自身原子核的束缚，而且受相邻原子核的束缚，这样相邻的原子被共用的价电子联系在一起，如图6-1所示。因此，在绝对温度 $T=0K$ 和没有外界激发时，半导体不能导电。但在温度升高或受光照后，本征半导体中成对产生自由电子和空穴，这种现象称为本征激发。自由电子带负电荷，而空穴带有正电荷，且二者数量相等。

本征激发中使本征半导体内成对地产生自由电子和空穴，它们是运载电荷的粒子，称为载流子。在半导体中同时存在着电子和空穴两种载流子，这是半导体导电导电的一个重要特性。电子空穴对在激发中不断地产生，又不断地复合，在一定温度或光照下，两种过程达到动态平衡，使载流子的浓度保持某一定值。温度越高或光照越强，载流子浓度越大，导电性能越

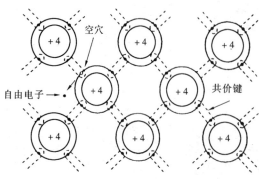

图6-1 硅（锗）原子在晶体中的共价键排列

好,这是本征半导体的热敏性和光敏性,也是半导体导电的另一个重要特性。

(2) 杂质半导体

本征半导体的导电能力很弱,但如果在本征半导体中掺入微量的杂质,就会使半导体的导电性能显著提高,这就是半导体的掺杂特性,也是半导体导电的又一个重要特性。按掺入杂质的性质的不同,可分为N型半导体和P型半导体。

1) N型半导体

在硅或锗晶体中,掺入微量五价元素,如磷或锑等,整个晶体结构就会改变,某些位置上的硅原子将被磷原子取代。磷原子有五个价电子,它以四个价电子与相邻的四个硅原子组成共价键后多出一个价电子,多余的价电子很容易激发成为自由电子。所以掺入的磷元素越多,则自由电子越多。如图6-2所示。由于磷原子在硅晶体中给出了一个多余的电子,称磷为施主杂质,或N型杂质。但在产生自由电子的同时并不产生新的空穴,因此在N型半导体中,自由电子数远大于空穴数。N型半导体中导电能力将以自由电子为主,所以自由电子称为多数载流子,而空穴称为少数载流子。

2) P型半导体

在硅或锗晶体中,掺入微量三价元素,如硼或铟等。硼原子只有三个价电子,与相邻的硅原子组成共价键时,因缺少一个价电子而产生一个空穴,使空穴成为多数载流子,而自由电子则成为少数载流子,如图6-3所示。在这种半导体中,硼原子在硅晶体中接受电子,故称硼为受主杂质,或P型杂质。在产生空穴的同时并不产生新的自由电子,因此,空穴数远大于自由电子数。这种半导体主要依靠空穴导电,所以称为空穴型半导体或P型半导体。

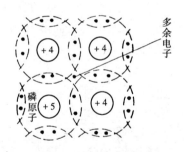

图6-2 N型半导体

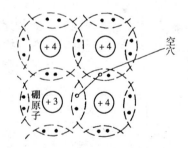

图6-3 P型半导体

应注意,无论是N型半导体还是P型半导体,虽然有一种载流子占多数,但整个仍呈电中性,对外不显电性。

(3) 半导体中的电流

1) 漂移电流

载流子在电场作用下的定向移动称为漂移运动,形成的电流称为漂移电流。半导体中电子载流子和空穴载流子都能在电场作用下做定向的运动,形成总的漂移电流为电子漂移电流和空穴漂移电流之和。

2) 扩散电流

在半导体中,如果载流子浓度分布不均匀,载流子会因为浓度差从浓度高的区域向浓度低的区域运动,这种运动称为扩散运动,形成的电流称为扩散电流。扩散电流是半导体中特有的一种电流。

1.1.2 PN 结的形成和特性

（1）PN 结的形成

在一块本征半导体硅或锗上，采用掺杂工艺，使一边形成以带负电荷的自由电子导电为主的半导体，即 N 型半导体；另一边形成以带正电荷的空穴导电为主的半导体，即 P 型半导体。在 N 型半导体和 P 型半导体的交界处，由于载流子的扩散运动，N 区一侧失去自由电子剩下正离子，P 区一侧失去空穴剩下负离子，这个区域称为空间电荷区，即 PN 结。同时形成一个由 N 区指向 P 区的内电场，如图 6-4 所示。内电场对扩散运动起阻碍作用，电子和空穴的扩散运动随着内电场的增强而逐渐减弱，最后达到动态平衡状态，PN 结宽度不变。

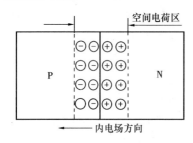

图 6-4 PN 结和它的内电场

（2）PN 结的单向导电性

PN 结是构成各种半导体器件的基本单元，使用中总是加有一定的电压。

若 PN 结外加正电压（P 区电位高于 N 区电位），称为正向偏置，简称正偏。这时外电场与内电场方向相反，PN 结变窄，则 P 区的多数载流子（简称多子）空穴和 N 区的多数载流子自由电子在回路中形成较大的正向电流 $I_F$，使 PN 结正向导通。这时 PN 结呈低电阻状态，因此图 6-5（a）中的灯泡发亮。

若 PN 结外加反向电压（P 区电位低于 N 区电位），称为反向偏置，简称反偏。这时，外电场与内电场方向相同，PN 结变宽，多数载流子运动难以进行，而 P 区的少数载流子（简称少子）自由电子和 N 区的少数载流子空穴在回路中形成极小的反向电流 $I_R$，称 PN 结反向截止。这时 PN 结呈高阻状态，故图 6-5（b）中的灯泡不亮。

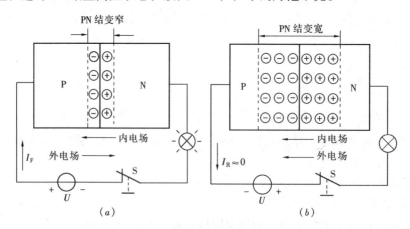

图 6-5 PN 结的单向导电性

由上述分析可知，PN 结正向偏置时，呈导通状态；反向偏置时，呈截止状态，这就是 PN 结的单向导电性。

必须指出：在室温下，少数载流子形成的反向电流虽然很小，但它随温度的上升而显著增加，使用时要特别注意。

### 1.1.3 半导体二极管

**(1) 半导体二极管的结构和类型**

半导体二极管由一个 PN 结加上相应的引出端和管壳构成。它有两个电极，由 P 型半导体引出的是正极（又称阳极），由 N 型半导体引出的是负极（又称阴极）。常见二极管的外形图和符号如图 6-6 所示。

二极管的种类很多，按结构分，常见的有点接触和面接触型；点接触主要用在高频检波和开关电路，面接触型主要用在整流电路。按制造材料分，常用的有硅二极管和锗二极管，其中硅二极管的热稳定性比锗二极管好得多。按用途分，常用的有普通二极管、整流二极管、稳压二极管等。

**(2) 半导体二极管的伏安特性**

1) 正向特性

二极管的伏安特性是指通过二极管的电流与其两端电压之间的关系。由晶体管特性图示仪测出的硅二极管的伏安特性曲线如图 6-7 中的曲线①所示。当正向电压较小时，外电场不足以克服内

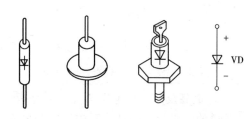

图 6-6 常见二极管的外形图和符号

电场的作用，所以正向电流非常小，如图中的 OA 段，通常将 A 点所对应的电压称为死区电压或阈值电压，硅管为 0.5V，锗管为 0.1V。当外加的正向电压超过死区电压时，内电场的作用大大削弱，正向电流迅速增长，二极管导通。导通后二极管两端的电压变化很小，基本上是个常数。通常硅管的正向压降为 0.7V，锗管约为 0.3V。

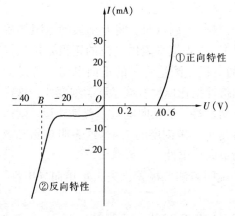

图 6-7 硅二极管的伏安特性

2) 反向特性

二极管外加反向电压，即外电源的正极接二极管的阴极，电源负极接二极管的阳极，其特性曲线如图 6-7 中②所示。它表示二极管两端的反向电压在一定范围内，反向电流基本上不随反向电压变化，因此，反向电流又称为反向饱和电流 $I_S$。这时的二极管因反向电流极小而呈截止状态。当外加电压增大到一定值时，反向电流突然增大，称其为反向击穿，如图 6-7 中 B 点所示。B 点对应的电压称为反向击穿电压 $U_{BR}$。反向击穿时，若不限制反向电流，二极管的 PN 结会因功耗太大而烧毁，这样二极管就失去了单向导电性。

以上分析可知，二极管的本质就是一个 PN 结，它具有单向导电性，是一种非线性器件。

3) 温度对二极管特性的影响

二极管的伏安特性对温度的变化很敏感，如图 6-8 所示。实验证明，在同一正向电流的情况下，温度每上升 1℃，二极管的正向电压降约减小 2.5mV；温度每上升 10℃，二极管的反向电流约增大一倍。另外，温度升高时，二极管的反向击穿电压 $U_{BR}$ 会有所下降，

使用时要加以注意。

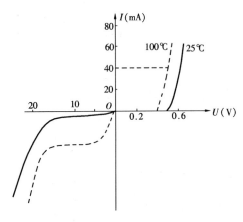

图 6-8　温度对二极管特性曲线的影响

(3) 二极管的参数和使用知识

1) 二极管的主要参数　半导体器件的参数是国家标准或制造厂家对生产的半导体器件应达到的技术指标提供的数据要求。它是合理选用半导体器件的重要依据。常用的二极管的主要参数有：

A. 最大整流电流 $I_{FM}$　它是指在规定的环境温度（例如 25℃）下，二极管长期运行允许通过的最大正向电流平均值。使用时应注意不能超过此值，否则会导致二极管过热而烧毁。对于大功率二极管必须按规定安装散热装置。

B. 最高反向工作电压 $U_{RM}$　它是指允许加在二极管上的反向电压的峰值，也就是通常所说的耐压值。器件手册中给出的最高反向工作电压 $U_{RM}$ 通常为反向击穿电压的一半。

2) 二极管的选用原则：

A. 保证选用的二极管型号所对应的参数能满足实际电路的要求，然后考虑经济实用。

B. 一般情况下，整流电路首选热稳定性好的硅管，其次是高频检波电路才选用锗管。

3) 用万用表检测二极管的好坏和极性。

在实际电路中，由于二极管的损坏而造成的故障是很常见的。因此，用万用表判别二极管的好坏和极性是二极管应用中的一项基本技能。

A. 用万用表检查二极管的好坏　对于小功率二极管，测量时，将万用表的电阻挡置 $R \times 100$ 或 $R \times 1k$ 挡（一般不用 $R \times 1$ 或 $R \times 10k$ 挡），黑表笔（表内电池的正极）接二极管的正极，红表笔（表内电池的负极）接二极管的负极，测量管子的正向电阻。若是硅管，指针指在表盘中间或偏右一点；若是锗管，则指针指在标尺右端靠近满刻度处，这样表明被测二极管的正向特性是好的。对换两表笔，测量管子的反向电阻。若是硅管，则指针基本不动，指在 ∞ 处；若是锗管，则指针的偏转角小于满刻度的 1/4，这表明被测二极管的反向特性也是好的。即被测二极管具有良好的单向导电性。

如果测得二极管的正、反向电阻均为 ∞ 或零，说明被测二极管已失去了单向导电性，不能使用。

对于中、大功率二极管，一般选用万用表的 $R \times 1$ 或 $R \times 10k$ 挡来测量。

应注意：在实际操作时，不能用两手同时触及万用表的表笔和二极管的电极。否则会影响测量结果，甚至得出错误结论。

B. 用万用表判断二极管的极性　用万用表的电阻挡判断二极管的极性时，若测得的电阻较小（指针的偏转角大于 1/2）时，说明红表笔接的是二极管的负极，黑表笔接的是二极管的正极；若测得的电阻较大（指针的偏转角小于 1/4），则红表笔接的是二极管的正极，黑表笔接的是二极管的负极。

(4) 二极管的应用举例

利用二极管的单向导电性及导通时正向压降很小的特点，可以应用于整流、滤波、稳压、限位、开关及元件保护等各项功能。

将交流电变换成单向脉动的直流电的过程叫做整流。利用二极管的单向导电性可组成单相等各形式的整流电路，然后再经过电容滤波及稳压，便可获得平稳的直流电。下面以单相半波整流为例，来分析整流电路的工作原理。

单相半波整流电路通常由降压电源变压器 Tr、整流二极管 VD 和负载电阻 $R_L$ 组成，如图 6-9 所示。

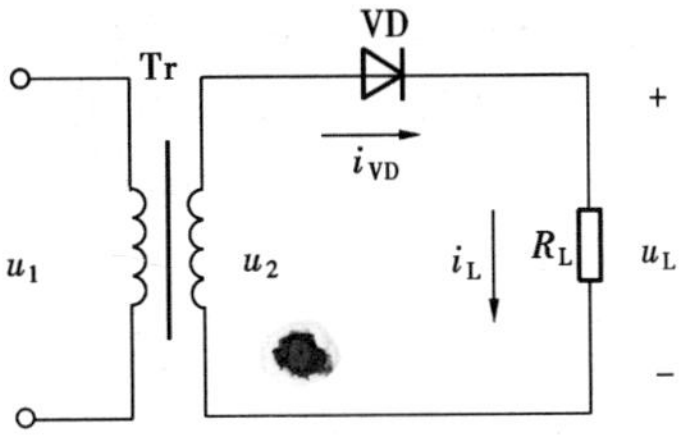

图 6-9 单相半波整流电路

为简化分析，将二极管视为理想二极管，即二极管正向导通时，作短路处理；反向截止时，作开路处理。

设电源变压器二次绕组的交流电压 $u_2$ 为

$$u_2 = \sqrt{2}U_2\sin\omega t$$

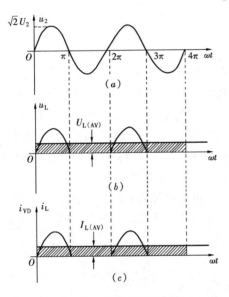

图 6-10 半波整流波形图

$u_2$ 的波形如图 6-10（a）所示。在 $u_2$ 的正半周期间，变压器二次电压的瞬时极性是上端为正，下端为负。二极管 VD 因正向偏置而导通，电流自上而下流过负载电阻 $R_L$。则 $u_{VD} = 0$，$u_L = u_2$。在 $u_2$ 的负半周，变压器二次电压的瞬时极性是上端为负，下端为正。二极管 VD 因反向偏置而截止，没有电流通过负载电阻 $R_L$，则 $u_L = 0$，而 $u_2$ 全部加在二极管 VD 两端，有 $u_{VD} = u_2$。负载上的电压和电流的波形图如图 6-10（b）和（c）所示。可见，利用二极管的单向导电性，将变压器二次绕组的正弦交流电变换成了负载两端单向脉动的直流电，达到了整流的目的。这种电路在交流电的半个周期里才有电流通过负载，故称为半波整流电路。

(5) 特殊用途的二极管

1) 稳压二极管　稳压二极管的制造工艺采取了一些特殊措施，使它能够得到很陡峭的反向击穿特性，并能在击穿区内安全工作。

图 6-11 所示为硅稳压二极管的特性曲线及其符号，它是利用管子反射击穿时电流在很大范围内变化，而管子两端的电压几乎不变的特点，实现稳压的目的。

稳压管的主要参数有稳定电压 $U_Z$，它是图 6-11 中电流 $I_Z$（出厂时的测试电流，也称稳定电流）所对应的电压值。当电流偏离 $I_Z$ 时，电压也稍微偏离 $U_Z$ 值，$\Delta U_Z/\Delta I_Z = r_Z$ 称为动态电阻。$r_Z$ 越小说明稳压管的稳压效

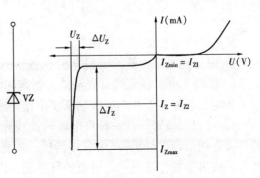

图 6-11 硅稳压二极管的符号及伏安特性

果越好。常用的稳压管有 2CW、2DW 系列。

稳压管使用时应注意：

A. 稳压管的正极要接低电位，负极接高电位，保证工作在反向击穿区。

B. 为了防止稳压管的工作电流超过最大稳定电流 $I_{ZM}$ 而发热烧坏，一般要串接一个限流电阻 $R$。

C. 稳压管不能并联使用，以免因稳压值的差异造成各管电流不均，导致管子过载而烧坏。

稳压管的应用很广，常用来组成限幅电路，即限制输出电压的幅度。例如在图 6-12 (a) 电路中，稳压管的稳定电压 $U_Z = 7V$，输入波形如图 6-12 (b) 所示，则当 $u_I < 7V$ 时，稳压管截止，输出波形跟随输入波形；当 $u_I \geq 7V$ 时，稳压管被击穿，输出电压恒等于 7V。输出波形如图 6-12 (c) 所示。可见，利用稳压管的稳压特性，使输出电压限制在 7V。

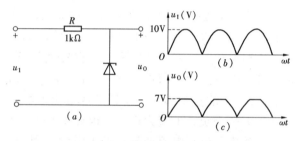

图 6-12　稳压管限幅电路及波形
(a) 电路；(b) 输入波形；(c) 输出波形

用万用表检测稳压管的方法同普通二极管一样。

2) 光电二极管　又称光敏二极管，是一种将光信号转换成电信号的特殊二极管。其外形及符号如图 6-13 所示。光电二极管工作在反向偏置状态，当管壳上的玻璃窗口无光照时，反向电流很小，称为暗电流；有光照射时反向电流很大，称为光电流，且光照越强，光电流越大。如果在外电路上接上负载，便可获得随光照强度强弱而变化的电信号。例如图 6-14 是光电二极管的基本应用电路，无光照时，负载 $R_L$ 上无电压；有光照时，光电流在 $R_L$ 上转换为电压输出，从而实现光电转换。

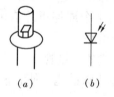

图 6-13　光电二极管的外形及符号
(a) 外形；(b) 符号

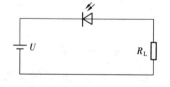

图 6-14　光电二极管的基本应用电路

光电二极管在使用时应注意：

A. 保证光电二极管的反偏电压不小于 5V，否则光电流和光强度不呈线性关系。

B. 保持光电二极管的管壳清洁，否则光电灵敏度会下降。

光电二极管主要在光电控制系统中作传感元件，应用也十分广泛。

3) 发光二极管　是一种将电能转换成光能的元器件，简写成 LED。发光二极管和普通二极管相似，也是由一个 PN 结构成，发光二极管正向导通时，由于空穴和电子的直接复合而放出能量，发出一定波长的可见光，由于光的波长不同，颜色也不相同。常见的发光二极管的发光颜色有红、绿、黄等颜色。图 6-15 为发光二极管的外形和符号。

发光二极管正向偏置并达到一定电流时就会发光。通常工作电流为 10~30mA 时，正向压降为 2~3V。通常管脚引线较长的为正极，较短的为负极。当管壳上有凸起的标志时，靠近标志的管脚为正极。

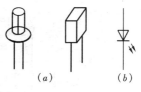

图 6-15　发光二极管
（a）外形；（b）符号

使用发光二极管时也要串入限流电阻，避免流过的电流太大。改变电流的大小还可以改变发光的亮度。图 6-16（a）是常用的直流驱动电路。限流电阻 R 可按下式确定

$$R = \frac{U - U_F}{I_F}$$

式中，$U_F$ 为 LED 的正向电压，约为 2V；$I_F$ 为正向工作电流，可从产品手册中查得。用交流电源驱动时，如图 6-16（b）所示。此时计算限流电阻 R 时仍用上式，不过上式中的 U 是交流电压的有效值，二极管 VD 可避免 LED 承受高的反向电压。

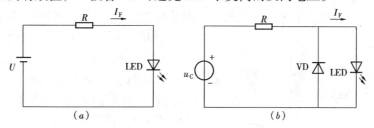

图 6-16　LED 的驱动电路
（a）直流驱动；（b）交流驱动

4）变容二极管　它是利用 PN 结的电容效应工作的，即空间电荷区内没有载流子，起着绝缘介质的作用，PN 结类似一个平板电容器。它的电容容量一般为几十~几百皮法，且随反偏电压（0~30V）的升高而减小。因此，变容二极管是工作在反向偏置状态，其符号如图 6-17 所示。

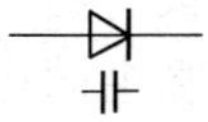

图 6-17　变容二极管的符号

变容二极管的常见用途是作为调谐电容使用，例如在电视机的频道选择器中，利用它来微调选择电视台的频道。

## 1.2　三　极　管

半导体三极管又称为双极型三极管或晶体三极管，简称三极管。它在电子电路中既可用作放大器件，又可作为开关元件，应用十分广泛。

### 1.2.1　三极管的结构和类型

（1）三极管的结构

三极管又称晶体管，它的种类很多。从其内部结构来看，可分为 NPN 型和 PNP 型两种三极管。其中 NPN 型多为硅管，而 PNP 型多为锗管。

三极管是由两个 PN 结的三块杂质半导体组成，不论是 NPN 型或 PNP 型，都由三个区组成：集电区、发射区和基区。从三个区分别引出三个电极：集电极 C、发射极 E 和基极 B。两个 PN 结分别是发射区与基区之间的发射结和集电区与基区之间的集电结。在电路中，两种管子的内部结构和符号如图 6-18 所示。图中箭头表示发射结在加正向电压时的电流方向。

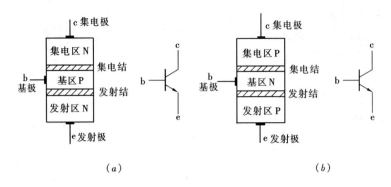

图 6-18 三极管的结构示意图和符号
（a）NPN 型；（b）PNP 型

为了保证三极管具有电流放大作用，三极管在制造工艺上要求：发射区掺杂浓度高，基区很薄且掺杂浓度低，集电区面积较大。因此在使用时，三极管的集电极和发射极不能互换使用。常见三极管的外形如图 6-19 所示。

(2) 三极管的类型

三极管根据基片的材料不同，分为锗管和硅管，目前国内生产的硅管多为 NPN 型（3D 系列），锗管多为 PNP 型（3A 系列）；从频率特性分为高频管和低频管；从功率大小分为大功率管、中功率管和小功率管等。实际应用中采用 NPN 型的三极管较多，因此下面以 NPN 型三极管为例来分析三极管的工作原理，所得结论对于 PNP 型三极管也同样适用。

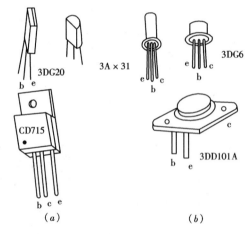

图 6-19 常见三极管外形图
（a）塑封管；（b）金属壳管

### 1.2.2 三极管的电流分配及放大作用

(1) 三极管内部载流子的运动过程

三极管的电流放大作用是通过载流子的传输来实现的。为了正常地传送和控制载流子，必须保证三极管各极间加合适的偏置电压，即发射结正向偏置，集电结反向偏置。

1) 发射区向基区注入电子　由于发射结正向偏置，发射区掺杂浓度高，所以发射区大量自由电子扩散到基区，形成发射极电流 $I_E$，如图 6-20 所示。与此同时，基区多子空穴扩散到发射区，形成很小的空穴扩散电流，可以忽略不计。

2) 电子在基区的扩散与复合　电子注入基区后，在靠近发射结边界积累起来，因此在基区中形成一定浓度差，使得电子向集电结方向扩散。在扩散过程中，又会与基区中的空穴复合形成基极电流 $I_{BN}$，复合的空穴由基极电源补充，从而形成基极电流 $I_B$。因为基区掺杂浓度低且做得很薄，使电子在基区和空穴复合的数量很少，绝大部分电子都扩散到集电结附近，所以形成的基极电流 $I_B$ 很小。

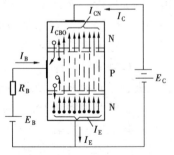

图 6-20 三极管内部载流子的运动过程

3) 集电区收集电子 由于集电结反偏，有利于把扩散到集电结边缘的电子收集到集电区，形成集电极电流 $I_{CN}$。同时，集电区和基区的少子也在集电结反偏电压作用下漂移过集电结，形成很小的反向饱和电流 $I_{CBO}$。由此可见，集电极电流 $I_C$ 由两部分电流 $I_{CN}$ 和 $I_{CBO}$ 组成，而 $I_{CBO}$ 的数值很小，但对温度却非常敏感，使管子工作不稳定，所以在制造过程中应尽量设法减小 $I_{CBO}$。

(2) 电流分配关系

由上面载流子的运动过程可知，由于电子在基区的复合，发射区注入基区的电子并非全部达到集电极，三极管制成后，发射区注入的电子传输到集电结所占的比例是一定的。图 6-21 描述了三极管电流分配关系。从图中可知：

$$I_C = I_{CN} + I_{CBO} \tag{6-1}$$

由于常温下 $I_{CBO}$ 数值很小，可忽略不计。故

$$I_C \approx I_{CN} \qquad I_B \approx I_{BN}$$

又因为

$$I_E = I_{CN} + I_{BN}$$

所以有

$$I_E = I_C + I_B \tag{6-2}$$

设

$$I_C = \beta I_B$$

则

$$I_E = \beta I_B + I_B = (1 + \beta) I_B \tag{6-3}$$

上式中，$\beta$ 表示交流电流放大倍数，其值为 $\beta = I_C/I_B$；$\overline{\beta}$ 表示直流电流放大倍数，当电流的变化量很小时，可近似认为 $\beta \approx \overline{\beta}$。$\beta$ 是三极管主要参数之一，$\beta$ 的大小，除了由半导体的材料的性质，管子的结构和工艺决定外，还与管子工作电流 $I_C$ 大小有关，也就是说同样一只管子在不同工作电流下 $\beta$ 值是不一样的。

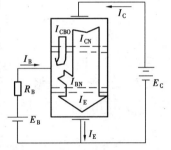

图 6-21 三极管的电流分配关系

(3) 放大作用

三极管的最基本的作用是把微弱的电信号加以放大，三极管的放大电路如图 6-21 所示。因发射极是基极回路和集电极回路的公共端，所以此电路又称为共射极放大电路。如果，$I_B = 20\mu A$，$I_C = 1.2mA$，则 $I_E = I_B + I_C = (0.02 + 1.2)mA = 1.22mA$，电流放大倍数 $\beta = I_C/I_B = 60$。若调节电阻 $R_B$，使电流 $\Delta I_B = 10\mu A$，则

$$\Delta I_C = 0.01 \times 60 mA = 0.6 mA$$

由此可见，当基极电流有微小变化可以控制集电极电流会有较大的变化，这说明三极管有电流放大作用，其放大倍数为 $\beta$。

### 1.2.3 三极管的伏安特性

三极管的特性曲线是指三极管各电极电压与电流之间的关系曲线，它是三极管内部载流子运动的外部表现。主要有输入特性曲线和输出特性曲线。图 6-22 是三极管共射极特性曲线测试电路。

(1) 输入特性曲线

输入特性曲线是指在每个固定的 $U_{CE}$ 值下，输

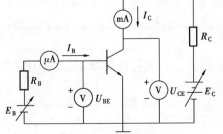

图 6-22 三极管共射极特性曲线测试电路

入电流 $I_B$ 与输入电压 $U_{BE}$ 之间关系的曲线，即 $I_B = f(U_{BE})$，特性曲线如图 6-23 所示。当 $U_{CE} = 0$ 时，三极管相当于两个二极管并联工作，由于两个 PN 结均处于正向偏置，因此 $I_B$ 与 $U_{BE}$ 的关系近似于二极管的伏安特性。

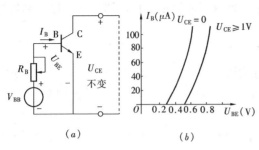

当 $U_{CE} \geq 1V$ 后，各条伏安特性基本重叠为一条曲线。这是因为，当 $U_{CE} = 1V$ 时，集电结变为反向偏置，发射区注入基区的电子绝大多数都被集电区收集，只有很小一部分形成复合电流 $I_{BN}$。所以 $U_{CE}$ 再加大，集电极收集的电子也增加不多，$I_B$ 也不会有明显减小，因此 $U_{CE} \geq 1V$ 后，各条曲线基本重合。由于实际使用时，要求 $U_{CE} > 1V$，因此用一条 $U_{CE} \geq 1V$ 的曲线代表输入特性就可以了。

图 6-23 三极管输入特性曲线

输入特性曲线类似于二极管正向特性，有如下特点：

输入特性曲线是非线性的，初始阶段存在死区，电流 $I_B = 0$。当正向电压 $U_{BE}$ 达到开启电压 $U_T$（又称阈值电压或死区电压）发射结才开始导通。

(2) 输出特性曲线

输出特性曲线是指在每一个固定的 $I_B$ 下，输出电流 $I_C$ 与输出电压 $U_{CE}$ 之间关系的曲线，即 $I_C = f(U_{CE})$，特性曲线如图 6-24 所示。根据三极管不同的工作状态，输出特性曲线可分为三个工作区：

1) 截止区　当 $I_B = 0$ 时，$I_C = I_{CBO}$，由于 $I_{CBO}$ 数值很小，所以三极管工作于截止状态。故将 $I_B = 0$ 所对应的那条输出特性曲线以下的区域称为截止区。三极管工作于截止状态的外部电路的条件为：发射结反向偏置（或无偏置又称零偏），集电结反向偏置。

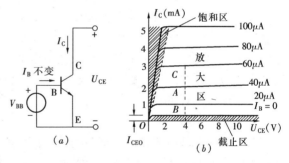

图 6-24 三极管输出特性曲线

2) 放大区　当 $I_B > 0$，且 $U_{CE} > 1V$ 之后，每一输出特性曲线都几乎与横坐标轴平行。$I_C$ 的数值与 $U_{CE}$ 几乎无关，而仅取决于 $I_B$。三极管呈现为一个由 $I_B$ 控制的恒流源，其内阻 $r_{ce} = \Delta U_{CE}/\Delta I_C$，一般小功率三极管的 $r_{ce}$ 在几十千欧至几百千欧，非常大。放大区的曲线呈水平状，这是因为集电结反偏电压加强了内电场，使发射区扩散到基区的电子绝大部分都漂移到集电区，形成电流 $I_C$，此后再加大 $U_{CE}$ 对 $I_C$ 的影响不大，故 $I_C$ 的数值几乎与 $U_{CE}$ 无关，而保持恒定。

由图 6-24 可知，$I_B$ 变化时，$I_C$ 随之按比例地变化到另一条特性曲线上，这个比例系数就是电流放大倍数 $\beta$，在图 6-24 中由 $A$ 点到 $C$ 点可求得

$$\beta = \frac{\Delta I_C}{\Delta I_B} = \frac{(3-2)\text{mA}}{(60-40)\mu\text{A}} = 50$$

所以放大区存在 $\Delta I_C = \beta \Delta I_B$ 的关系，体现了三极管的电流放大作用。三极管工作于

放大状态的外部条件是：发射结正向偏置，集电结反向偏置。

3) 饱和区　当 $I_B > 0$，且 $U_{CE}$ 较小时（输出特性的起始上升部分），$I_C$ 不再保持恒定，随着 $U_{CE}$ 的增大 $I_C$ 迅速增大，内阻 $r_{ce} = \Delta U_{CE}/\Delta I_C$ 显著下降，$I_C$ 已不再受 $I_B$ 控制，三极管失去了电流放大作用，这种工作状态称为饱和。

当集电结电压降至 $U_{CB} = U_{CE} - U_{BE} = 0$ 时，称为临界饱和状态（集电结由放大工作时的反偏变为零偏），此时的管压降叫做饱和电压，用 $U_{CES}$ 表示，显然它小于 1V（小功率管）。在图 6-24 中，饱和区与放大区的分界线就是临界饱和线。饱和区内三极管的集电结与发射结均处于正向偏置。工作于饱和区内的小功率三极管，集电极与发射极之间的压降一般为 0.1~0.3V 之间，硅管比锗管要大，大功率硅管可达 1~3V。显然，饱和压降越小，三极管的性能越好（输出电压大，功率损耗小）。三极管工作在饱和区，无放大作用，集电极与发射极相当于一个开关的状态。

(3) 半导体三极管的温度特性

1) 温度变化对 $U_{BE}$ 的影响　$U_{BE}$ 随温度的升高而减小，即三极管发射结的正向特性具有负的温度系数。温度每升高 1℃，$U_{BE}$ 减小 2~2.5mV，反映在输入特性曲线上，曲线随温度升高而左移，即温度升高时，对于同一 $I_B$ 值，外电路提供的发射结正向电压降低了。一般硅管主要是 $U_{BE}$ 受温度影响。

2) 温度变化对 $I_{CBO}$ 和 $I_{CEO}$ 的影响　和二极管一样，$I_{CBO}$ 对温度十分敏感，当温度升高时，电子数量急剧增加。相对比较之下，锗管主要受 $I_{CBO}$ 和 $I_{CEO}$ 的影响。反映在输出特性曲线上是 $I_B = 0$ 的曲线随温度升高而上移，其他曲线也随之上移。

3) 温度变化对电流放大倍数 $\beta$ 的影响　温度升高后，加快了基区注入载流子的扩散速度，使基区中电子与空穴的复合数目减少，因此 $\beta$ 随温度的升高而增大。反映在输出特性曲线上，表现为各条曲线间的距离随温度升高而增大。

总之，$\beta$、$I_{CBO}$、$U_{BE}$ 受温度影响的结果，最终都表现在使三极管的集电极电流 $I_C$ 发生了变化。如温度升高它们都使 $I_C$ 增大，造成三极管工作不稳定，尤其是锗管。因此，高温下工作时，一般应避免采用锗管，应选用硅管，此外要选用 $\beta$ 不太大，$I_{CBO}$ 极小的管子。

(4) 三极管的主要参数

1) 电流放大倍数 $\beta$　电流放大倍数是衡量三极管放大能力的参数。当三极管接成共射极放大电路时，分直流放大倍数和交流放大倍数，两者含义不同，但在输出特性曲线平行等距，且 $I_B = 0$，$I_C = 0$ 时，有 $\beta = \overline{\beta}$。一般放大电路采用 $\beta = 20~100$ 的三极管。

2) 极间反向电流：

A. 集-基极反向饱和电流 $I_{CBO}$：即发射结开路时，集电结的反向电流 $I_{CBO}$ 很小，但受温度影响很大。在常温下，小功率硅管在 1μA 以下，小功率管约为几微安到几十微安。

B. 集-射极间的穿透电流 $I_{CEO}$：即基极开路时，集-射极间外加一定电压时的电流，$I_{CEO} = (1 + \beta) I_{CBO}$。

3) 集电极最大允许电流 $I_{CM}$　$I_{CM}$ 是指 $\beta$ 值下降到正常数值的 2/3 时的集电极电流。

4) 集电极最大允许功耗 $P_{CM}$　$P_{CM}$ 取决于管子工作时所允许的集电结最高温度，使用时应满足 $U_{CE}I_{CE} < P_{CM}$。

5) 集-射极反向击穿电压 $U_{(BR)CEO}$　$U_{(BR)CEO}$ 是指基极开路时，集-射极间的反向击穿电压。

(5) 三极管的选择和使用方法

1) 根据电路要求确定管子的种类　三极管的种类很多,应根据电路的实际需要选择。例如在低频电压放大电路中应选用低频小功率管;而在高频电路中应选用高频管。

2) 由电路参数选择合适的型号　电路需要输出功率大时,选用 $P_{CM}$ 值大的管子;需要工作在大电流时,选用 $I_{CM}$ 大的管子;工作电压高,选用 $U_{(BR)CEO}$ 大的管子;要求温度稳定性好时,选用硅管且 $I_{CEO}$ 较小的管子。

三极管在电路中不要靠近发热器件,管脚引线不宜太短,大功率管应考虑散热条件。

## 课题2　基本放大电路

放大电路的应用十分广泛,无论是日常使用的收音机、扩音机,还是用于测量的精密仪器等,其中都有各种各样的放大电路。在这些电子设备中,放大电路利用三极管的电流控制作用将微弱的电信号放大到所要求的数值,便于利用和测量。

### 2.1　基本放大电路的组成及工作原理

#### 2.1.1　单管共射极放大电路的组成

三极管电路具有放大作用,要保证三极管导通并正常工作,要求三极管的发射结正向偏置,集电结反向偏置。图 6-25 所示为单管共射极放大电路。其中输入端接交流信号源 $u_i$,$V_{BB}$、$V_{CC}$ 是直流电压源,$C_1$、$u_i$、三极管的基极 B、发射极 E 组成输入回路,输出电压 $u_o$、$C_2$、发射极 E 组成输出回路。因为发射极是输入和输出回路公共端,所以称这种电路为共射极电路。电路中各元件的作用如下:

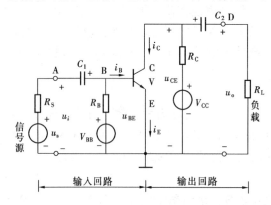

图 6-25　共射极放大电路基本接法

(1) 三极管 V

三极管 V 具有放大作用,是整个放大电路的核心。不同的三极管有不同的放大性能,图中采用 NPN 型半导体三极管 3DG6。为了满足三极管工作在放大状态,应使 V 的发射结处于正向偏置,集电极处于反向偏置状态。

(2) 电源 $V_{BB}$、$V_{CC}$

$V_{BB}$ 是基极偏置电源。它与电阻 $R_B$ 及三极管的基极、发射极组成闭合回路,使三极管的发射结处于正向偏置状态,并同时经基极提供一个基极偏置电流 $i_B$。

(3) 基极偏置电阻 $R_B$

通过电阻 $R_B$,电源 $V_{BB}$ 给基极提供一个偏置电流 $i_B$。并且 $V_{BB}$ 和 $R_B$ 一经确定后,偏置电流 $i_B$ 就是固定的,所以这种电路称为固定偏置电路,而 $R_B$ 称为基极偏置电阻。

(4) 集电极电阻 $R_C$

集电极电阻 $R_C$,其作用是把经三极管放大了的集电极电流(变化量),转换成三极管集电极与发射极之间管压降的变化量，从而得到放大后的交流信号 $u_0$ 输出。可以看出，若 $R_C = 0$，则三极管的管压降 $u_{CE}$ 将恒等于直流电源电压 $V_{CC}$，输出交流电压 $u_0$ 为零。

(5) 耦合电容 $C_1$、$C_2$

耦合电容 $C_1$、$C_2$ 一方面利用电容的隔直作用，切断信号源与放大电路之间、放大电路与负载之间的直流通路和相互影响。另一方面，$C_1$、$C_2$ 又起着耦合交流信号的作用。只要 $C_1$、$C_2$ 的容量足够大，对交流的电抗足够小，则交流信号便无衰减地传输过去。总之，$C_1$、$C_2$ 的作用可概括为"隔离直流，传送交流"。

实际的共射极放大电路，常将电源 $V_{BB}$ 省去，把偏流电阻 $R_B$ 接到 $V_{CC}$ 的正极上，由 $V_{CC}$ 经 $R_B$ 向三极 V 提供偏流 $i_B$，如图 6-26 (a) 所示。由图上可以看出，放大电路的输入电压 $u_i$ 经 $C_1$ 接至三极管的基极与发射极之间，输出电压 $u_0$ 由三极管的集电极与发射极之间取出，$u_i$ 与 $u_0$ 的公共端为发射极，故称为共发射极电路。公共端的接点符号，它并不表示真正接到大地电位上，而是表示整个电路的参考零电位，电路各点电压的变化以此为参考点。

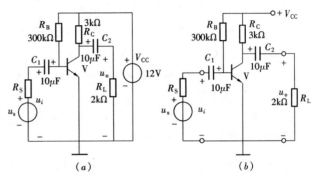

图 6-26 共射极放大电路和习惯画法
(a) 共射极放大电路；(b) 习惯画法

在画电路原理图时，习惯上常常不画出直流电源的符号，即把图 6-26 (a) 改画成图 6-26 (b) 的形式。用 $+V_{CC}$ 表示放大电路接到电源的正极，同时认为电源的负极就接到符号"⊥"（参考零电位）上，对于 PNP 管的电路，电源用 $-V_{CC}$ 表示，而电源的正极为"参考零电位"。

### 2.1.2 共射极放大电路的工作原理

交流放大电路是一种交、直流共存的电路，故电路的电压和电流的名称较多，符号也不同，现对一些主要符号作如下规定：用大写字母和大写角标来表示静态电压、电流，如 $U_{BE}$、$I_B$；用小写字母和小写角标来表示交流瞬时值，如 $u_{be}$、$i_b$ 等。

(1) 静态分析和直流通道

所谓静态是指放大电路在未加入交流输入信号时的工作状态。由于 $u_i = 0V$，电路在直流电源 $V_{CC}$ 作用下处于直流工作状态。三极管的电流以及管子各电极之间的电压、电流均为直流，它们在特性曲线坐标图上为一个特定点，常称为静态工作点 $Q$。静态是由于电容 $C_1$ 和 $C_2$ 的隔直作用，使放大电路与信号源及负载隔开，可看作如图 6-27 所示的直流通路。所谓直流通路就是放大电路处于静态时的直流电流流通的路径。直流通路中的电流、电压均应以大写的英文字母表示（包括下标），如 $I_B$、$I_C$ 及 $U_{CE}$ 等。

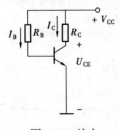

图 6-27 放大电路的直流通路

利用直流通路可以计算出电路静态工作点处的电流和电压：

由偏流 $I_B$ 流过的基极回路的方程

$$V_{CC} = I_B R_B + U_{BE}$$

得:
$$I_B = \frac{V_{CC} - U_{BE}}{R_B} \tag{6-4}$$

代入图6-26的电路参数(对于硅管$U_{BE}$取0.7V,锗管取0.3V)求得放大电路的静态偏置电流$I_B$为:

$$I_B = \frac{V_{CC} - U_{BE}}{R_B} = \frac{(12-0.7)\text{V}}{300\text{k}\Omega} \approx \frac{12\text{V}}{300\text{k}\Omega} = 0.04\text{mA} = 40\mu\text{A}$$

图6-26中,当$V_{CC}$和$R_B$确定后,$I_B$的数值与管子的参数无关,所以将图6-25电路称为固定偏置放大电路。

再求图6-27的集电极静态工作点电流$I_C$,

$$I_C = \beta I_B + I_{CEO} \tag{6-5}$$

略去很小的电流$I_{CEO}$,并取$\beta = 50$,得:

$$I_C = \beta I_B + I_{CEO} \approx \beta I_B = 50 \times 0.04\text{mA} = 2\text{mA}$$

最后由$I_C$流过的集电极回路

$$V_{CC} = I_C R_C + U_{CE}$$

得集电极静态工作点电压

$$U_{CE} = V_{CC} - I_C R_C \tag{6-6}$$

在本例中有

$$U_{CE} = V_{CC} - I_C R_C = (12 - 2 \times 3) = 6\text{V}$$

求得$I_B$、$I_C$和$U_{CE}$就是计算共射极固定偏置放大电路的静态工作点。

注意:在求得$U_{CE}$值之后,要检查其数值应大于发射结正向偏置电压,否则电路可能处于饱和状态,失去计算数值的合理性。

(2)动态分析和交流通道

1)动态分析 所谓动态是指当放大电路接入交流信号(或变化的信号),电路中各电流和电压的变化情况。动态分析是了解放大电路信号的传输过程和波形变化。设外加电压$u_i = U_{im}\sin\omega t$,三极管的基极电流和集电极电流也为脉动电流,集电极与发射极间电压也为脉动电压。

A. 电路中各处电流、电压的变化 在图6-25中,$u_i$经电容$C_1$耦合到三极管的发射结,使发射结的总瞬时电压在静态直流电压$U_{BE}$的基础上叠加上一个交流分量$u_i$,即:

$$u_{BE} = U_{BE} + u_i \tag{6-7}$$

在$u_i$的作用下,基极的电流$i_B$随之变化。$u_i$的正半周,$i_B$增大;$u_i$的负半周,$i_B$减小(假设$u_i$的幅值小于$U_{BE}$,管子工作输入特性接近直线的段落)。因此,在正弦电压$u_i$的作用下$i_B$在$I_B$的基础上也叠加了一个与$u_i$相似的正弦交流分量$i_b$,即:

$$i_B = I_B + i_b = I_B + I_{bm}\sin\omega t \tag{6-8}$$

基极电流的变化被三极管放大为集电极电流的变化,因此集电极电流$i_C$也是在静态电流$I_C$的基础上叠加一个正弦交流分量$i_c$,即

$$\begin{aligned} i_C &= \beta i_B \\ &= \beta(I_B + I_{bm}\sin\omega t) \\ &= \beta I_B + \beta I_{bm}\sin\omega t \end{aligned} \tag{6-9}$$

$$= I_C + I_{cm}\sin\omega t$$
$$= I_C + i_c$$

最后，集电极电流的变化在电阻 $R_C$ 上引起电阻电压 $i_C R_C$ 的变化，以及管压降 $u_{CE}$ 的变化，即：

$$u_{CE} = V_{CC} - i_C R_C$$
$$= V_{CC} - (I_C + i_c) R_C$$
$$= (V_{CC} - I_C R_C) + (-i_c R_C)$$
$$= U_{CE} + u_{ce}$$

其中 $\qquad u_{ce} = u_o = -i_c R_C \qquad$ (6-10)

就是叠加在静态直流电压 $U_{CE}$ 基础上的交流输出电压。在图 6-26（b）中，就是通过 $C_2$ 耦合到负载 $R_L$ 两端的输出交流电压分量。

以上分析得到一个重要结论：在动态工作时，放大电路中各处电压、电流都是在静态（直流）工作点（$U_{BE}$、$I_B$、$I_C$、$U_{CE}$）的基础上叠加一个正弦交流分量。电路中同时存在直流分量和交流分量（$u_i$、$i_b$、$i_c$、$u_{ce}$），这是放大电路的特点。

放大电路中各处电压、电流的波形图画于图 6-28 中。
通常用大写字母带大写下标表示直流电压或电流（如 $I_C$、$U_{CE}$ 等）；
用小写字母带小写字母下标表示交流电压或电流瞬时值（如 $i_c$、$u_{ce}$）；
用小写字母带大写字母下标表示电路总瞬时电压或电流（如 $i_C$、$u_{CE}$）；
用大写字母带小写下标表示交流电压或电流的有效值（如 $U_i$、$I_b$ 等）；
用带点的大写字母表示正弦交流电压或电流的相量符号（如 $\dot{U}_i$、$\dot{U}_o$ 等）

B. 交流通路和共射放大电路中 $u_o$ 与 $u_i$ 的倒相关系　直流分量和交流分量共存是放大电路的特点，但在分析问题时，有时只需要考虑交流问题，而忽略直流的影响，这就是交流信号所作用的电路，即交流通路。一般情况下，画交流通路的方法是：

首先，由于耦合电容的容量一般都比较大，对于所放大的交流信号的频率，它的阻抗值很小（近似为零）。在画交流通路时可视为短路。

其次，在画交流通道时，对于直流电源视为短路。
按以上规定，画出图 6-25 所示的共射极放大电路的交流通道，如图 6-29 所示。在交流通道中，$R_L$ 是负载电阻，集电

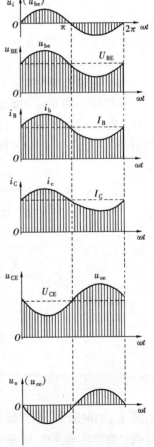

图 6-28　放大电路中的电压电流波形图

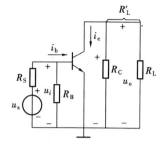

图 6-29 放大电路的交流通路

极等效负载电阻 $R'_L$ 是 $R_L$ 与 $R_C$ 的并联，即：

$$R'_L = R_L \mathbin{/\mkern-6mu/} R_C = \frac{R_L \cdot R_C}{R_L + R_C} \tag{6-11}$$

此时输出电压为：

$$u_o = u_{ce} = -i_c R'_L \tag{6-12}$$

式中负号表示输出电压与输入电压相位相反。即输入和输出在相位上相差 180°，这是共射极单管放大电路的一个重要特点，称之为倒相现象。

倒相的原理，除通过图 6-28 的波形分析过程可以看出外，也可以直接从共射放大电路（图 6-26）本身看出。当 $u_i$ 为正半周时，使 $i_B$ 和 $i_C$ 增大，也使电阻 $R_C$ 两端电压降增大，在电源电压 $V_{CC}$ 恒定的条件下，导致三极管的管压降必然减小，这就形成了输出电压 $u_o$ 的负半周。

## 2.2 图解法分析放大电路

在了解放大电路的原理基础上，用图解法进一步分析电路。所谓图解法，就是利用晶体管的特性曲线，用作图的方法来分析放大电路的静态工作点，观察在交流信号作用下输出电压的动态变化情况。

### 2.2.1 图解法分析放大电路的静态工作点

(1) 在输出特性曲线上画直流负载线

现以图 6-30 所示的共射极放大电路进行图解分析。已知电路参数为 $V_{CC} = 12V$，$R_C = 3k\Omega$，$R_B = 300k\Omega$，$R_L = 2k\Omega$，$C_1 = C_2 = 10\mu F$，$\beta = 50$。为了在三极管的输出特性曲线上找到静态工作点，在图中三极管集电极-发射极端电压 $u_{CE}$ 和电流 $i_C$ 的关系由下式决定：

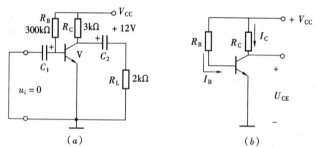

图 6-30 共射电路的静态工作电路
(a) $u_i = 0$ 的放大电路；(b) 直流通路

$$u_{CE} = V_{CC} - i_C R_C \tag{6-13}$$

$$i_C = \frac{V_{CC}}{R_C} - \frac{u_{CE}}{R_C} \tag{6-14}$$

电源 $V_{CC}$ 和电阻 $R_C$ 是常数，这样 $i_C$ 和 $u_{CE}$ 之间按照线性规律变化。根据两点法可求得这直线。通常用短路点 $M$ 和开路点 $N$ 确定，即：

$N$ 点的确定：当 $i_C = 0$，则 $U_{CE} = V_{CC} = 12V$，即得图上 $N$ 点 (12, 0)。

$M$ 点的确定：当 $u_{CE} = 0$，则 $i_C = \dfrac{V_{CC}}{R_C} = \dfrac{12V}{3k\Omega} = 4mA$，得到图上 $M$ 点 (0, 4)。

连接 $M$、$N$ 两点,即可得到一条直线,如图 6-31 所示。直线的斜率为 $-\dfrac{1}{R_C}$,即 $\tan\theta = -\dfrac{1}{R_C}$。

直线 $MN$ 的位置和斜率仅取决于直流参数 $V_{CC}$ 和 $R_C$,故这条直线又称作直流负载线。

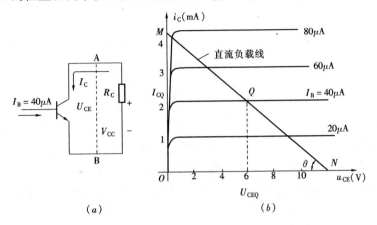

图 6-31 输出回路的图解分析静态工作点

(2) 确定静态工作点 $Q$

在图 6-31(a)的输出回路作为一个整体,其电压 $u_{CE}$ 与电流 $i_C$ 之间的关系必须同时满足虚线左右两边的伏安特性。显然,只有直线 $MN$ 与 $I_B = 40\mu A$ 所确定的那一条输出特性的交点才能满足。图上的这个交点 $Q$ 就是放大电路的静态工作点。$Q$ 点的纵坐标就是静态集电极电流 $I_C$,横坐标就是静态集电极电压 $U_{CE}$。图上,测得 $I_C = 2mA$,$U_{CE} = 6V$ 与前面直流通路式(6-5)、式(6-6)计算得的数值相同。改变电路参数 $V_{CC}$、$R_C$、$R_B$ 都能改变静态工作点的位置。但在实际工程中,一般通过改变 $R_B$ 来调节静态工作点。

#### 2.2.2 动态工作波形的图解法分析

在静态工作点 $Q$ 的 $I_B$、$I_C$ 及 $U_{CE}$ 的基础上,由图 6-30(a)所示电路的输入端,接入一个幅值为 20mV 的交流电压,即 $u_i = 20\sin\omega t$ (mV),按下列步骤分析动态过程:

(1) 在三极管的输入特性曲线上求基极电流的变化波形

在图 6-31 所示的输入特性上,也设置一个 $I_B = 40\mu A$,对应 $U_{BE} = 0.65V$ 的静态工作点 $Q$。

输入电压 $u_i$ 就叠加在发射结正向偏置电压 $U_{BE}$ 上,使基极电流 $i_B$ 随之变化。$u_i$ 的正半周,使工作点从 $Q$ 点往上移动,$u_i$ 的负半周使工作点 $Q$ 往下移动。当 $u_i$ 为正半周最大值时,从曲线上测得 $i_B$ 最大值为 $60\mu A$;当 $u_i$ 为负半周最大值时,从曲线上测得对应 $i_B$ 最小值为 $20\mu A$。可见在输入信号作用下,基极电流是在 $20\sim 60\mu A$ 的范围内变化。只要输入信号幅度比较小,工作点 $Q$ 的移动范围不大,即可以认为电压和电流之间的关系近似为线性关系。所以,在正弦电压 $u_i$ 的作用下,基极电流 $i_B$ 也是在静态电流 $I_B$ 的基础上叠加了一个正弦交流分量 $i_b$,即:

$$i_B = I_B + i_b$$
$$i_b = I_{bm}\sin\omega t = 20\sin\omega t (\mu A)$$

(2) 在三极管的输出特性曲线上求集电极电流和电压的变化波形

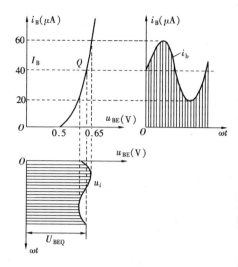

在图 6-32 所示的输出特性曲线上，在已知 $i_B$ 的变化范围的情况下，根据受控源关系，必然产生放大了的 $i_C$ 变化范围和管压降 $u_{UE}$ 的变化范围。这些都可由工作点 $Q$ 在交流负载线上移动求得。将直流负载线斜率改为 $-1/R'_L$ 就可得到交流负载线 $AB$，如图 6-33 所示。

可由交流负载线与输出特性的交点求出输出电流和电压波形及电压放大倍数 $A_u$。

在图 6-33 中，信号的正半周，$i_B$ 由 $40\mu A$ 增大到 $60\mu A$，工作点由 $Q$ 沿交流负载线向上移动到 $Q'$ 点；信号负半周，$i_B$ 降至 $20\mu A$，工作点由 $Q$ 沿交流负载线向下移动到 $Q''$ 点。所以，在输入电压作用下，放大电路在输出伏安特性上的工作点，是以静态工作点为中心，沿着交流负载线上下移动的。

图 6-32 图解法分析 $u_{BE}$ 和 $i_B$ 的波形

工作点移动在纵坐标（电流轴）上的投影即为 $i_C$ 的变化范围（图中为 $1\sim3mA$）；在横坐标（电压轴）上的投影即为 $u_{CE}$ 的变化范围（图中为 $4.6\sim7.4V$）。这样就可以画出三极管的集电极电压、电流随时间变化的动态工作波形，如图 6-33 所示。

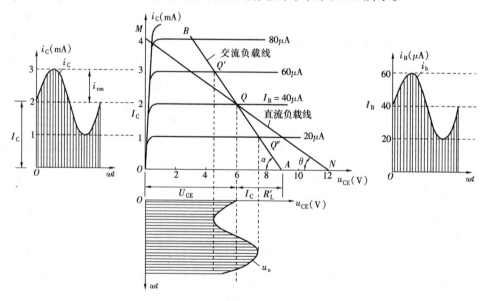

图 6-33 用图解法分析共射电路的动态波形

将 $u_{CE}$ 总瞬时值电压波形中减去直流分量 $U_{CE}$，得到的就是经电容 $C_2$ 隔直后传输给负载 $R_L$ 的输出电压 $u_o = u_{ce}$。由图 6-33 可得交流分量 $u_o$ 的峰-峰值为：

$$U_{o(p-P)} = (7.4 - 4.6)V = 2.8V \tag{6-15}$$

该共射放大电路的电压放大倍数为

$$A_u = \frac{U_{o(p-p)}}{U_{i(p-P)}} = \frac{2.8}{0.4} = 7(倍) \tag{6-16}$$

由此可以得出以下三个结论：

1) 输出电压 $u_o$ 与输入电压 $u_i$ 具有倒相关系。

2) $R_L$ 大小对电压放大倍数 $A_u$ 有影响。$R_L$ 越小，交流负载线越陡，在同样 $u_i$ 的作用，工作点沿交流负载线上下移动时在横坐标上的投影范围（动态范围）越小，$u_o$ 也越小，说明放大倍数 $A_u$ 变小了；反之，$R_L$ 越大，$A_u$ 也越大。

3) 尽量把静态工作点 $Q$ 设置在交流负载线的中点，可以得到输出电压 $u_o$ 正负半波对称的最大不失真动态范围和输出电压。

(3) 放大电路的非线性失真与静态工作点的关系

前面的分析，有意把静态工作点安排在交流负载线的中点附近。这样，在 $u_i$ 作用的正、负半周，三极管始终工作于输出特性的放大区内，因此管子的 $i_B$、$i_C$ 及 $u_{CE}$ 的变化基本上按输入电压 $u_i$ 的变化规律而变化。所以，图6-33中各电压、电流随时间的变化规律都画成正弦波形，这种情况称为不失真。

所谓非线性失真，是指放大电路输出电压与输入电压的波形不一致，这往往是由于动态工作点进入了三极管的非线性区（饱和或截止）引起的。

下面分析由于静态工作点不合适，而引起的截止和饱和失真情况。通常采用改变基极偏置电阻 $R_B$ 来调节静态工作点。增大 $R_B$，使 $I_B$ 减小，$Q$ 点降低，如图6-34中的 $Q''$ 点；减小 $R_B$，使 $I_B$ 增大，$Q$ 点升高，如图6-34中的 $Q'$ 点。

1) 静态工作点太低（$Q''$点）容易产生截止失真　此时由于靠近截止区，在输入电压的负半周，可能使三极管进入截止区，集电极电流 $i_C$ 波形的负半波底部被削平，对于 NPN 型管，其输出电压 $u_o$ 将产生顶部削平的截止失真波形。为了避免截止失真，应调小 $R_B$ 将静态工作点提高一点，一般要求 $I_B > I_{bm}$。

2) 静态工作点太高（$Q'$点）容易产生饱和失真　此时由于靠近饱和区，在输入电压的正半周，$I_B$ 和 $I_C$ 加大，电阻 $R_C$ 上的电压降也增大，导致管压降 $u_{CE}$ 进一步降低，可能使三极管进入饱和区，集电极电流 $i_C$ 波形的正半波顶部被削平，对于 NPN

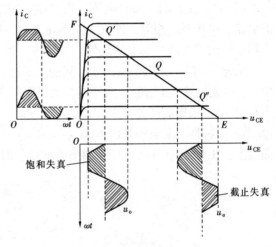

图6-34　饱和失真和截止失真

型管，其输出电压 $u_o$ 将产生底部削平的饱和失真波形。为了避免饱和失真，应调大 $R_B$ 或减小 $R_C$ 值，使管压降增大，从而将静态工作点降低。一般要求静态管压降与饱和压降之差

$$U_{CE} - U_{CES} > U_{om} \tag{6-17}$$

式中，$U_{om}$ 为输出电压的幅值，$U_{CES}$ 为三极管的饱和压降，小功率三极管可取 1V 左右。

总之，为使放大电路既不出现截止失真又不出现饱和失真，一般宜将静态工作点安排在交流负载线的中间位置，如图6-34中直线 $EF$ 的中点附近，以保证三极管工作时有最大的不失真电压输出。

必须指出，三极管只有在较大信号推动下（如处于大信号工作状态的功率电路），失真问题才比较突出。而在小信号的电压放大电路中，一般静态电流选为几毫安就能满足动态工作不产生非线性失真的要求。

## 2.3 微变等效电路法分析放大电路

图解法能直观地了解放大电路的静态和动态工作过程，合理地安排静态工作点，分析非线性失真，确定电路的最大不失真输出电压等。但作图麻烦，精确度不高，特别是分析复杂的直接耦合多级放大电路尤其困难，所以在实际应用中局限性很大。图解法比较适合用于分析动态变化范围大的大信号放大电路，例如功率放大电路。

对于要求定量估算的小信号电路，广泛采用的是微变等效电路法。所谓微变等效电路法（简称等效电路法），就是在信号条件下，把放大电路中的三极管这个非线性元件线性化，用输入电阻 $r_{be}$ 和受控电流源 $\beta i_b$ 取代，然后就可以利用线性电路的定律去求解出放大电路的各种性能指标，所以十分方便。这里的微变就是指小信号条件下，即三极管的电流、电压仅在其特性曲线上一个很小段内变化，这一微小的曲线段，完全可以用一段直线来近似，从而获得变化量（电流、电压）间的线性关系。

### 2.3.1 三极管的简化微变等效电路

（1）三极管的输入回路的等效电路

图 6-35（a）的三极管电路，用二端口网络（b）来等效。两个电路的输入和输出端的电流、电压对应相等，即 $u_i$、$i_b$ 和 $u_o$、$i_c$ 间关系都保持不变。现在来确定由图（b）输入端和输出端看进去的等效线性元件及其参数。

从输入端看，其 $u_i = u_{be}$ 与 $i_b$ 间的伏安特性取决于三极管的输入特性，如图 6-36（c）所示。这是一个 PN 结的正向特性，如果要把它等效为一个电阻元件，即所谓三极管的输入电阻 $r_{be}$，根据前面关于 PN 结正向特性的论述，属于变化量的 $r_{be} = \Delta U_{BE}/\Delta I_B$ 应当是 PN 结正向特性上某点，如图 6-36（c）上的 Q 点处的动态电阻，也就是三极管输入特性曲线上，工作点 Q 处所作切线斜率的倒数，即：

$$r_{be} = \frac{\Delta U_{BE}}{\Delta I_B} = \frac{1}{\tan\alpha} \tag{6-18}$$

由于特性曲线上各点切线斜率不同，所以 $r_{be}$ 的数值可能随工作点的取值而变化，呈现非线性电阻的特点。但在小信号工作情况下，如图 6-36（c）中 Q 点附近的 AB 范围内，当 AB 段足够小时，只要 Q 点选得合适，则可把 AB 段曲线近似看成直线段。回到图 6-36（a）的电路上看，就是说电压 $\Delta U_{BE}$ 和电流 $\Delta I_B$ 的变化量不超过 AB 段的范围，则可认为 $r_{be}$ 是常数，是个线性固定电阻。若电压、电流变化量为交流正弦波，则有：

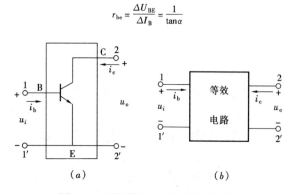

图 6-35 三极管与二端口网络的等效
（a）三极管电路；（b）等效电路

$$r_{be} = \frac{\Delta U_{BE}}{\Delta I_B} = \frac{u_{be}}{i_b} \quad (6\text{-}19)$$

正向输入特性曲线也可以用二极管的 PN 结方程来描述,考虑到三极管的结构特点,即基区很薄,所以基极电流还受到基区体电阻的限制,在工程估算法中若将 $r_{be}$ 看作三极管输入端的等效电阻即输入电阻,还应包括基区体电阻在内,故用下式计算:

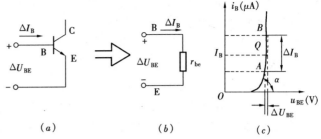

图 6-36 求三极管的等效输入电阻

$$r_{be} = r_{bb'} + (1+\beta)\frac{26(\text{mV})}{I_E(\text{mA})} \quad (6\text{-}20)$$

式中,$r_{bb'}$ 是三极管的基区体电阻,小功率管可取 300Ω 计算;后面一项与工作点有关的即为发射结电阻,$(1+\beta)$ 是考虑到发射结电阻等效到基极回路,要将 $I_E$ 折算为 $I_B$ 的电流比 $(I_E/I_B = 1+\beta)$。从上式可以看出 $r_{be}$ 值与静态工作点 $I_E$(或 $I_C$)值有关。通常小功率三极管,当静态电流 $I_C = (1\sim2)$ mA 时,$r_{be}$ 约为 1kΩ 左右。

(2) 从输出特性求三极管的输出等效电路

图 6-37(a) 是晶体管的输出特性曲线,可以看出三极管在输入基极变化电流 $\Delta I_B$ 的作用下,就有相应的集电极变化电流 $\Delta I_C$ 输出,它们的受控关系为:

$$\Delta I_C = \beta \Delta I_B \quad (6\text{-}21)$$

或写成
$$i_c = \beta i_b$$

$\beta$ 为输出特性上静态工作点 $Q$ 处电流放大倍数。若 $Q$ 点位于输出特性的放大区,且放大区的特性曲线与横坐标平行(满足恒流特性),电流的变化幅度不会进入非线性区(饱和区或截止区),则从输出 C、E 极看三极管是一个输出电阻 $r_{ce} = \frac{\Delta U_{CE}}{\Delta I_C}$ 接近无穷大的受控电流源,其在等效电路中的符号,如图 6-37(b) 所示。

综上所述,可以画出三极管的简化微变等效电路,如图 6-38(b) 所示,这种等效电路,又称为简化的 $h$ 参数等效电路。

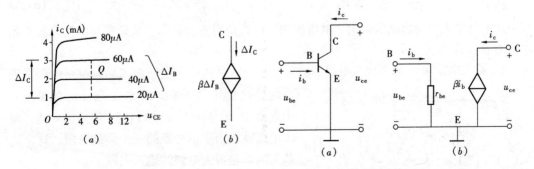

图 6-37 三极管输出端等效受控电流源    图 6-38 三极管的简化微变等效电路

**2.3.2 由简化微变等效电路求放大电路的动态性能指标**

对于图 6-26(b) 所示的单管放大电路在计算出静态工作点 $I_B$、$I_C$、$U_{CE}$ 以后,即可利用微变等效电路法求得放大电路的动态性能指标，具体步骤如下：

(1) 画放大电路的微变等效电路

固定偏置的共射放大电路重绘于图 6-39（a）中。画放大电路的微变等效电路，可先画出三极管的等效电路，然后分别画出三极管基极、发射极、集电极三个电极外接元器件的交流通道，最后加上信号源和负载。在交流情况下，由于直流电源内阻很小，常常忽略不计，故整个直流电源可视为短路；电路中的电容，在一定的频率范畴内，容抗 $X_C$ 很小，故也可视为短路。如图 6-39（b）所示。

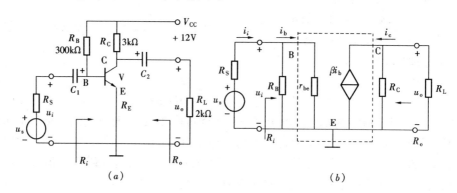

图 6-39 共射放大电路的微变等效电路与输入输出电阻

(2) 动态参数的计算

1) 电压放大倍数 $A_u$　放大电路的电压放大倍数定义为输出电压与输入电压的比值，用 $A_u$ 表示，即：

$$A_u = \frac{U_o}{U_i} \tag{6-22}$$

由图 6-39（b）可得：

输入电压　　　　　　　　　　$U_i = I_b r_{be}$

输出电压　　　　　　$U_o = -I_c R'_L = -\beta I_b R'_L \tag{6-23}$

由此可得　　　　$A_u = \dfrac{U_o}{U_i} = \dfrac{-\beta I_b R'_L}{I_b r_{be}} = -\beta \dfrac{R'_L}{r_{be}} \tag{6-24}$

式中　　　　　　　$R'_L = R_C // R_L = \dfrac{R_C \cdot R_L}{R_C + R_L} \tag{6-25}$

式中负号表示输出电压与输入电压反相，此式说明放大器的放大倍数与电路参数及晶体管的 $\beta$ 和 $r_{be}$ 有关。

2) 输入电阻 $R_i$　所谓放大电路的输入电阻，就是从放大电路输入端向电路内部看进去的等效电阻。如图 6-39（a）所示。如果把一个内阻 $R_S$ 的信号源 $u_S$ 加到放大器的输入端，放大电路就相当于信号源的一个负载电阻，这个负载电阻就是放大电路的输入电阻 $R_i$。

如图 6-40 所示，此时放大电路向信号源吸取电流 $I_i$，而放大电路输入端接受信号电压为 $U_i$，所以输入端的输入电阻 $R_i$ 为：

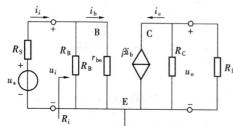

图 6-40 信号源与输入电阻的关系

$$R_i = \frac{U_i}{I_i} \tag{6-26}$$

$R_i$ 愈大的电路，表示其输入端向信号源取用的电流 $I_i$ 愈小。对信号源来说，$R_i$ 是与信号源内阻 $R_S$ 串联的，$R_i$ 大意味着 $R_S$ 上的电压降小，使放大电路的输入电压 $U_i$ 能比较准确地反映信号源真实电压 $U_S$。因此，要设法提高放大电路的输入电阻，尤其当信号源的内阻较高时更应如此。例如，要提高测量仪器测量的精确度，就必须采用高输入电阻的前置放大电路与信号源连接。

在图 6-39（b）中，从电路的输入端看进去的等效输入电阻为：

$$R_i = \frac{U_i}{I_i} = R_B // r_{be} \tag{6-27}$$

对于固定偏置的放大电路，通常 $R_B \gg r_{be}$，因此 $R_i \approx r_{be}$，小功率管的 $r_{be}$ 为 1kΩ 左右，可见共射放大电路的输入电阻 $R_i$ 不高。

3) 输出电阻 $R_o$。放大器带上负载 $R_L$ 以后，由于 $R'_L < R_C$，所以放大倍数和输出电压都要降低。这是由于图 6-39（b）中由负载 $R_L$ 端向放大电路内部看的等效电压源内阻的压降增大的缘故。

放大器的输出端在空载和带负载时，其输出电压将有所改变，放大器带负载时的输出电压将比空载时的输出电压有所降低，如空载时的输出电压为 $U'_o$，而带负载时的输出电压为 $U_o$，则有

$$U_o = U'_o \frac{R_L}{R_L + R_o} \tag{6-28}$$

整个放大器可看成一个内阻 $R_o$，大小为 $U'_o$ 的电压源。这个等效电源的内阻 $R_o$ 就是放大器的输出电阻。$U_o < U'_o$ 是因为输出电流在 $R_o$ 上产生电压降的结果，这就说明 $R_o$ 越小，带负载前后输出电压相差的越小，亦即放大器受负载的影响越小，所以一般用输出电阻 $R_o$ 来衡量放大器带负载的能力，$R_o$ 越小带负载的能力越强。求放大器的输出电阻 $R_o$ 的方法有两种：

A. 用实验法求 $R_o$。如图 6-41 所示，在放大电路输入端加上适当电压 $U_i$，将输出端开关 S 打开，测得空载输出电压 $U'_o$。然后接上负载 $R_L$，闭合开关 S，由于内阻 $R_o$ 上电压降的影响，使输出电压下降，测得输出电压为 $U_o$，由图可得：

$$U_o = U'_o \frac{R_L}{R_L + R_o}$$

所以输出电阻为：

$$R_o = \left(\frac{U'_o}{U_o} - 1\right) R_L \tag{6-29}$$

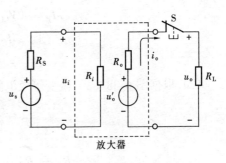

图 6-41 求输出电阻的实验方法

$U_o$ 与 $U'_o$ 的差值就是输出电流 $i_o$ 在 $R_o$ 上产生的电压降，$R_o$ 越小，带上负载 $R_L$ 后的电压 $u_o$ 越接近于 $u'_o$。这说明 $u_o$ 受负载电阻 $R_L$ 变化的影响越小。因此，对负载电阻 $R_L$ 来说，放大电路就是它的信号源，可以用这个等效电压源的内阻 $R_o$ 来衡量放

大电路的带负载能力。所以 $R_o$ 越小,放大电路带负载能力越强。

B. 等效电路法求 $R_o$  如图 6-42 所示,令信号源电压 $U_S = 0V$,但保留其内阻 $R_S$,在输出端断开放大器的负载 $R_L$,接入一个交流电源电压 $U_o$,求出此时的输出电流 $I_o$,则输出电阻为:

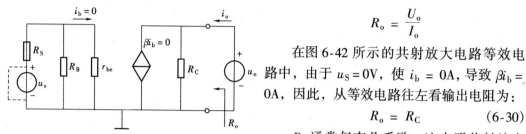

$$R_o = \frac{U_o}{I_o}$$

在图 6-42 所示的共射放大电路等效电路中,由于 $u_S = 0V$,使 $i_b = 0A$,导致 $\beta i_b = 0A$,因此,从等效电路往左看输出电阻为:

$$R_o = R_C \quad (6-30)$$

图 6-42 求输出电阻的等效电路法

$R_C$ 通常仅有几千欧,这表明共射放大电路的带负载能力不大。

4)对信号源的放大倍数 $A_{us}$  放大器对信号源的放大倍数等于输出电压与信号源两端电压的比值,即:

$$A_{us} = \frac{U_o}{U_S}$$

由图 6-39 可知

$$U_i = \frac{R_i}{R_i + R_S} \cdot U_S$$

所以

$$U_S = \frac{R_S + R_i}{R_i} U_i$$

$$A_{us} = \frac{U_o}{U_S} = \frac{U_o}{U_i} \frac{R_i}{R_S + R_i} = A_u \frac{R_i}{R_S + R_i} \approx \frac{\beta R'_L}{R_S + r_{be}} \quad (6-31)$$

可见,$R_S$ 越大,或者 $R_i$ 越小,信号源的放大倍数越小。因此,一般希望高输入电阻,多级放大时,前一级的输出就是下一级的输入,为增大下一级的放大,也希望有低输出电阻。

【例 6-1】 单管共射放大电路如图 6-39(a)所示,电路参数 $V_{CC} = 12V$,$R_C = 3k\Omega$,$R_B = 300k\Omega$,$R_L = 2k\Omega$,信号源内阻 $R_S = 500\Omega$,$\beta = 50$,试求:(1)放大器的静态工作点;(2)放大电路的电压放大倍数 $A_u$、输入电阻 $R_i$ 和输出电阻 $R_o$;(3)考虑信号源内阻的源电压放大倍数 $A_{us}$。

【解】 (1)放大电路的静态工作点:

$$I_B = (V_{CC} - U_{BE})/R_B = 40\mu A,$$

$$I_C = \beta I_B = 2mA$$

$$U_{CE} = (V_{CC} - I_C R_C) = 6V$$

(2)根据图 6-38(b)微变等效电路求三个指标

$$A_u = -\beta \frac{R'_L}{r_{be}}$$

$$R'_L = R_C // R_L = \frac{3 \times 2}{3 + 2} k\Omega = 1.2k\Omega$$

$$r_{be} = 300 + (1+\beta)\frac{26}{I_E} = 300 + (50+1) \times \frac{26}{2} = 963\Omega$$

代入上式，得电压放大倍数

$$A_u = -\beta\frac{R'_L}{r_{be}} = -\frac{50 \times 1.2}{0.96} \approx -62$$

输入电阻： $R_i \approx r_{be} = 0.96\text{k}\Omega$

输出电阻： $R_o = R_C = 3\text{k}\Omega$

(3) 源电压放大倍数 $A_{us}$：

$$A_{us} = \frac{U_o}{U_S}$$

$$U_i = \frac{R_i}{R_S + R_i} \cdot U_S$$

故

$$A_{us} = \frac{U_o}{U_S} = \frac{U_i}{U_S} \cdot \frac{U_o}{U_i}$$

$$= \frac{R_i}{R_S + R_i} \cdot A_u = \frac{R_B // r_{be}}{R_S + R_B // r_{be}} \cdot A_u$$

由于 $R_B \gg r_{be}$，可得

$$A_{us} \approx \frac{-r_{be}}{R_S + r_{be}} \cdot \frac{\beta R'_L}{r_{be}}$$

所以

$$A_{us} = \frac{R}{R_S + R_i} \cdot A_u \approx -\frac{\beta R'_L}{R_S + r_{be}}$$

在本例中

$$A_{us} = -\frac{50 \times 1.2}{0.5 + 0.96} = -41$$

### 2.4 静态工作点的稳定电路

#### 2.4.1 静态工作点不稳定的原因

共发射极的固定偏置电路，由于三极管参数的温度稳定性差，如图 6-43 所示，对于同样的基极偏流（如 $40\mu A$），当温度升高时，输出特性曲线将上移（如由 $Q$ 点移到 $Q'$ 点），严重时，将使静态工作点进入饱和区，而失去放大能力；此外，其他因素，例如当更换 $\beta$ 值不相同的三极管时，由于 $I_B$ 固定，则 $I_C$ 会随 $\beta$ 的变化而变化，造成 $Q$ 点偏离合理值。

为了稳定放大电路的性能，必须在电路结构上加以改进，使静态工作点保持稳定。最常见的是分压式射极偏置工作点稳定电路。

#### 2.4.2 分压式射极偏置电路

(1) 电路组成及其静态分析

图 6-44（a）所示分压式射极偏置电路。

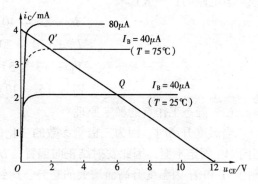

图 6-43 固定偏置电路中温度对静态工作点 $Q$ 的影响

基极直流偏置由电阻 $R_{B1}$ 和 $R_{B2}$ 构成，利用它们的分压作用将基极电位 $V_B$ 基本稳定在某一数值。发射极串接偏置电阻 $R_E$，实现直流负反馈来抑制静态电流 $I_C$ 的变化。直流通路如图 6-44（b）所示。

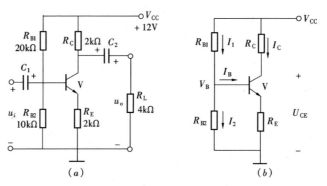

图 6-44 分压式射极偏置电路

要使基极电位 $V_B$ 稳定，在选取 $R_{B1}$ 和 $R_{B2}$ 数值时，应保证

$$I_1 \approx I_2 \gg I_B$$

则

$$V_B = V_{CC} \frac{R_{B2}}{R_{B1} + R_{B2}} \tag{6-32}$$

于是

$$I_C \approx I_E = \frac{V_B - U_{BE}}{R_E} \tag{6-33}$$

当 $V_B \gg U_{BE}$ 时，有

$$I_C \approx \frac{V_B}{R_E}$$

只要 $V_B$ 稳定，$I_C$ 就相当稳定，与温度关系不大。

由于 $I_C \approx I_E$，所以

$$U_{CE} = V_{CC} - I_C R_C - I_E R_E \approx V_{CC} - I_C(R_C + R_E) \tag{6-34}$$

$$I_B = \frac{I_C}{\beta}$$

利用这些公式就求出了静态工作点的 $I_C$、$I_B$ 和 $U_{CE}$。为了使电路稳定 $Q$ 点的效果好，设计该电路时，一般选取

$$I_1 = (5 \sim 10) I_B \quad （硅管）$$
$$I_1 = (10 \sim 20) I_B \quad （锗管）$$
$$V_B = (3 \sim 5) U_{BE} \quad （硅管）$$
$$V_B = (5 \sim 10) U_{BE} \quad （锗管）$$

（2）静态工作点的稳定原理

当温度升高时，因为三极管参数的变化使 $I_C$ 和 $I_E$ 增大，$I_E$ 的增大导致 $V_E$ 电位升高。由于 $V_B$ 固定不变，因此发射结正向偏置，$U_{BE}$ 将随之降低，使基极电流 $I_B$ 减小，从而抑制了 $I_C$ 和 $I_E$ 因温度升高而增大的趋势，达到稳定静态工作点 $Q$ 的目的。上述过程，是一种自动调节作用，可以写为

$$T\uparrow \to I_C(I_E)\uparrow \to V_E\uparrow \to U_{BE}\downarrow \to I_B\downarrow \to I_C\downarrow$$

$R_E$ 的作用非常重要。由于 $R_E$ 的位置既处于集电极回路中，又处于基极回路中，它能把输出电流（$I_E$）的变化反送到输入基极回路中来，以调节 $I_B$ 达到稳定 $I_E$（$I_C$）的目的。这种把输出量引回到输入回路以达到改善电路某些性能的措施，叫作反馈。$R_E$ 越大，反馈作用越强，稳定静态工作点的效果越好。

**【例 6-2】** 已知分压式射极偏置电路如图 6-44 所示。$V_{CC} = 12V$，$R_C = 2k\Omega$，$R_E = 2k\Omega$，$R_{B1} = 20k\Omega$，$R_{B2} = 10k\Omega$，$\beta = 40$。试计算电路的静态值 $I_C$、$I_B$ 和 $U_{CE}$。

**【解】** 由式（6-32）求 $V_B$

$$V_B = V_{CC} \frac{R_{B2}}{R_{B1} + R_{B2}} = 12 \times \frac{10}{20 + 10} = 4V$$

由式（6-33）求 $I_C$，取 $U_{BE} = 0.7V$

$$I_C \approx \frac{V_B - U_{BE}}{R_E} = \frac{4 - 0.7}{2} = 1.65mA$$

$$I_B = \frac{I_C}{\beta} = \frac{1.65}{40} = 41\mu A$$

根据式（6-34）

$$U_{CE} = V_{CC} - I_C(R_C + R_E) = 12 - 1.65(2 + 2) = 5.4V$$

（3）动态交流指标计算

1）电压放大倍数 $A_u$

$$A_u = \frac{U_o}{U_i}$$

$$U_o = -\beta I_b R'_L$$

$$U_i = I_b r_{be} + I_e R_E = I_b[r_{be} + (1 + \beta)R_E] = I_b R'_i$$

式中

$$R'_i = r_{be} + (1 + \beta)R_E$$

所以

$$A_u = -\frac{\beta R'_L}{R'_i} = -\frac{\beta R'_L}{r_{be} + (1 + \beta)R_E} \tag{6-35}$$

2）输入电阻 $R_i$ 和输出电阻 $R_o$

由图 6-45 的微变等效电路可以看出：

$$R_i = \frac{u_i}{i_i} = R_{B1} // [r_{be} + (1 + \beta)R_E]$$

$$R_o = R_C$$

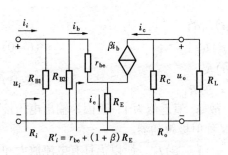

图 6-45 图 6-44 的微变等效电路

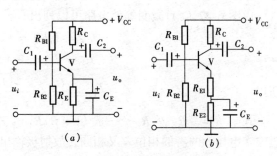

图 6-46 具有射极旁路电容的共射极放大电路

(4) 射极旁路电容 $C_E$ 的作用

由式（6-35）可见，由于 $R_E$ 的接入，虽然带来了稳定工作点的益处，但却使放大倍数下降了，且 $R_E$ 越大下降越多。如果在 $R_E$ 上并联一个大容量电容 $C_E$（低频电路取到几十到几百微法）如图6-46（a）所示。由于 $C_E$ 对交流可看作短路，因此对交流而言，仍可看作发射极接地。所以，$C_E$ 被称为射极旁路电容，这样仍可用式（6-24）计算放大倍数。根据电路需要，还可将 $R_E$ 分成两部分（$R_{E1}$、$R_{E2}$），在交流的情况下，$R_{E2}$ 被短路，以兼顾静态工作点稳定和电压放大倍数的不同要求。如图6-46（b）所示。

## 课题3　其他基本放大电路

### 3.1　共集电极电路—射极输出器

如图6-47（a），它是由基极输入信号，发射极输出信号，在它的交流通路上可见，集电极是输入回路与输出回路的公共端，故称共集电路。又由于是从射极输出信号，故又称为射极输出器。

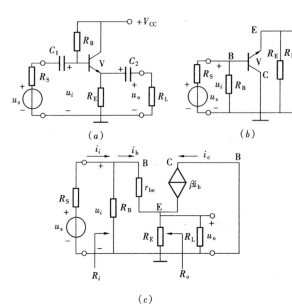

图6-47　共集电极电路—射极输出器
(a) 共集电极电路；(b) 交流通路；(c) 微变等效电路

#### 3.1.1　静态分析

根据图6-47（a）可列出直流关系式

$$V_{CC} = I_B R_B + U_{BE} + I_E R_E$$
$$= I_B R_B + U_{BE} + (1+\beta) I_B R_E \quad (6\text{-}36)$$

故有 $I_B = \dfrac{V_{CC} - U_{BE}}{R_B + (1+\beta)R_E}$ （6-37）

$$I_C = \beta I_B$$
$$U_{CE} = V_{CC} - I_C R_E \quad (6\text{-}38)$$

由上面各式可以确定静态工作点。

#### 3.1.2　动态分析

(1) 电压放大倍数 $A_u$

由图6-47（c）微变等效电路可以列出

$$U_o = I_e R'_L = (1+\beta) I_b R'_L \quad (6\text{-}39)$$
$$U_i = I_b [r_{be} + (1+\beta) R'_L] \quad (6\text{-}40)$$

所以
$$A_u = \frac{U_o}{U_i} = \frac{(1+\beta)R'_L}{r_{be} + (1+\beta)R'_L} \quad (6\text{-}41)$$

式中 $R'_L = R_E /\!/ R_L$。一般 $(1+\beta)R'_L \gg r_{be}$，故 $A_u$ 值近似为1，正因为输出电压接近输入电压，两者的相位差又相同，故射极输出器又称射极跟随器。

射极输出器虽然没有电压放大作用，但由于 $I_e = (1+\beta)I_b$，所以仍具有电流放大和功率放大作用。

(2) 输入电阻 $R_i$

由图 6-47 （c） 得出

$$U_o = I_e R'_L$$
$$U_i = I_b [r_{be} + (1+\beta) R'_L] \qquad (6\text{-}42)$$
$$A_u = \frac{U_o}{U_i} = \frac{(1+\beta) R'_L}{r_{be} + (1+\beta) R'_L}$$

由上式可见，射极输出器的输入电阻是由偏置电阻 $R_B$ 与基极回路电阻 $[r_{be} + (1+\beta) R'_L]$ 并联而得，其中 $(1+\beta) R'_L$ 可认为是射极的等效负载电阻 $R'_L$ 折算到基极回路的电阻。射极输出器的输入电阻通常为几十千欧到几百千欧，要比共射极放大电路的输入电阻大得多。

(3) 输出电阻 $R_o$

由于 $u_o \approx u_i$，当 $u_i$ 一定时，输出电压 $u_o$ 基本上保持不变，表明射极输出器具有恒压输出的特性，故其输出电阻较低。图 6-48 为求输出电阻的等效电路。其中：

$$I_o = I_{RE} + I_b + \beta I_b$$

式中 $\quad I_{RE} = \dfrac{U_o}{R_E}; \quad I_b = \dfrac{U_o}{r_{be} + (R_B /\!/ R_S)}$

故得 $\quad I_o = \dfrac{U_o}{R_E} + (1+\beta) \dfrac{U_o}{r_{be} + (R_B /\!/ R_S)}$

经整理后可得

$$R_o = \frac{U_o}{I_o} = \frac{1}{\dfrac{1}{R_E} + \dfrac{1}{\dfrac{r_{be} + (R_B /\!/ R_S)}{1+\beta}}}$$

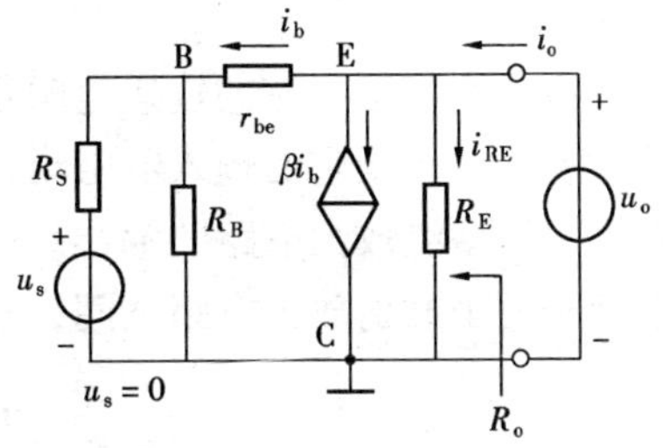

图 6-48 求共集电极电路输出电阻的电路

所以 $\qquad R_o = R_E /\!/ \dfrac{r_{be} + (R_B /\!/ R_S)}{1+\beta} \qquad (6\text{-}43)$

若不计信号源内阻 $R_S$，则有

$$R_o = R_E /\!/ \left[\frac{r_{be}}{1+\beta}\right]$$

又若 $\qquad R_E \gg \dfrac{r_{be} + (R_S /\!/ R_B)}{1+\beta}$

可得 $\qquad R_o \approx \dfrac{r_{be} + (R_S /\!/ R_B)}{1+\beta} \qquad (6\text{-}44)$

上式表明，射极输出器的输出电阻是很小的。$[r_{be} + (R_S /\!/ R_B)]$ 是基极回路的总电阻，而输出电阻是从发射极往内看的，发射极电流 $I_e$ 是基极电流 $I_b$ 的 $(1+\beta)$ 倍，所以将基极回路总电阻 $[r_{be} + (R_S /\!/ R_B)]$ 算到发射极回路来时，需除以 $(1+\beta)$，$\beta$ 愈大，输出电阻愈低，通常为几欧至几十欧。

【例 6-3】 已知一射极输出器如图 6-47（a）所示，其中 $V_{CC} = 12V$，$R_B = 120k\Omega$，$R_E = 3k\Omega$，$R_L = 3k\Omega$，$R_S = 0.5k\Omega$，三极管 $\beta = 40$，试求电路的静态工作点和动态指标 $A_u$、$R_i$ 和 $R_o$。

**【解】**　(1) 静态工作点

$$I_B \approx \frac{V_{CC}}{R_B + (1+\beta)R_E} = \frac{12}{120 + (1+40) \times 3} = 50\mu A$$

$$I_C = \beta I_B = 40 \times 0.05 = 2mA$$

$$U_{CE} = V_{CC} - I_E R_E = 12 - 2 \times 3 = 6V$$

(2) 动态指标

$$R'_L = R_E // R_L = \frac{3 \times 3}{3+3} = 1.5k\Omega$$

$$r_{be} = 300 + (1+40)\frac{26}{2} = 0.833k\Omega$$

$$A_u = \frac{U_o}{U_i} = \frac{(1+\beta)R'_L}{r_{be} + (1+\beta)R'_L} = \frac{41 \times 1.5}{0.83 + 41 \times 1.5} = 0.985$$

$$R_i = R_B // [r_{be} + (1+\beta)R'_L] = \frac{120 \times (0.83 + 41 \times 1.5)}{120 + (0.83 + 41 \times 1.5)} = 41k\Omega$$

$$R_o = R_E // \frac{r_{be} + R_S // R_B}{1+\beta} = 34\Omega$$

由于射极输出器的输入电阻很大，向信号源吸取电流很小，所以常用作多级放大电路的输入级。由于它的输入电阻小，具有较强的带负载能力，且具有较大的电流放大能力，故常用作多级放大电路的输出级（功放电路）。此外，利用其 $R_i$ 大、$R_o$ 小的特点，还常常接于两个共射放大电路之间，作为缓冲（隔离）级，以减小后级电路对前级的影响。

## 3.2　多级放大电路

### 3.2.1　多级放大器的组成

单级放大器的放大倍数一般为几十倍左右，而实际的输入信号往往很微弱（毫伏级或微伏级）。为了推动负载工作，必须由多级放大电路对微弱信号连续放大。图 6-49 为多级放大电路的组成方框图，其中，最前面输入级和中间级主要用作电压放大，可以将微弱的输入电压放大到足够的幅度。后面的末前级和输出级用功率放大，以输出负载所需要的功率。

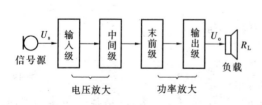

图 6-49　多级放大电路的组成框图　　　　图 6-50　阻容耦合方式

### 3.2.2　多级放大电路的级间耦合方式

耦合方式是指级与级之间的连接方式。常用的耦合方式有：阻容耦合、变压器耦合、直接耦合等。

(1) 阻容耦合方式

图 6-50 为阻容耦合的两级放大电路。两级之间用电容 $C_2$ 连接。由于电容有隔直作

用，切断了两级放大电路之间的直流通道。因此，各级的静态工作点互相独立、互不影响，使电路的设计、调试都很方便。这是阻容耦合方式的优点。对于交流信号的传输，若选用足够大容量的耦合电容，则交流信号就能顺利传送到下一级。

阻容耦合的主要缺点是低频特性较差。当信号频率降低时，耦合电容的容抗增大，电压下降，使信号受到衰减，放大倍数下降。因此阻容耦合不适用于放大低频或缓慢变化的直流信号。此外，由于集成电路制造工艺原因，不能在内部构成较大容量电容，所以阻容耦合不适用于集成电路。

(2) 变压器耦合方式

图 6-51 是变压器耦合方式的两级放大电路。它的输入电路是阻容耦合，而第一级的输出是通过变压器与第二级的输入相连的，第二级的输出也是通过变压器与负载相连的，这种级间通过变压器相连的耦合方式称为变压器耦合放大器。

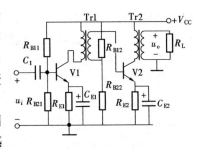

因为变压器是利用电磁感应原理在原、副线圈之间传递交流电能的，直流电产生的是恒磁场不产生电磁感应，也就不能在原、副线圈中传递，所以变压器也能起到隔直流的作用。变压器还能改变电压和改变阻抗，这

图 6-51　变压器耦合方式

对放大电路特别有意义。如在功率放大器中，为了得到最大的功率输出，要求放大器的输出阻抗等于最佳负载阻抗，即所谓阻抗匹配。如果用变压器输出就能得到满意的效果。

变压器耦合也存在一些缺点。首先是要用铁芯（磁芯）和线圈，成本高、体积大，不利于电路的集成化。其次，高、低频特性都比较差。由于信号的传送是靠电磁感应进行，对于直流或缓慢变化的传感器信号就无法顺利传输过去；对于较高的信号频率，由于变压器的漏感和分布电容的影响，会使放大的高频特性产生畸变。

(3) 直接耦合方式

直接耦合就是把前级放大器的输出端直接（或经过电阻）接到下一级放大电路的输入端，如图 6-52 所示。

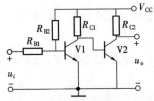

图 6-52　直接耦合方式

直接耦合的优点是由于前后直接连接，能够顺利地传送直流信号或变化缓慢的信号，并且便于集成。

直接耦合方式的缺点是前后级直流通路相通，各级静态工作点相互影响。通过采取一定措施，方能使每一级静态工作点合适。直接耦合更为严重的问题是零点漂移。

直接耦合放大电路在理想情况下，输入信号为零时，输出电压保持不变。实际上，输入信号为零时，输出端却有相当可观的随时间缓慢变化的不规则信号，称这种现象为零点漂移，简称零漂。产生零漂的原因很多，如晶体管的参数 $I_{CBO}$、$\beta$、$U_{BE}$ 随温度的变化而变化，电源电压的波动，电路元件参数的变化都会使静态工作点移动而产生零点漂移。其中温度的影响尤为严重，我们把温度引起的漂移称为温漂，零漂的大小主要由温漂决定。特别是第一级的温漂，需着重抑制。

当放大电路输入信号时，零点漂移将伴随有用信号共同输出，使输出信号产生误差。

零漂严重时,会使放大电路在饱和或截止状态而无法正常工作。

抑制零点漂移的措施很多,如选用高质量的硅管作为放大元件,其温度特性比较稳定,产生的零漂小。也可采用二极管、热敏电阻等对温度有敏感的器件进行补偿。还有其他减小零点漂移的措施,目前常用十分有效的是采用差动放大电路。

(4) 光电隔离耦合

光电耦合器是由发光二极管和光电三极管组合封装在一起而成的器件的总称。它具有电-光-电转换功能。其工作原理是:当输入端施加电信号时,发光二极管按信号规律发光,内部的光电三极管受光照之后产生相应信号的光电流,从输出端引出。图 6-53 为光电耦合应用电路。

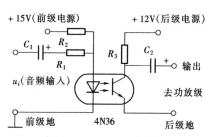

图 6-53 光电耦合放大电路

静态时发光二极管流过约 10mA 的偏置电流 $I_F$,在音频输入信号 $u_i$ 的作用下产生的交变电流就叠加在 $I_F$ 上,从而形成调制电流。由这种变化电流所产生的光线变化为光电三极管所接收,并转换成光电流输出,其中的直流分量被电容 $C_2$ 隔离,只有放大后的交流信号传输出去。

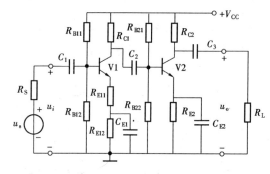

图 6-54 两级阻容耦合放大电路

### 3.2.3 多级放大器的增益

多级放大器的性能指标与单级放大电路相似,有电压放大倍数、输入电阻和输出电阻等。分析时要注意的是它们级间是相互联系的,以阻容耦合为例,虽然级间有了隔直电容,使两级静态工作点互不影响,但是电容能耦合交流信号,因此在分析交流性能时,各级之间是相互联系的。如图 6-54 所示的两级放大电路,画出它的微变等效电路,如图6-55所示。从图中就可以看出,第一级的输出电压 $u_{o1}$ 是第二级的输入电压 $u_{i2}$;而第二级的输入电阻 $R_{i2}$ 又是第一级的交流负载电阻。在计算性能指标时要引起注意。

因为多级放大器是多级串联逐级连续放大,所以总的电压放大倍数是各级放大倍数的乘积,即:

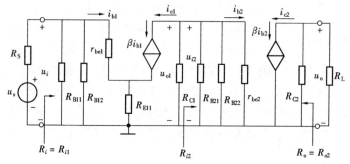

图 6-55 图 6-54 所示电路的微变等效电路

$$A_{u} = \frac{u_o}{u_i} = \frac{u_{o1}}{u_i} \times \frac{u_o}{u_{o1}} = \frac{u_{o1}}{u_i} \times \frac{u_{o2}}{u_{i2}} = A_{u1} \cdot A_{u2} \tag{6-45}$$

【例 6-4】 两级阻容耦合放大电路如图 6-54 所示。已知电路参数 $V_{CC} = 9V$，$R_{B11} = 60k\Omega$，$R_{B12} = 30k\Omega$，$R_{C1} = 3.9k\Omega$，$R_{E11} = 300\Omega$，$R_{E12} = 2k\Omega$，$\beta_1 = 40$，$R_{B21} = 60k\Omega$，$R_{B22} = 30k\Omega$，$R_{C2} = 2k\Omega$，$R_L = 5k\Omega$，$R_{E2} = 2k\Omega$，$\beta_2 = 50$，$C_1 = C_2 = C_3 = 10\mu F$，$C_{E1} = C_{E2} = 47\mu F$。试求：(1) 放大电路的静态工作点；(2) 放大电路的交流性能指标 $A_u$、$R_i$ 及 $R_o$。

【解】 (1) 放大电路的静态工作点

由于放大电路两级之间被电容 $C_2$ 隔直，所以可分别计算各自的静态工作点。

$V_1$ 电路的静态工作点：

$$U_{B1} \approx V_{CC}\frac{R_{B12}}{R_{B12} + R_{B11}} = 9 \times \frac{30}{60 + 30} = 3V$$

$$I_{C1} \approx I_{E1} = \frac{U_{B1} - U_{BE1}}{R_{E11} + R_{E12}} = \frac{3 - 0.7}{0.3 + 2} = 1mA$$

$$\begin{aligned} U_{CE1} &= V_{CC} - I_{C1}R_{C1} - I_E(R_{E11} + R_{E12}) \\ &\approx V_{CC} - I_{C1}(R_{C1} + R_{E11} + R_{E12}) \\ &= 9 - 1 \times (3.9 + 0.3 + 2) = 2.8V \end{aligned}$$

$V_2$ 电路的静态工作点：

$$U_{B2} \approx V_{CC}\frac{R_{B22}}{R_{B21} + R_{B22}} = 9 \times \frac{30}{60 + 30} = 3V$$

$$I_{C2} \approx I_{E2} = \frac{U_{B2} - U_{BF2}}{R_{E2}} = \frac{3 - 0.7}{2} = 1.15mA$$

$$\begin{aligned} U_{CE2} &= V_{CC} - I_{E2}(R_{C2} + R_{E2}) \\ &= 9 - 1.15(2 + 2) = 4.4V \end{aligned}$$

(2) 放大电路的交流性能指标

先画出本例电路的微变等效电路，如图 6-55 所示。计算三极管 $V_1$、$V_2$ 的输入电阻 $r_{be1}$、$r_{be2}$，得

$$r_{be1} = 300 + (1 + \beta_1)\frac{26}{I_{E1}} = 300 + 41 \times \frac{26}{1} = 1.37k\Omega$$

$$r_{be2} = 300 + (1 + \beta_2)\frac{26}{I_{E2}} = 300 + 51 \times \frac{26}{1.15} = 1.45k\Omega$$

计算各级的电压放大倍数，得

$$A_{u1} = \frac{-\beta_1 R'_{L1}}{r_{be1} + (1 + \beta)R_{E1}}$$

其中

$$R'_{L1} = R_{C1} // R_{i2} = R_{C1} // R_{B21} // R_{B22} // r_{be2}$$

$$= \frac{1}{\frac{1}{3.9} + \frac{1}{60} + \frac{1}{30} + \frac{1}{1.45}} \approx 1k\Omega$$

代入上式可得：

$$A_{u1} = \frac{-40 \times 1}{1.37 + 41 \times 0.3} = -2.9$$

$$A_{u2} = \frac{-\beta_2 R'_{L2}}{r_{be2}} = \frac{-\beta_2(R_{C2} /\!/ R_L)}{r_{be2}}$$
$$= -\frac{50 \times 2 /\!/ 5}{1.45} = -50$$

总的电压放大倍数为：
$$A_u = A_{u1} \times A_{u2} = (-2.9) \times (-50) = 145$$

多级放大电路的输入电阻就是输入级的输入电阻。在本例中：
$$R_i = R_{i1} = R_{B11} /\!/ R_{B12} /\!/ [r_{be1} + (1+\beta_1)R_{E11}]$$
$$= \frac{1}{\frac{1}{60} + \frac{1}{30} + \frac{1}{13.7}} = 8\text{k}\Omega$$

多级放大电路的输出电阻是末级的输出电阻。在本例中：
$$R_o = R_{o2} = R_{C2} = 2\text{k}\Omega$$

## 3.3 放大电路的频率响应

### 3.3.1 频率响应

前面分析放大电路时，均假设输入信号的频率是单一的正弦波电压，并认为在这个频率下，耦合电容和射极旁路电容的容抗很小，可以看作短路。同时，又忽略了三极管的极间电容和线路分布电容的影响，因此所得到的电压放大倍数 $A_u$ 的数值与频率无关。实际上并非如此，例如广播中的语言和音乐信号，其频率通常在几十赫兹至上万赫兹之间。当信号频率很高或很低时，上述电容的影响不能忽略，这些电抗元件不但使 $A_u$ 的数值随频率而变化，而且使输出电压与输入电压的相位也发生变化，即产生了附加的相位移。所以放大电路的电压放大倍数实际上是一个幅度、相移均与频率有关的复数，记作 $\dot{A}_u$。

$$\dot{A}_u = A_u(f) \angle \varphi(f) \tag{6-46}$$

通常把放大电路对不同频率的正弦电压信号的放大效果称为频率响应。

上式中 $A_u(f)$ 表示放大电路电压放大倍数的模与频率 $f$ 的关系，称为幅频特性，而 $\varphi(f)$ 表示放大电路输出电压与输入电压之间相位差 $\varphi$ 与频率的关系，称为相频特性，两者综合起来就是频率响应。图 6-56 所示是单级共射阻容耦合放大电路的频率响应特性，其中图 (a) 是幅频特性，图 (b) 是相频特性。由图上看出，阻容耦合放大电路的频率响应可分为三个区域，在中频区，电压放大倍数 $A_{um}$ 不随信号频率变化，相位保

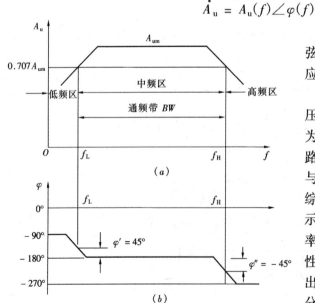

图 6-56 放大电路的频率特性

持 – 180°；在低频区和高频区，电压放大倍数则下降，同时产生附加相移，低频区的相位超前于中频区的相位移，高频区的相位滞后于中频区的相位移。

为了衡量放大电路的频率响应性能，规定在电压放大倍数下降到 $0.707A_{um}$ 时所对应的高低两个频率，分别称为上限频率 $f_H$ 和下限频率 $f_L$。在这两个频率之间的频率范围，称为放大电路的通频带，用 $BW$ 表示，即：

$$BW = f_H - f_L \tag{6-47}$$

#### 3.3.2 通频带

通频带愈宽，表示放大器工作的频率范围愈宽，好的音频放大器，可达 20~2000Hz，通频带是放大器频率响应的一个重要指标。一个放大器若对不同频率的信号有不同的放大倍数和相移，这样就使放大器的输出电压波形不能完全重现输入信号的波形，从而产生了失真，这种失真是因为频率不同而产生的，故称为频率失真。在幅特性上表现的是幅度失真程度；在相频特性上表现的是相位失真程度。为了避免频率失真，应尽量使放大电路的上限频率高于实际信号中的最高频率成分；下限频率低于信号中的最低频率成分。

## 实验一 半导体二极管的识别与测试

### 一、实验目的

1. 了解二极管、三极管的型号命名方法及学习查阅产品手册的方法。
2. 学习用万用表检测二极管、三极管的方法。
3. 通过测试加深巩固对二极管、三极管特性的理解。

### 二、实验器材

万用表一只，不同型号的二极管、三极管若干只。

### 三、实验步骤

电子线路中的各种半导体元件，一般在外壳上注有标志。在使用过程中，若有标志不清或有损坏时，可用万用表简易地辨别半导体器件的种类、极性及好坏。通常使用万用表的欧姆挡测量极间电阻来判断，其等效电路如图 6-57 所示。

在使用万用表欧姆挡时，应注意万用表板上的正、负表笔与内部电源的极性相反。

1. 二极管的检测

二极管的外壳上，一般标有极性符号或在外壳一端印有色圈表示负极、外壳一端制成圆角形表示负极等。二极管的简易检测是利用二极管的单向导电性，使用万用表欧姆挡来判别其极性和好坏。

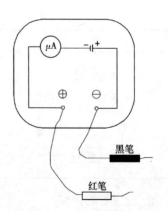

图 6-57 万用表内部电源极性示意图

（1）小功率二极管的简易检测方法是：首先将万用表拨至欧姆挡 "$R \times 100$" 或 "$R \times 1k$" 量程挡，然后将万用表的两表笔分别接到二极管的两极上，更换表笔位置，重新测试。根据两次测试结果，判断二极管的好坏和极性。具体方法如表 6-1 和表 6-2 所示。

**半导体二极管的简易测试方法**　　　　表 6-1

| 测试项目 | 测试方法 | 正常数据 | | 极性判断 |
| --- | --- | --- | --- | --- |
| | | 硅管 | 锗管 | |
| 正向电阻 | 测硅管时／测锗管时　红笔　黑笔 | 表针指示在中间偏右一点 | 表针偏右靠近满度,而又不到满度 | 万用表黑笔连接的一端为二极管的正极(或阳极) |
| | | (几百欧~几千欧) | | |
| 反向电阻 | 测硅管时／测锗管时　红笔　黑笔 | 表针一般不动 | 表针将启动一点 | 万用表黑笔连接的一端为二极管的负极(或阴极) |
| | | (大于几百千欧) | | |

**半导体二极管质量简易判断**　　　　表 6-2

| 正向电阻 | 反向电阻 | 二极管的好坏 |
| --- | --- | --- |
| 较小 | 较大 | 好 |
| 0 | 0 | 短路损坏 |
| ∞ | ∞ | 开路损坏 |
| 正、反向电阻值比较接近 | | 二极管质量不佳 |

(2) 整流二极管的简易测试方法同上,测试结果见表 6-3 所示。

**整流二极管的简易测试方法**　　　　表 6-3

| 接法 | 万用表挡位 | 说明 |
| --- | --- | --- |
| 低阻　黑　红　高阻 | 正向　$R \times 1$ | 良好的整流管正向电阻约在几欧~十几欧,若阻值较大,则管子有问题 |
| | 反向　$R \times 10k$ | 一般应无明显读数或有相当高的阻值。若阻值较小说明管子有问题 |

### 2. 三极管的检测

三极管是按一定的制作工艺,将两个 PN 结结合在一起,构成三层半导体,并在其上各自引出一根引线制成三个电极,再封装在管壳里制成的。

(1) 三极管管型及管脚的判别

使用三极管,首先要弄清其各管脚极性。一般情况下可根据型号查阅半导体器件手册。三极管种类不同,管脚的排列方式各异。多数金属封装小功率管的管脚常按等腰三角形排列,顶点为基极,顺时针数,依次为集电极管发射极；塑料封装小功率管管脚常为一字形排列,中间是基极、集电极,管脚短,与其他极间距较远；大功率三极管一般直接用金属外壳作集电极。常见的三极管管脚排列如表6-4所示。

**常见三极管的管脚排列**　　　　　　　　　　　　　　　　　表6-4

大功率三极管（金属封装）

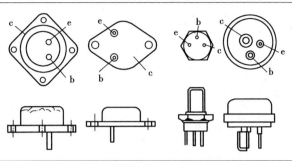

小功率三极管（金属封装）

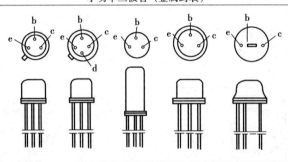

小功率三极管（塑料封装）

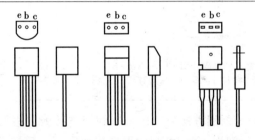

虽然半导体三极管手册中对三极管的管脚极性都有标注，但由于生产工艺不同，即使同一型号的管子，其管脚也可能不同，有的三极管标志不清等，必要时可使用万用表测量各管脚间电阻的方法来判别各管脚极性及管型。三极管的基极、集电极、发射极之间均是一个PN结，因此，只要判别出两个PN结的好坏，就可确定三极管的好坏，同时根据表笔极性判别基极及管型。

（2）管型与基极的判别方法

使用万用表的"$R \times 100$"或"$R \times 1k$"欧姆挡，正（负）表笔接被测管的任一管脚（假设的基极），负（正）表笔分别接另外两个管脚，如图6-58所示。

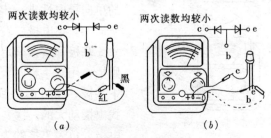

图6-58　三极管管脚和管型的简易判断方法
（a）PNP型；（b）NPN型

直到测出两个电阻值均较小（即两个 PN 结均导通，阻值约在几百欧至 1 千欧左右）时，确定此管管脚即为三极管的基极。判别三极管管脚和极性的方法见表 6-5 所示。

判断三极管管脚和极性（$R \times 100$ 或 $R \times 1k$）　　　　表 6-5

| 内容 | 第一步　判断基极 ||
|---|---|---|
|  | PNP 型 | NPN 型 |
| 方法 | （图：红笔接b，黑笔测其他脚） | （图：黑笔接b，红笔测其他脚） |
| 读数 | 两次读数阻值均较小 | 两次读数阻值均较小 |
|  | 以红笔为准，黑笔分别测另两个管脚，当测得两个阻值均较小时，红笔所接管脚为基极 | 以黑笔为准，红笔分别测另两个管脚，当测得两个阻值均较小时，黑笔所接管脚为基极 |
| 内容 | 第二步　判断集电极 ||
|  | PNP 型 | NPN 型 |
| 方法 | （图：100k，b，c） | （图：100k，b，c） |
| 读数 | 红笔接基极，黑笔连同电阻分别按图示方法测试，当指针偏转角度最大时，黑笔所接的管脚为集电极 | 黑笔接基极，红笔连同电阻分别按图示方法测试，当指针偏转角度最大时，红笔所接的管脚为集电极 |

除上述假设一个基极的判别方法外，还可以利用空基极方法来判别：即利用 c、e 极间为两个 PN 结的反向串联，正、反向阻值均较大来判别空的管脚为基极。简易判别的方法如图 6-59 所示。将万用表的正、负表笔分别接触任意两管脚，若正测、反测两阻值均较大，则判定空着的管脚即为基极。判别出基极后，再利用任一 PN 结的单向导电性进一步判别其管型。

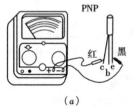

(a)

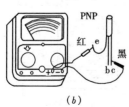

(b)

图 6-59　空基极法判断基极的方法

(3) 集电极、发射极的判别方法

基极和管型确定后，用万用表 "$R \times 100$" 或 "$R \times 1k$" 欧姆挡，用双手将两表笔分别与另外两管脚相连，再用舌头舔一下基极。如图 6-59 所示。观察表针摆动情况，更换表笔重测，找出摆动大的一次，对于 NPN 型三极管，此时正表笔所接是集电极，负表笔接的为发射极。对于 NPN 型三极管恰好相反。

(4) 三极管好坏的判别

判断三极管的好坏依据就是判断其内部两个 PN 结的好坏。检测方法及结果如表 6-6。

判断三极管好坏（$R \times 100$ 或 $R \times 1k$） 表 6-6

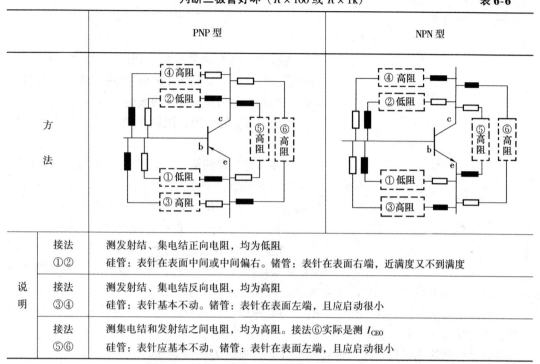

| | 接法 | |
|---|---|---|
| 说明 | 接法①② | 测发射结、集电结正向电阻，均为低阻<br>硅管：表针在表面中间或中间偏右。锗管：表针在表面右端，近满度又不到满度 |
| | 接法③④ | 测发射结、集电结反向电阻，均为高阻<br>硅管：表针基本不动。锗管：表针在表面左端，且应启动很小 |
| | 接法⑤⑥ | 测集电结和发射结之间电阻，均为高阻。接法⑥实际是测 $I_{CEO}$<br>硅管：表针应基本不动。锗管：表针在表面左端，且应启动很小 |

所示。若测得 PN 结的正、反向阻值均很大，说明三极管内部断路；若测得正、反向阻值均很小，说明三极极间短路或击穿。

（5）硅管和锗管的判别方法

因硅管比锗管的正向阻值要大，所以利用万用表"$R \times 100$"或"$R \times 1k$"挡测 PN 结的正向电阻。如图 6-60 所示，PNP 型管子，正表笔接基极，负表笔接任一极（NPN 型与其相反），此时表针位置在表盘中间靠右一点的地方，此管为硅管；若表针位置在表盘右端或满刻度时，此管为锗管。

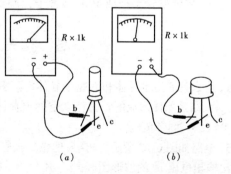

图 6-60 硅、锗管的判别方法
（a）PNP 型锗管；（b）NPN 型硅管

## 实验二　分压偏置共发射极放大器

**一、实验目的**

1. 了解工作点漂移的原因及稳定措施。
2. 熟练掌握静态工作点的测量与调整方法。
3. 了解小信号放大器的放大倍数、动态范围与静态工作点的关系。

**二、验仪器设备与器件**

实验板 1 块、电阻（1kΩ 1 只、2kΩ 2 只、10kΩ 1 只、5.1kΩ 1 只）、电容（10μF 2 只、

$100\mu F 1$ 只）、三极管（3DG6）1 只、示波器 1 台、万用表 1 只、电流表 1 只、电位器（$100k\Omega 1$ 只）。

### 三、实验内容

1. 稳定静态工作点的原理

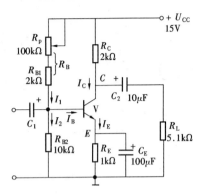

图 6-61 实验二电路图

实验测试电路如图 6-61。利用 $R_{B1}$、$R_{B2}$ 的分压作用固定基极电压 $U_B$，按图 6-61 中的数值选择电阻和电源，接通电路后记录 $U_B$ 的数值。

2. 通过 $R_E$ 的作用，限制 $I_C$ 的改变，使工作点保持稳定

对静态工作点的测量，只要分别测出三极管的三个电极对地电位，便可求得静态工作点 $I_{CQ}$、$U_{CEQ}$、$U_{BEQ}$ 的大小。或用电流表和电压表直接测量。

3. 改变电路参数，观察是否能稳定工作

在电路输入端加频率为 1kHz 的正弦信号，用示波器观察输出波形的变化。增大输入信号，并调整静态工作点，使输出波形达到最大而不失真，计算电压放大倍数并记录。

分别改变电位器 $R_P$、电阻 $R_C$、$R_E$、和电源值（每次仅改变一个参数），重复做上面实验，并记录每次实验数据。

用电烙铁烘烤三极管，使三极管温度升高，观察 $I_{CQ}$、$U_{CEQ}$ 的变化。

4. 把 NPN 型管子换成 PNP 型管子，调整电源极性，再做上面实验。

## 思 考 题 与 习 题

1. 什么是 P 型半导体和 N 型半导体？其多数载流子和少数载流子各是什么？
2. PN 结是怎样形成的？为什么空间电荷区靠 N 区的一侧带正电，而靠 P 区的一侧带负电？
3. 电路如图 6-62 所示，VD 为理想二极管，输入电压 $u_i = 5\sin\omega t$，试画出输出电压 $u_o$ 的波形图。
4. 如图 6-63 所示电路图，试分析各二极管是导通还是截止？并求 A、O 两点的电压值（设所有二极管正偏时的工作电压为 0.7V，反偏时的电阻为 $\infty$）。

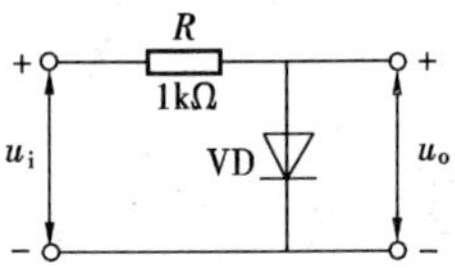

图 6-62 题 3 电路图

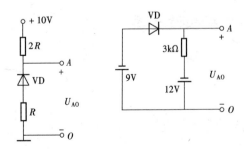

图 6-63 题 4 电路图

5. 用万用表"$R \times 100$"或"$R \times 1k$"测量同一只二极管的正向电阻，测得的阻值是否相同，为什么？
6. 在电路中测得三极管各管脚对地电位是：$U_A = +7V$，$U_B = +3V$，$U_C = +3.7V$，试问：A、B、C 各是什么电极？该管是什么类型？
7. 电路如图 6-64 所示，已知：$\beta = 20$，饱和时 $U_{CES} = 0.3V$，$U_{BE} = 0.7V$，试问 $u_i$ 分别为 0V、

1V、2V 时管子的工作状态及输出电压 $u_o$ 如何？

8. 怎样用万用表判别三极管的类型和管脚？

9. 三极管由两个 PN 结组成，若将两个二极管背靠背连接起来，如图 6-65 所示，是否也可以起放大作用？为什么？

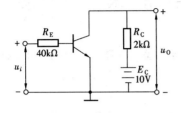

图 6-64　题 7 电路图

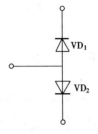

图 6-65　题 9 电路图

# 单元 7 电力电子技术

**知 识 点**：晶闸管的基本结构、工作原理；单相可控整流电路、三相可控整流电路。
**教学目标**：
(1) 了解晶闸管的基本结构和工作原理。
(2) 了解单相可控整流电路的分析方法；了解三相可控整流电路的工作原理及分析方法。

电力电子技术研究的是以晶闸管（全称晶体闸流管）为主体的一系列功率半导体器件的应用技术。晶闸管自问世以来，由于它具有容量大、效率高、控制性能好、使用寿命长、体积较小等优点，获得迅速发展，并得到广泛应用。按照晶闸管的变换功能来分，晶闸管的应用大致可以分为可控整流、逆变与变频、交流调压、直流斩波调压、无触点开关等方面。

## 课题 1  晶闸管的结构及工作原理

### 1.1  晶闸管的基本结构

晶闸管是一种大功率 PNPN 四层半导体元件，常用的有螺栓式与平板式两种。它有三个引出极，阳极($A$)、阴极($K$)和门极($G$)，外形与符号如图7-1所示。大功率晶闸

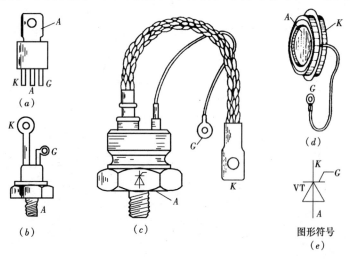

图 7-1  晶闸管的外形和及符号
($a$) 小电流塑封式；($b$) 小电流螺栓式；($c$) 大电流螺栓式；
($d$) 大电流平板式；($e$) 图形符号

管安装散热器。螺栓式晶闸管是紧栓在铝制散热器上的，如图 7-2（a）所示。平板式则由两个彼此绝缘的散热器把晶闸管紧紧夹在中间，如图 7-2（b）、（c）所示，这样两面散热效果比螺栓式一面散热好，目前电流在 200A 以上的晶闸管，通常都采用平板式结构。

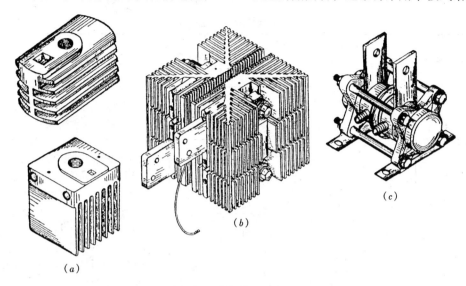

图 7-2　晶闸管的散热器
（a）自冷；（b）风冷；（c）水冷

### 1.2　晶闸管的工作原理

晶闸管的工作原理可通过晶闸管的导通关断实验来说明。

晶闸管的内部原理性结构如图 7-3 所示。管芯由四层半导体（$P_1N_1P_2N_2$）组成，有三个引出端（$A$、$K$、$G$），三个 PN 结 $J_1$、$J_2$、$J_3$。

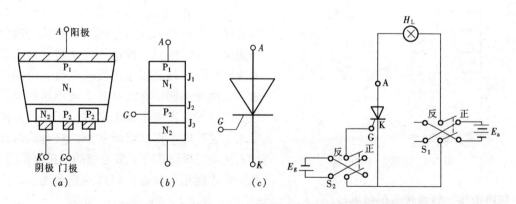

图 7-3　晶闸管的内部结构　　　　图 7-4　晶闸管导通关断实验

当晶闸管阳极与阴极加上反向电压时，$J_1$、$J_3$ 结处于反向阻断状态；当加上正向电压时，$J_2$ 结处于反向阻断状态。那么晶闸管在什么条件下，才能从正向阻断状态转变为正向导通状态、在什么条件下又从导通状态转变为阻断状态呢？下面按图 7-4 连接实验电路，进行晶闸管的导通关断实验。阳极电源 $E_a$ 经过双向刀开关（$S_1$），连接负载接到晶闸管的阳极（$A$）与阴极（$K$），组成晶闸管的主电路。流过晶闸管阳极的电流称阳极电流

217

$I_C$。晶闸管阳、阴极两端的电压，称阳极电压 $U_a$。门极电源 $E_g$ 经双向刀开关（$S_2$）连接晶闸管的门极（$G$）与阴极（$K$），组成控制电路亦称触发电路。流过门极的电流称为门极电流 $I_g$，门极与阴极之间的电压称为门极电压 $U_g$，实验现象与结论列于表 7-1。

**晶闸管导通和关断实验** 表 7-1

| 实验顺序 | | 实验前灯的情况 | 实验时晶闸管条件 | | 实验后灯的情况 | 结　　论 |
|---|---|---|---|---|---|---|
| | | | 阳极电压 $U_a$ | 门极电压 $U_g$ | | |
| 导通实验 | 1<br>2<br>3 | 暗<br>暗<br>暗 | 反　向<br>反　向<br>反　向 | 反　向<br>零<br>正　向 | 暗<br>暗<br>暗 | 晶闸管在反向阳极电压作用下，不论门极为何种电压，它都处于关断状态 |
| | 1<br>2<br>3 | 暗<br>暗<br>暗 | 正　向<br>正　向<br>正　向 | 反　向<br>零<br>正　向 | 暗<br>暗<br>亮 | 晶闸管同时在正向阳极电压与正向门极电压作用下，才能导通 |
| 关断实验 | 1<br>2<br>3 | 亮<br>亮<br>亮 | 正　向<br>正　向<br>正　向 | 正　向<br>零<br>反　向 | 亮<br>亮<br>亮 | 已导通的晶闸管在正向阳极电压作用下，门极失去控制作用 |
| | 4 | 亮 | 正　向<br>（逐渐减小到接近于零） | （任意） | 暗 | 晶闸管在导通状态时，当 $E_a$ 减小到接近于零时，晶闸管关断 |

实验结果如下：

（1）晶闸管在反向阳极电压作用下，无论门极为何种电压，它都处于关断状态；
（2）晶闸管同时在正向阳极电压与正向门极电压作用下，才能导通；
（3）已经导通的晶闸管在正向阳极电压作用下，门极将失去控制作用；
（4）晶闸管在导通状态下，当阳极电流减小接近于零时，晶闸管关断。

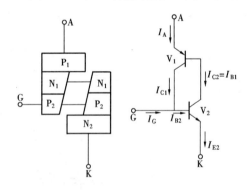

图 7-5　晶闸管等效电路

以上结论说明，晶闸管像二极管一样，具有单向导电性。晶闸管电流只能从阳极流向阴极。若加反向阳极电压，晶闸管处于反向阻断状态，只有很小的反向电流。但晶闸管与二极管不同，它还具有正向导通的可控性。当仅加上正向阳极电压时，元件还不能导通，这时处于正向阻断状态。只有同时还加上正向门极电压并形成足够的门极电流时，晶闸管才能正向导通。而且一旦导通后，撤去门极电压，导通状态仍然维持。

晶闸管之所以具有上述特性，是由其内部结构决定的。晶闸管可以等效看成由 NPN 型和 PNP 型两只晶体管组成的。如图 7-5 所示。每只管子的基极都与另一只管子的集电极相连。

当晶闸管加上正向阳极电压时，一旦有门极电流注入，将形成强烈的正反馈，反馈过程如下：

$$I_g\uparrow \to I_{B2}\uparrow \to I_{C2}\uparrow(=\beta_2 I_{B2})\uparrow = = I_{B1}\uparrow \to I_{C2}\uparrow(=\beta_1 I_{B1})\uparrow$$

这样，两管迅速饱和导通。晶闸管导通后，$U_{AK}=0.6\sim1.2\text{V}$。

晶闸管导通后，即使控制极与外电路断开，因三极管 $V_2$ 的基极电流 $I_{B2}=I_{C1}\approx I_A$，所以晶闸管仍能维持导通。但是，若在导通过程中，将阳极电流 $I_A$ 减小到一定数值以下时，晶闸管的导通状态无法维持，管子将迅速截止。晶闸管维持导通所必需的最小电流称为维持电流 $I_H$。

### 1.3 晶闸管的伏安特性

晶闸管的伏安特性是指阳极与阴极之间电压和电流的关系，如图 7-6 所示。下面对曲线进行分析。

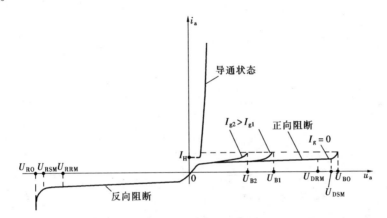

$U_{RO}$—反向击穿电压；$U_{RSM}$—断态反向不重复峰值电压；$U_{RRM}$—断态反向重复峰值电压；$U_{BO}$—正向转折电压；$U_{DSM}$—断态正向不重复峰值电压；$U_{DRM}$—断态正向重复峰值电压

图 7-6 晶闸管的阳极伏安特性

（1）正向伏安特性曲线如图 7-6 的第一象限所示。

当 $I_g=0$，晶闸管若施加正向阳极电压 $U_a$，当 $U_a$ 较小时，阳极电流较小，此时的电流称为阳极漏电流，管子处于正向阻断状态。继续加大 $U_a$ 至 $U_{BO}$（正向转折电压）时，管子突然由阻断状态变为导通状态。导通后的晶闸管正向伏安特性与二极管正向伏安特性相似。$I_g=0$ 这条特性曲线称为自然伏安特性曲线。通常不允许正向电压增加到正向转折电压而使晶闸管导通。因为用这种方法使管子导通是不可控的，而且多次这样导通会损坏晶闸管。当 $I_g>0$，晶闸管若施加正向阳极电压 $U_a$，一般是给门极输入足够的触发电流，使转折电压明显降低来导通晶闸管。如图 7-6 所示，由于 $I_g<I_{g1}<I_{g2}$，相应的 $U_{B2}<U_{B1}<U_{BO}$。

（2）反向伏安特性曲线如图 7-6 的第三象限所示。

它与整流二极管的反向伏安特性相似。若反向电压增大到反向击穿电压 $U_{RO}$ 时，晶闸管将造成永久性损坏，使用晶闸管时，晶闸管两端可能承受的最大峰值电压，都必须小于管子的反向击穿电压，否则管子将被损坏。

## 1.4 晶闸管的主要参数

要正确使用晶闸管，不仅需要了解晶闸管的工作原理及工作特性，更重要的是要了解晶闸管的主要参数含义，现就经常提到的阳极主要参数介绍如下（见表7-2）。

**晶闸管的主要参数**　　　　　　　　　　　　　　　　表7-2

| 通态平均电流 $I_{T(AV)}$ | 断态正反向重复峰值电压 $U_{DRM}$ $U_{RRM}$ | 断态正反向重复峰值电流 $I_{DRM}$ $I_{RRM}$ | 维持电流 $I_H$ | 通态峰值电压 $U_{Tm}$ | 工作结温 $T_j$ | 断态电压临界上升率 $du/dt$ | 通态电流临界上升率 $di/dt$ | 浪涌电流 $I_{Tm}$ | |
|---|---|---|---|---|---|---|---|---|---|
| A | V | mA | mA | V | ℃ | V/μs | A/μs | kA | |
|  |  |  |  |  |  |  |  | L级 | H级 |
| 1 | 50~1600 | ≤3 | ≤10 | ≤2.0 |  |  |  | 0.12 | 0.20 |
| 3 | 100~2000 | ≤8 | ≤30 | ≤2.2 | −40~+100 | 25~800 | 25~50 | 0.036 | 0.056 |
| 5 |  |  | ≤60 |  |  |  |  | 0.064 | 0.09 |
| 10 |  | ≤10 | ≤100 |  |  |  |  | 0.12 | 0.19 |
| 20 |  |  |  |  |  |  |  | 0.24 | 0.38 |
| 30 | 100~2400 | ≤20 | ≤150 | ≤2.4 |  | 50~1000 |  | 0.36 | 0.56 |
| 50 |  |  |  |  |  |  |  | 0.64 | 0.94 |
| 100 | 100~3000 | ≤40 | ≤200 | ≤2.6 | −40~+125 | 100~1000 | 25~100 | 1.3 | 1.9 |
| 200 |  |  |  |  |  |  | 50~200 | 2.5 | 3.8 |
| 300 |  | ≤50 | ≤300 |  |  |  |  | 3.8 | 5.6 |
| 400 |  |  |  |  |  |  | 50~300 | 5.0 | 7.5 |
| 500 |  |  |  |  |  |  |  | 6.3 | 9.4 |
| 600 |  |  |  |  |  |  |  | 7.6 | 11 |
| 800 |  |  |  |  |  |  | 50~500 | 10 | 15 |
| 1000 |  |  |  |  |  |  |  | 13 | 18 |

### 1.4.1 额定电压 $U_{Tn}$

从图7-6中元件的自然阳极伏安特性曲线可见，当门极断开，元件处在额定结温时，所测定的正向不重复峰值电压 $U_{DSM}$、反向不重复峰值电压 $U_{RSM}$ 各乘0.9所得的数值，分别称为元件的正向阻断重复峰值电压 $U_{DRM}$ 和反向阻断重复峰值电压 $U_{RRM}$。至于正反向不重复峰值电压和相应的转折电压 $U_{BO}$，击穿电压 $U_{RO}$ 的差值，一般由晶闸管生产厂家自定。

所谓元件的额定电压 $U_{Tn}$，是指 $U_{DRM}$ 和 $U_{RRM}$ 中的较小值，再取相应于标准电压等级（表7-3）中偏小的电压值。例如，晶闸管实测 $U_{DRM}=763V$，$U_{RRM}=800V$，取两者其中小的数值763V，按表7-3只能取700V，作为晶闸管的额定电压，700V即7级。

由于晶闸管的额定电压的瞬时值，若超过反向击穿电压，就会造成元件永久性损坏。若超过正向转折电压，元件就会误导通。同时元件的耐压还会随着结温升高或散热条件恶化而下降，因此，在选择晶闸管的额定电压时应为元件在工作电路中可能承受到的最大瞬时值电压的2~3倍较安全，即

$$U_{Tn} = (2 \sim 3)U_{TM}$$

取表 7-3 相应电压标准等级。

**晶闸管的断态正反向重复峰值电压标准等级**    表 7-3

| 级别 | 断态正反向重复峰值电压（V） | 级别 | 断态正反向重复峰值电压（V） | 级别 | 断态正反向重复峰值电压（V） |
|---|---|---|---|---|---|
| 1 | 100 | 8 | 800 | 20 | 2000 |
| 2 | 200 | 9 | 900 | 22 | 2200 |
| 3 | 300 | 10 | 1000 | 24 | 2400 |
| 4 | 400 | 12 | 1200 | 26 | 2600 |
| 5 | 500 | 14 | 1400 | 28 | 2800 |
| 6 | 600 | 16 | 1600 | 30 | 3000 |
| 7 | 700 | 18 | 1800 | | |

### 1.4.2 额定电流 $I_{T(AV)}$

在室温 40℃ 和规定的冷却条件下，元件在电阻性负载的单相工频正弦半波、导通角不小于 170°的电路中，当结温不超过额定结温且稳定时，所允许的最大通态平均电流，称为额定通态平均电流 $I_{T(AV)}$。将此电流按晶闸管标准系列取相应的电流等级（见表7-2），称为元件的额定电流。

按上述 $I_{T(AV)}$ 的定义，由图 7-7 可分别求得正弦半波电流平均值 $I_{T(AV)}$、电流有效值 $I_T$、电流最大值 $I_m$ 三者的关系

$$I_{T(AV)} = \frac{1}{2\pi}\int_0^\pi I_m \sin\omega t \, d(\omega t) = \frac{I_m}{\pi} \quad (7-1)$$

$$I_T = \sqrt{\frac{1}{2\pi}\int_0^\pi (I_m \sin\omega t)^2 d(\omega t)} = \frac{I_m}{2} \quad (7-2)$$

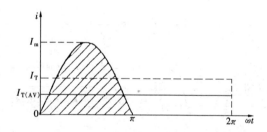

图 7-7 晶闸管的通态平均电流、有效值及最大值三者间的关系

各种有值分量的电流波形，其电流波形有效值 $I$ 与平均值 $I_d$ 之比，称为这个电流的波形系数，用 $K_f$ 表示为

$$K_f = \frac{I}{I_d} \quad (7-3)$$

因此，在正弦半波情况下，电流波形系数为

$$K_f = \frac{I_T}{I_{T(AV)}} = \frac{\pi}{2} = 1.57 \quad (7-4)$$

例如，对于一只额定电流 $I_{T(AV)} = 100A$ 的晶闸管，按式（7-4）可知其允许的电流有效值应为 157A。

晶闸管允许通过电流的大小主要取决于元件的结温，在规定的室温和冷却条件下，结温的高低仅与发热有关，造成元件发热的主要因素是流过元件的电流有效值和元件导通后管芯的内阻，一般认为内阻不变，则发热取决于电流的有效值。因此，在实际应用中选择晶闸管额定电流 $I_{T(AV)}$ 应按以下原则：所选择的晶闸管额定电流有效值 $I_{Tn}$ 大于元件在电路

中可能流过的最大电流有效值 $I_{Tm}$。考虑到元件的过载能力比一般电器产品小得多，因此，选择时考虑 1.5~2 倍的安全余量是必要的，即

$$I_{Tn} = 1.57 I_{T(AV)} = (1.5 \sim 2) I_{Tm}$$

$$I_{T(AV)} = (1.5 \sim 2) \frac{I_{Tm}}{1.57} \tag{7-5}$$

取表 7-2 相应标准系列。

可见，在实际使用中，不论元件流过的电流波形如何，导通角有多大，只要遵循式 (7-5) 来选择管子的额定电流，管子的发热就不会超过允许范围，典型例子如表 7-4 所示。

**四种电流波形平均值均为 100A，晶闸管的通态额定平均电流（暂不考虑余量）** 表 7-4

| 流过晶闸管电流波形 | 平均值 $I_{dT}$ 与有效值 $I_T$ | 波形系数 $K_1 = \dfrac{I_T}{I_{dT}}$ | 通态额定平均电流 $I_{T(AV)} \geqslant \dfrac{I_T}{1.57}$ |
|---|---|---|---|
| (半波正弦，0~π 导通) | $I_{dT} = \dfrac{1}{2\pi}\int_0^{\pi} I_{m1}\sin\omega t\, d(\omega t) = \dfrac{I_{m1}}{\pi}$  $I_T = \sqrt{\dfrac{1}{2\pi}\int_0^{\pi}(I_{m1}\sin\omega t)^2 d(\omega t)} = \dfrac{I_{m1}}{2}$ | 1.57 | $I_{T(AV)} \geqslant \dfrac{1.57 \times 100A}{1.57}$ = 100A 选 100A |
| (半波正弦，π/2~π 导通) | $I_{dT} = \dfrac{1}{2\pi}\int_{\pi\cdot 2}^{\pi} I_{m2}\sin\omega t\, d(\omega t) = \dfrac{I_{m2}}{2\pi}$  $I_T = \sqrt{\dfrac{1}{2\pi}\int_{\pi\cdot 2}^{\pi}(I_{m2}\sin\omega t)^2 d(\omega t)} = \dfrac{I_{m2}}{2\sqrt{2}}$ | 2.22 | $I_{T(AV)} \geqslant \dfrac{2.22 \times 100A}{1.57}$ = 141A 选 200A |
| (矩形，0~π 导通) | $I_{dT} = \dfrac{1}{2\pi}\int_0^{\pi} I_{m3}\, d(\omega t) = \dfrac{I_{m3}}{2}$  $I_T = \sqrt{\dfrac{1}{2\pi}\int_0^{\pi} I_{m3}^2 d(\omega t)} = \dfrac{I_{m3}}{\sqrt{2}}$ | 1.41 | $I_{T(AV)} \geqslant \dfrac{1.41 \times 100A}{1.57}$ = 89.7A 选 100A |
| (矩形，0~2π/3 导通) | $I_{dT} = \dfrac{1}{2\pi}\int_0^{2\pi/3} I_{m4}\, d(\omega t) = \dfrac{I_{m4}}{3}$  $I_T = \sqrt{\dfrac{1}{2\pi}\int_0^{2\pi/3} I_{m4}^2 d(\omega t)} = \dfrac{I_{m4}}{\sqrt{3}}$ | 1.73 | $I_{T(AV)} \geqslant \dfrac{1.73 \times 100A}{1.57}$ = 110A 选 200A |

在使用中，当散热条件不符合规定要求时，如室温超过 40℃、强迫风冷的出口风速不足 5m/s 等，则元件的额定电流应立即降低使用，否则元件会由于结温超过允许值而损坏。例如，按规定应采用水冷的元件而采用风冷时，则电流的额定值应降低到原有值的

30%～40%，反之如果改为采用水冷时，则电流的额定值可以增大30%～40%。

**1.4.3 通态平均电压（管压降）$U_{T(AV)}$**

当元件流过正弦半波的额定电流平均值和稳定的额定结温时，元件阳极与阴极之间电压降的一周平均值称为管压降$U_{T(AV)}$。其标准值分别列于表7-5中。

晶闸管正向通态平均电压的组别　　　　　　　　　　表7-5

| 正向通态平均电压 | $U_{T(AV)}$≤0.4V | 0.4V<$U_{T(AV)}$≤0.5V | 0.5V<$U_{T(AV)}$≤0.6V | 0.6V<$U_{T(AV)}$≤0.7V | 0.7V<$U_{T(AV)}$≤0.8V | 0.8V<$U_{T(AV)}$≤0.9V | 0.9V<$U_{T(AV)}$≤1.0V | 1.0V<$U_{T(AV)}$≤1.1V | 1.1V<$U_{T(AV)}$≤1.2V |
|---|---|---|---|---|---|---|---|---|---|
| 组别代号 | A | B | C | D | E | F | G | H | I |

管压降越小，表明元件耗散功率越小，管子质量越好。

以上三个阳极主要参数是选购晶闸管的主要技术数据。按标准，普通晶闸管型号命名含义如下：

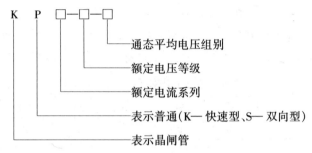

例如KP200-5E，它表示该元件额定电流200A，额定电压500V，管压降为0.7～0.8V的普通晶闸管。

**1.4.4 其他参数**

(1) 维持电流 $I_H$

在室温与门极断开时，元件从较大的通态电流降至刚好能保持元件导通所必需的最小通态电流称维持电流 $I_H$。

维持电流与元件容量、结温等因素有关，元件的额定电流越大，维持电流也越大。结温越低，维持电流就越大。维持电流大的管子，容易关断。由于元件的离散性，同一型号的不同管子维持电流也不相同。

(2) 擎住电流 $I_L$

晶闸管加上触发电压就导通，去除触发电压，要使管子仍然维持导通，所需要的最小阳极电流称为擎住电流 $I_L$。对同一个管子来说，通常擎住电流 $I_L$ 比维持电流 $I_H$ 大数倍。

(3) 通态电流临界上升率 $di/dt$

在规定条件下，元件在门极开通时能承受而不导致损坏的通态电流的最大上升率称为通态电流临界上升率。不同系列元件的通态电流临界上升率的级别见表7-6。

额定通态电流临界上升率（$di/dt$）　　　　　　　　　表7-6

| $di/dt$(A·$\mu s^{-1}$) | 25 | 50 | 100 | 150 | 200 | 300 | 500 |
|---|---|---|---|---|---|---|---|
| 级　别 | A | B | C | D | E | F | G |

限制元件通态电流上升率的原因：当门极输入触发电流，先在门极 $J_2$ 结附近逐渐形成导通区，如图 7-8（a）所示。随着时间的增长，$J_2$ 结导通区逐渐扩大，如果阳极电流上升率过快，就会造成 $J_2$ 结局部过热而出现"烧焦点"。使用一段时间以后，元件将造成永久性损坏。限制电流上升率的有效办法是串接空芯电感。

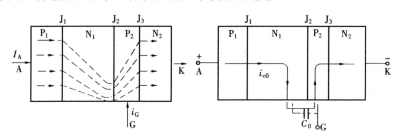

图 7-8
（a）$J_2$ 结开通过程电流分布情况；（b）$du/dt$ 过大引起晶闸管误导通

(4) 断态正向电压临界上升率 $du/dt$

在额定结温和门极断路情况下，使元件从断态转入通态，元件所加的最小正向电压上升率称为断态正向电压上升率。不同系列元件的断态电压上升率见表 7-7 所示。

断态电压临界上升率（$du/dt$）的级别　　　　　　　　　表 7-7

| $du/dt(V \cdot \mu s^{-1})$ | 25 | 50 | 100 | 200 | 500 | 800 | 1000 |
|---|---|---|---|---|---|---|---|
| 级　别 | A | B | C | D | E | F | G |

限制元件正向电压上升率的原因：晶闸管在正向阳极电压下，能阻断是靠 $J_2$ 结，而这个结在阻断状态下相当于一个电容 $C_0$，如图 7-8 所示。如果阳极正向电压突然增大，便会有一充电电流 $i_{C_0}$ 流过 $C_0$，这个充电电流经 $J_3$ 而起触发电流的作用。阳极电压变化率越大，充电电流也越大，有可能使元件误导通。为了限制断态电压上升率，可以与元件并联一个阻容支路，利用电容两端电压不能突变的特点来限制电压上升率。另外利用门极的反向偏置也会达到同样的效果。

## 课题 2　可控整流电路

可控整流技术是变流技术的基础，它在工业生产上应用极广，如调压调速直流电源、电解及电镀用的直流电源等。

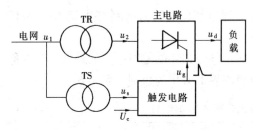

图 7-9　可控整流装置原理框图
TR—整流变压器；TS—同步变压器

把交流电变换成大小可调的单一方向直流电的过程称为可控整流。图 7-9 是晶闸管可控整流装置的原理框图。整流器的输入端一般接在交流电网上。为了适应负载对电源电压大小的要求，或者为了提高可控整流装置的功率因数，一般可在输入端加接整流变压器（Rectifier Transformer），把一次电压 $U_1$，变成二次电压 $U_2$。由晶闸管等组成的可控整流主电路，其输出端的负载，可以是电阻性负载（如电炉、电热器、电焊机和白炽灯等）、大电感性的负载（如直流电动机的励磁绕组、滑差电动机的电枢线圈等）以及反电动势负载（如直流电动机的电枢反电动势、充电状态下的蓄电池等）。以上负载往往要求整流能输出在一定范围内变化的直流电压。为此，只要改变触发电路所提供的触发脉冲送出的早晚，就能改变晶闸管在交流电压 $u_2$ 一周期内导通的时间，这样负载上直流平均值就可以得到控制。

一般 4kW 以下容量的可控整流装置多采用单相可控整流电路，因其具有电路简单、投资少和调试维修方便等优点。其中单相半波，是单相可控整流电路的基础。正确地掌握电路分析、波形画法以及各电量计算是研究可控整流电路的共性，是本章介绍的主要内容。

触发电路种类繁多，其中单结晶体管组成的触发电路，在单相可控整流装置中，被广泛采用，因而它是本课题介绍的主要内容。

## 2.1 单相半波可控整流电路

### 2.1.1 电阻性负载（Resistive Load）

电炉、电焊及白炽灯等均属于电阻性负载。阻性负载特点是：负载两端电压波形和流过的电流波形相似，其电流、电压均允许突变。

图 7-10（a）为单相半波阻性负载可控整流电路，由晶闸管 VT、负载电阻 $R_d$ 及单相整流变压器 TR 组成。后者用来变换电压，使不合适的一次电网电压 $U_1$，变成合适的二次电压 $U_2$。$u_2$ 为二次正弦电压瞬时值；$u_d$、$i_d$ 分别为整流输出电压瞬时值和负载电流瞬时值；$u_T$、$i_T$ 分别为晶闸管两端电压瞬时值和电流的瞬时值；$i_1$、$i_2$ 分别为流过整流变压器一次绕组和二次绕组电流的瞬时值。

交流电压 $u_2$ 通过 $R_d$ 施加到晶闸管的阳极和阴极两端，在 $0 \sim \pi$ 区间的 $\omega t_1$ 之前，晶闸管虽然承受正向电压，但因触发电路尚未向门极送出触发脉冲，所以晶闸管仍保持阻断状态，无直流电压输出。

在 $\omega t_1$ 时刻，触发电路向门极送出触发脉冲 $u_g$，晶闸管被导通。若管压降忽略不计，则负载电阻 $R_d$ 两端的电压波形 $u_d$ 就是变压器二次电压 $u_2$ 的波形，流过负载的电流 $i_d$ 波形与 $u_d$ 相似。由于二次绕组、晶闸管以及负载电阻是串联的，故 $i_d$ 波形也就是 $i_T$ 及 $i_2$ 的波形，如图 7-10（b）所示。

在 $\omega t = \pi$ 时，$u_2$ 下降到零，晶闸管阳极电流也下降到零而被关断，电路无输出。

在 $u_2$ 的负半周即 $\pi \sim 2\pi$ 区间，由于晶闸管承受反向电压而处于反向阻断状态，负载两端电压 $u_d$ 为零。$u_2$ 的下一个周期情况同上所述，循环往复。

在单相半波可控整流电路中，从晶闸管开始承受正向电压到触发脉冲出现所经历的电角度称为控制角（亦称移相角）（Snift Angle），用 $\alpha$ 表示。晶闸管在一周期内导通的电角度称为导通角（Conduction Angle），用 $\theta_T$ 表示，如图 7-10（b）所示。

在单相半波可控整流电路阻性负载中 $\alpha$ 的控制范围为 $0 \sim \pi$，对应的 $\theta_T$ 导通范围是 $\pi \sim 0$，两者关系为 $\alpha + \theta_T = \pi$。从图 7-10（b）波形可知，改变移相角 $\alpha$，输出整流电压 $u_d$ 波形和输出直流电压平均值 $U_d$ 大小也随之改变，$\alpha$ 减小，$U_d$ 就增大，反之，$U_d$ 就减小。

各电量计算公式如下：

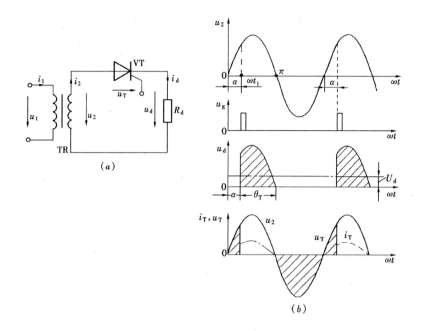

**图 7-10 单相半波阻性负载电路及波形**
(a) 电路；(b) 波形

(1) 负载上直流平均电压 $U_d$ 与平均电流 $I_d$

根据平均值定义，$u_d$ 波形的平均值 $U_d$ 为

$$U_d = \frac{1}{2\pi}\int_\alpha^\pi \sqrt{2}U_2\sin\omega t\, d(\omega t) = \frac{\sqrt{2}U_2}{2\pi}[-\cos\omega t]_\alpha^\pi$$

$$= \frac{\sqrt{2}U_2}{2\pi}(1+\cos\alpha) = 0.45 U_2 \frac{1+\cos\alpha}{2} \tag{7-6}$$

$$\frac{U_d}{U_2} = 0.45\frac{1+\cos\alpha}{2} \tag{7-7}$$

由式 (7-6) 可知，输出直流电压平均值 $U_d$ 与整流变压器二次侧交流电压 $U_2$ 和控制角 $\alpha$ 有关。当 $U_2$ 给定后，当 $\alpha=0$ 时，则 $U_{d0}=0.45U_2$ 为最大输出直流平均电压。当 $\alpha=\pi$ 时，则 $U_d=0$。只要控制触发脉冲送出的时刻，$U_d$ 就可以在 (0~0.45)$U_2$ 之间连续可调。

工程上为了计算简便，有时不用式 (7-6) 进行计算，而是按式 (7-7) 先作出曲线，供查阅计算，如图 7-11 所示。

流过负载电流的平均值为

$$I_d = \frac{U_d}{R_d} \tag{7-8}$$

(2) 负载上电压有效值 $U$ 与电流有效值 $I$

在计算选择变压器容量、晶闸管额定电

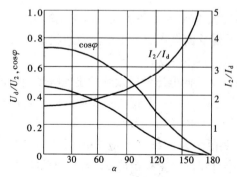

图 7-11 单相半波可控整流电压、电流及功率因数与控制角的关系

流、熔断器以及负载电阻的有功功率等时，均须按有效值计算。

根据有效值的定义，$U$ 就是 $u_d$ 波形的均方根值，即

$$U = \sqrt{\frac{1}{2\pi}\int_{\alpha}^{\pi}(\sqrt{2}U_2\sin\omega t)^2 \mathrm{d}(\omega t)}$$

$$= \sqrt{\frac{U_2^2}{\pi}\left[\frac{\omega t}{2} - \frac{1}{4}\sin 2\omega t\right]_{\alpha}^{\pi}}$$

$$= U_2\sqrt{\frac{\pi - \alpha}{2\pi} + \frac{\sin 2\alpha}{4\pi}} \tag{7-9}$$

而有效值电流为

$$I = U/R_d \tag{7-10}$$

(3) 晶闸管电流有效值 $I_T$ 与管子两端可能承受的最大正反向电压 $U_{TM}$

在单相半波可控整流电路中，晶闸管与负载串联，所以负载电流的有效值也就是通过晶闸管电流的有效值，其关系为

$$I_T = I = U/R_d \tag{7-11}$$

由图 7-10 (b) 中 $u_T$ 波形可知，晶闸管可能承受的正反向峰值电压为

$$U_{TM} = \sqrt{2}U_2 \tag{7-12}$$

由式 (7-8) 与式 (7-11) 可得

$$\frac{I_T}{I_d} = \frac{I}{I_d} = \frac{I_2}{I_d} = \frac{\sqrt{\pi\sin 2\alpha + 2\pi(\pi - \alpha)}}{\sqrt{2}(1 + \cos\alpha)} \tag{7-13}$$

根据式 (7-13) 也可先作出曲线 (见图 7-11)，这样便于工程查算，例如，知道了 $I_d$，就可按设定的控制角 $\alpha$ 查曲线，求得 $I_T$、$I$ 等值。

(4) 功率因数 $\cos\varphi$

$$\cos\varphi = \frac{P}{S} = \frac{UI}{U_2 I} = \sqrt{\frac{1}{4\pi}\sin 2\alpha + \frac{\pi - \alpha}{2\pi}} \tag{7-14}$$

从式 (7-14) 看出，$\cos\varphi$ 是 $\alpha$ 的函数，$\alpha = 0$ 时 $\cos\varphi$ 最大为 0.707，可见单相半波可控整流电路，尽管是电阻性负载，但由于存在谐波电流，变压器最大利用率也仅为 70%，$\alpha$ 愈大，$\cos\varphi$ 愈小，说明设备利用率就愈差。

$\cos\varphi$ 与 $\alpha$ 的关系也可用曲线表示，见图 7-11。

以上单相半波可控整流电路阻性负载各个计算式的推导方法同样适用于其他单相可控整流电路。

**【例 7-1】** 单相半波可控整流电路，阻性负载。要求输出的直流平均电压为 50~92V 之间连续可调，最大输出直流平均电流为 30A，直接由交流电网 220V 供电，试求：

(1) 控制角 $\alpha$ 应有的可调范围。
(2) 负载电阻的最大有功功率及最大功率因数。
(3) 选择晶闸管型号规格 (安全余量取 2 倍)。

**【解】** (1) 由式 (7-6) 或由图 7-11 的 $U_d/U_2$ 曲线求得

当 $U_d = 50$V 时

$$\cos\varphi = \frac{2 \times 50}{0.45 \times 220} - 1 \approx 0$$

$$\alpha = 30°$$

当 $U_d/U_2 = 50/220 = 0.227$ 时，$\alpha \approx 30°$。

（2）$\alpha = 30°$时，输出直流电压平均值最大为92V，这时负载消耗的有功功率也最大，由式（7-13）或查曲线可求得

$$I = 1.66 \times I_d = 1.66 \times 30 = 50\text{A}$$

$$\cos\varphi \approx 0.693$$

$$p = I^2 R_d = \left(50^2 \times \frac{92}{30}\right) = 7667\text{W}$$

（3）选择晶闸管，因 $\alpha = 30°$时，流过晶闸管的电流有效值最大为30A。

$$I_{T(AV)} = 2 \times \frac{I_{TM}}{1.57} = 2 \times \frac{50}{1.57} = 64\text{A} \quad \text{取 100A}$$

晶闸管的额定电压为

$$U_{Tn} = 2U_{TM} = 2 \times \sqrt{2} \times 220 = 624\text{V} \quad \text{取 700V}$$

故选择 KP100-7。

**2.1.2 电感性负载（Inductance Load）及续流二极管（Free Wheeling Diode）的作用**

属于此类负载的，工业上如电动机的励磁线圈、滑差电动机电磁离合器的励磁线圈以及输出串接平波电抗器（Filter Reacter）的负载等。电感性负载不同于电阻性负载，为了便于分析，通常电阻与电感分开，如图 7-12 所示。

电感线圈是储能元件，当电流 $i_d$ 流过线圈时，该线圈就储存有磁场能量，$i_d$ 愈大，线圈储存的磁场能量也愈大，当 $i_d$ 减小时，电感线圈就要将所储存的磁场能量释放出来。电感本身是不消耗能量的。众所周知，能量的存放是不能突变的，可见当流过电感线圈的电流增大时，$L_d$ 两端就要产生感应电动势，其方向应阻止 $i_d$ 的增大，如图 7-12（a）所示。反之，$i_d$ 要减小时，$L_d$ 两端感应的电动势方向应阻碍 $i_d$ 的减小，如图 7-12（b）所示。

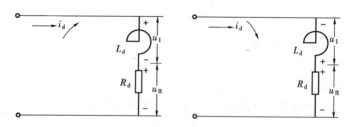

图 7-12 电感线圈对电流变化的阻碍作用
（a）表示当电流 $i_d$ 增大时，$L_d$ 两端感应的电动势方向，并储存磁场能量；
（b）表示当电流 $i_d$ 减小时，$L_d$ 两端感应的电动势方向，并释放磁场能量

电感线圈不仅是储能元件，而且又是电流的滤波元件，如图 7-13 所示。如果输入为脉动直流电压 $u_d$，它可分解成直流分量电压 $U_d$ 与交流分量电压 $u_d$，分别产生的直流分量电流 $I_d$ 和交流分量电流 $i_d$。由于电感线圈的感抗 $X = 2\pi f L_d$，它与频率成正比，故电感对直流分量电压 $U_d$ 无阻流能力，直流分量的电流 $I_d$ 大小，只能由 $R_d$ 来决定，即

$I_d$ = $U_d/R_d$。电感对交流分量电压 $u_d$ 有很大的限流能力,只要 $X \gg R_d$,交流分量电压所产生的交流分量电流就非常小,在工程计算中可忽略不计,即 $i_d \approx I_d$。

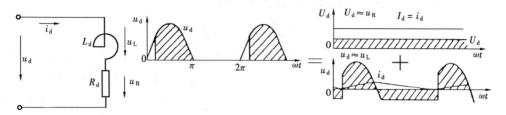

图 7-13 电感线圈是电流的滤波元件

单相半波可控整流电感性负载如图 7-14 所示。

在 $0 \leq \omega t < \omega t_1$ 区间,$u_2$ 虽然为正,但晶闸管无触发脉冲不导通,负载上的电压 $u_d$、电流 $i_d$ 均为零。晶闸管承受着电源电压 $u_2$,其波形如图 7-14(b)所示。

当 $\omega t = \omega t_1 = \alpha$ 时,晶闸管被触发导通,电源电压 $u_2$ 突加在负载上,由于电感性负载电流不能突变,电路须经一段过渡过程,此时电路电压瞬时值方程如下

$$u_2 = L_d \frac{di_d}{dt} + i_d R_d = u_L + u_R$$

在 $\omega t_1 < \omega t \leq \omega t_2$ 区间,晶闸管被触发导通后,由于 $L_d$ 作用,电流 $i_d$ 只能从零逐渐增大。到 $\omega t_2$ 时,$i_d$ 已上升到最大值,$di_d/dt = 0$,所以 $u_L = 0$,$u_2 = i_d R_d = u_R$。这期间电源 $u_2$ 不仅要向负载 $R_d$ 供给有功功率,而且还要向电感线圈 $L_d$ 供给磁场能量的无功功率。

在 $\omega t_2 < \omega t \leq \omega t_3$ 区间,由于 $u_2$ 继续在减小,$i_d$ 也逐渐减小,在电感线圈 $L_d$ 作用下,$i_d$ 的减小总是要滞后于 $u_2$ 的减小。这期间 $L_d$ 两端感生的电动势方向是阻碍 $i_d$ 的减小,如图 7-14(b)所示。负载 $R_d$ 所消耗的能量,除电源电压 $u_2$ 供给外,还有部分是由电感线圈 $L_d$ 所释放的能量供给。这区间的电路电压瞬时值方程如下

$$u_2 + L_d \frac{di_d}{dt} = i_d R_d$$

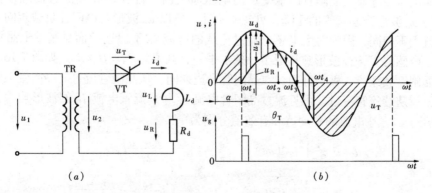

图 7-14 单相半波可控整流电感性负载
(a) 电路;(b) 波形

在 $\omega t_3 < \omega t \leq \omega t_4$ 区间,$u_2$ 过零开始变负,对晶闸管是反向电压,但是另一方面由于 $i_d$ 的减小在 $L_d$ 两端所感性的电压 $u_L$ 极性对晶闸管是正向电压,故只要 $u_L$ 略大于 $u_2$,晶

闸管仍然承受着正向电压而继续导通，直到 $i_d$ 减到零，才被关断，如图 7-14（b）所示。在这区间 $L_d$ 不断释放出磁场能量，除部分继续向负载电阻 $R_d$ 提供消耗能量外，其余就回馈给交流电网 $u_2$。此区间电路电压瞬时值方程如下

$$u_L = L_d \frac{di_t}{dt} = u_2 + i_d R_d$$

当 $\omega t = \omega t_4$ 时，$i_d = 0$ 即 $L_d$ 磁场能量已释放完毕，晶闸管被关断。下个周期又周而复始。

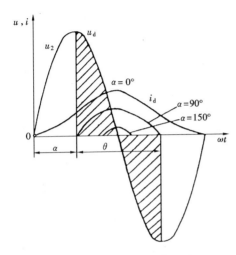

图 7-15 大电感时，不同 $\alpha$ 负载电压和电流的波形

如图 7-14（b）可见，由于电感的存在，使负载电压 $u_d$ 波形出现部分负值，其结果负载直流电压平均值 $U_d$ 减小。电感愈大，$u_d$ 波形的负值部分占的比例愈大，使 $U_d$ 减少愈多。当电感 $L_d$ 很大时（一般 $X_L \geq 10 R_d$ 时，就认为大电感），对于不同控制角 $\alpha$，晶闸管的导通角 $\theta_T \approx 2\pi - 2\alpha$，电流 $i_d$ 波形如图 7-15 所示。这时负载上得到的电压 $u_d$ 波形是正负面积接近相等，直流电压平均值几乎为零。由此可见，单相半波可控整流电路用于大电感负载时，不管如何调节控制角 $\alpha$，$U_d$ 值总是很小，平均电流 $I_d = U_d / R_d$ 也很小，如不采取措施，电路无法满足输出一定直流平均电压的要求。

为了使 $u_2$ 过零变负时能及时地关断晶闸管，使 $u_d$ 波形不出现负值，又能给电感线圈 $L_d$ 提供续流的旁路，可以在整流输出端并联二极管，如图 7-16 所示。由于该二极管是为电感负载在晶闸管关断时，提供续流回路，故将此二极管简称续流管，用 VD 表示。

在接有续流管的感性负载单相半波可控整流电路中，当 $u_2$ 过零变负时，此时续流管承受正向电压而导通，晶闸管因承受反向电压而关断。$i_d$ 就改经续流管而继续流动。续流期间的 $u_d$ 波形为续流管的压降，可忽略不计。所以 $u_d$ 波形与电阻性负载相同。但是 $i_d$ 的波形就大不相同，因为对大电感，流过负载的电流 $i_d$ 不但连续而且基本上是波动很小的直线，电感愈大，$i_d$ 波形愈接近于一条水平线，其值为 $I_d = U_d / R_d$，如图 7-16 所示。$I_d$ 电流由晶闸管和续流二极管分担：在晶闸管导通期间，从晶闸管流过。晶闸管关断，续流管导通，就从续流管流过。可见流过晶闸管电流 $i_T$ 与续流管电流 $i_D$ 的波形均为方波，如图 7-16 所示，方波电流的平均值和有效值分别为

$$I_{dT} = \frac{1}{2\pi} \int_\alpha^\pi i_T d(\omega t) = \frac{I_d}{2\pi} [\omega t]_\alpha^\pi = \frac{\pi - \alpha}{2\pi} I_d \tag{7-15}$$

$$I_T = \sqrt{\frac{1}{2\pi} \int_\alpha^\pi i_T^2 d(\omega t)} = I_d \sqrt{\frac{1}{2\pi} [\omega t]_\alpha^\pi} = \sqrt{\frac{\pi - \alpha}{2\pi}} I_d \tag{7-16}$$

$$I_{dD} = \frac{1}{2\pi} \int_\pi^{2\pi+\alpha} i_D d(\omega t) = \frac{\pi + \alpha}{2\pi} I_d \tag{7-17}$$

$$I_D = \sqrt{\frac{1}{2\pi} \int_\pi^{2\pi+\alpha} i_D^2 d(\omega t)} = \sqrt{\frac{\pi + \alpha}{2\pi}} I_d \tag{7-18}$$

式中，$I_d = U_d/R_d$，而 $U_d = 0.45 U_2 (1+\cos\alpha)/2$。

晶闸管和续流管可能承受的最大正反向电压为 $\sqrt{2} U_2$，移相范围与阻性负载相同为 $0 \sim \pi$。

由于电感性负载电流不能突变，当晶闸管触发导通后，阳极电流上升较缓慢，故要求触发脉冲要宽些（约 20°），以免阳极电流尚未升到晶闸管擎住电流时，触发脉冲已消失，晶闸管无法导通。

【例 7-2】 图 7-17 是中、小型发电机采用的单相半波自励稳压可控整流电路。当发电机满负载运行时，相电压为 220V，要求的励磁电压为 40V，已知：励磁线圈的电阻为 2Ω，电感量为 0.1H。试求：晶闸管及续流管的电流平均值和有效值各是多少，晶闸管与续流管可能承受的最大电压各是多少，并选择晶闸管与续流管的型号。

【解】 先求控制角 $\alpha$

$$U_d = 0.45 U_2 \frac{1+\cos\alpha}{2}$$

$$\cos\alpha = \frac{2}{0.45} \times \frac{40}{220} - 1 = -0.192$$

$$\alpha \approx 101°$$

则 $\theta_T = \pi - \alpha = 180° - 100° = 80°$

$\theta_D = \pi + \alpha = 180° + 100° = 280°$

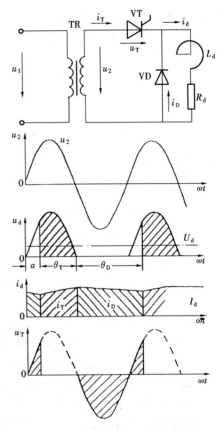

图 7-16 有续流管的单相半波可控整流电路及波形

由于 $\omega L_d = 2\pi f L_d = (2 \times 3.14 \times 50 \times 0.1) = 31.4\Omega \gg R_d = 2\Omega$，所以为大电感负载，各电量分别计算如下

$$I_d = U_d/R_d = 40/2 = 20\text{A}$$

$$I_{dT} = \frac{180° - \alpha}{360°} \times I_d = \frac{180° - 101°}{360°} \times 20 = 4.4\text{A}$$

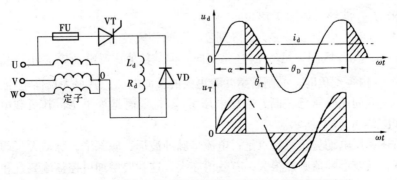

图 7-17 中小型发电机采用晶闸管自励稳压电路及解题波形

$$I_\mathrm{T} = \sqrt{\frac{180° - \alpha}{360°}} \times I_\mathrm{d} = \sqrt{\frac{180° - 101°}{360°}} \times 20 = 9.4\mathrm{A}$$

$$I_\mathrm{dD} = \frac{180° + \alpha}{360°} \times I_\mathrm{d} = \frac{180° + 101°}{360°} \times 20 = 15.6\mathrm{A}$$

$$I_\mathrm{D} = \sqrt{\frac{180° + \alpha}{360°}} \times I_\mathrm{d} = \sqrt{\frac{180° + 101°}{360°}} \times 20 = 17.6\mathrm{A}$$

$$U_\mathrm{TM} = \sqrt{2}\,U_2 = 1.42 \times 220 = 312\mathrm{V}$$

$$U_\mathrm{DM} = \sqrt{2}\,U_2 = 1.42 \times 220 = 312\mathrm{V}$$

根据以上计算选择晶闸管及续流管型号为

$$U_\mathrm{Tn} = (2 \sim 3) U_\mathrm{TM} = (2 \sim 3) \times 312 = 624 \sim 936\mathrm{V},取 700\mathrm{V}$$

$$I_\mathrm{T(AV)} = (1.5 \sim 2)\frac{I_\mathrm{T}}{1.57} = (1.5 \sim 2)\frac{9.4}{1.57} = 9 \sim 12\mathrm{A},取 10\mathrm{A}$$

故选晶闸管型号为 KP10-7。

$$U_\mathrm{Dn} = (2 \sim 3) U_\mathrm{DM} = (2 \sim 3) \times 312 = 624 \sim 936\mathrm{V},取 700\mathrm{V}$$

$$I_\mathrm{D(AV)} = (1.5 \sim 2)\frac{I_\mathrm{D}}{1.57} = (1.5 \sim 2)\frac{17.6}{1.57} = 16.8 \sim 22\mathrm{A},取 20\mathrm{A}$$

故续流管应选 ZP20-7。

### 2.1.3 反电动势负载（Back EMF Load）

蓄电池、直流电动机的电枢等均属此负载，这类负载特点是含有直流电动势 $E$，它的极性对电路中晶闸管是反向电压故称反电动势负载，如图 7-18（a）所示。

在 $0 \leqslant \omega t < \omega t_1$ 区间，$u_2$ 虽然是正向但由于反电动势 $E$ 大于电源电压 $u_2$，晶闸管仍受反向电压而处在反向阻断状态。负载两端电压 $u_\mathrm{d}$ 等于本身反电动势 $E$，负载电流 $i_\mathrm{d}$ 为零。晶闸管两端电压 $u_\mathrm{T} = u_2 - E$，波形如图 7-18（b）所示。

在 $\omega t_1 \leqslant \omega t < \omega t_2$ 区间，$u_2$ 正向电压已大于反电动势 $E$，晶闸管开始承受正向电压，但尚未被触发，故仍处于正向阻断状态，$u_\mathrm{d}$ 仍等于 $E$，$i_\mathrm{d}$ 为零。$u_\mathrm{T} = u_2 - E$ 的正向电压波形如图 7-18（b）所示。

当 $\omega t = \omega t_2 = \alpha$ 时，晶闸管被触发导通，电源电压 $u_2$ 突加在负载两端，所以 $u_\mathrm{d}$ 波形为 $u_2$，流过负载电流 $i_\mathrm{d} = (u_2 - E)/R_\mathrm{a}$。由于元件本身导通，所以 $u_\mathrm{T} = 0$。

在 $\omega t_2 < \omega t < \omega t_3$ 区间，由于 $u_2 > E$，晶闸管导通，负载电流 $i_\mathrm{d}$ 仍按 $i_\mathrm{d} = (u_2 - E)/R_\mathrm{a}$ 规律变化。由于反电动势内阻 $R_\mathrm{a}$ 很小，所以 $i_\mathrm{d}$ 呈脉冲波形，具有底部窄、脉动大的特点。$u_\mathrm{d}$ 仍为 $u_2$ 波形，如图 7-18（b）所示。

当 $\omega t = \omega t_3$ 时，由于 $u_2 = E$，$i_\mathrm{d}$ 降到零，晶闸管被关断。

在 $\omega t_3 < \omega t \leqslant \omega t_4$ 区间，虽然 $u_2$ 还是正向，但其数值比反电动势 $E$ 小，晶闸管受反压被阻断。当 $u_2$ 由零变负时，晶闸管承受着更大的反向电压，其最大反向电压为 $\sqrt{2}u_2 + E$。应该注意，这区间晶闸管已关断，输出电压 $u_\mathrm{d}$ 不是零而是等于 $E$，其负载电流 $i_\mathrm{d}$ 为零。所以波形如图 7-18（b）所示。

综上所述，反电动势负载特点是：电流呈脉冲波形，底部窄，脉动大。如要供出一定的平均电流，其波形幅值必然很大，有效值亦大，这就要增加可控整流装置和直流电动机的容量。另外，换向电流大，容易产生火花，电动机振动厉害。尤其是断续电流会使电动

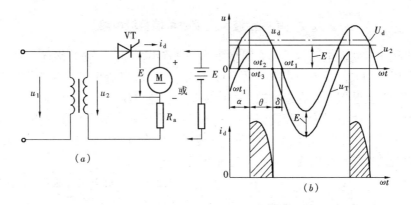

图 7-18 单相半波反电势负载电路及波形

机机械特性变软。为了克服这些缺点，常在负载回路，人为地串联一个所谓平波电抗器 $L_d$，来减小电流的脉动和延长晶闸管导通的时间。

反电动势负载，串接平波电抗器后，整流电路的工作情况与大电感性负载相似。电路与波形如图 7-19（a）、（b）所示。只要所串入的平波电抗器的电感量足够大，使整流输出电压 $u_d$ 中所包含的交流分量全部降落在电抗器上，则负载两端的电压基本平整，输出电流波形也就平直，这样就大大改善了整流装置和电动机的工作条件。电路的各电量与电感性负载相同，仅是 $I_d$ 值应按下式求得

$$I_d = \frac{U_d - E}{R_a} \tag{7-19}$$

图 7-19（c）为串接的平波电抗器 $L_d$ 的电感量不够大或电动机轻载时的波形。$i_d$ 波形仍出现断续，断续期间 $u_d = E$，波形出现台阶，但电流脉动情况比不串 $L_d$ 时有很大改善。对小容量直流电动机，因对电源影响较小，且电动机电枢本身的电感量较大，故有时也可以不串平波电抗器。

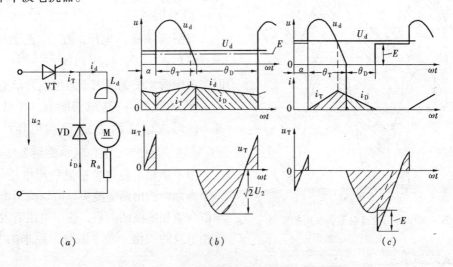

图 7-19 单相半波反电动势串接平波电抗器后的电路与波形
（a）电路；（b）$i_d$ 连续时波形；（c）$i_d$ 断续时波形

## 2.2 单相全波和全控桥可控整流电路

单相半波可控整流电路，虽具有线路简单、投资小及调试方便等优点，但因整流输出具有直流电压脉动大，设备利用率不高等缺点，所以一般仅适用于对整流指标要求不高，小容量的可控整流装置。存在以上缺点的原因是：交流电源 $u_2$ 在一个周期中，最多只能半个周期能向负载供电。为了使交流电源 $u_2$ 的另一半周期也能向负载输出同方向的直流电压，既减少了输出电压 $u_d$ 波形的脉动，又能提高输出直流电压平均值，需采用本节要介绍的单相全波可控整流电路与单相全控桥整流电路。

### 2.2.1 单相全波可控整流电路

（1）电阻性负载

如图 7-20（a）所示，从电路形式上看，它相当于由两个电源电压相位错开 180°的两组单相半波可控整流电路并联而成，所以又称单相双半波可控整流电路。

电路中晶闸管 $VT_1$ 与 $VT_2$ 是轮流工作的。在电源电压 $u_2$ 正半周 $\alpha$ 时刻，触发电路虽然同时向两管的门极送出触发脉冲，但由于 $VT_2$ 承受反压不能导通，而 $VT_1$ 承受正向电压而导通。负载电流方向如图上实线所示。电源电压 $u_2$ 过零变负时，$VT_1$ 关断。在电源电压 $u_2$ 负半周同样 $\alpha$ 时刻，$VT_2$ 被触发导通。负载电流方向如图上虚线所示。这样，负载两端可控整流电压 $u_2$ 波形是单相半波可控整流电压波形相同的两块，如图 7-20（b）所示。

晶闸管承受的电压，在 $u_2$ 正半周 $VT_1$ 未导通前，$u_{T1}$ 为 $u_2$ 正向波形。当 $\alpha = 90°$ 时，晶闸管承受到最大正向电压为 $\sqrt{2}u_2$。在 $u_2$ 过零变负时，$VT_1$ 被关断而 $VT_2$ 还未导通，这时 $VT_1$ 只承受 $u_2$ 反向电压。一旦 $VT_2$ 被触发导通时，$VT_1$ 就承受到 $2\sqrt{2}u_2$。

由于单相全波可控整流输出电压 $u_d$ 在一个周期内输出两个波头，所以输出电压平均值为单相半波的两倍，输出电压有效值是单相半波的 $\sqrt{2}$ 倍，功率因数为原来的 $\sqrt{2}$ 倍。

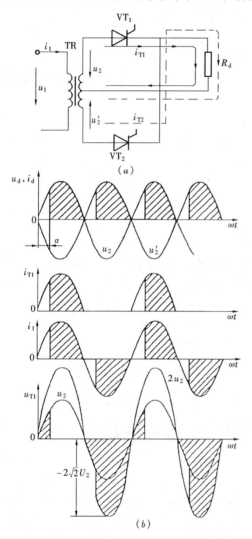

图 7-20 单相全波电阻负载可控整流
（a）电路；（b）波形

其计算公式如下

$$U_d = 2 \times 0.45 U_2 \frac{1+\cos\alpha}{2} = 0.9 U_2 \frac{1+\cos\alpha}{2} \tag{7-20}$$

$$U = \sqrt{2}\,U_2\sqrt{\frac{1}{4\pi}\sin 2\alpha + \frac{\pi-\alpha}{2\pi}} = U_2\sqrt{\frac{1}{2\pi}\sin 2\alpha + \frac{\pi-\alpha}{\pi}} \qquad (7\text{-}21)$$

$$\cos\varphi = \sqrt{\frac{1}{2\pi}\sin 2\alpha + \frac{\pi-\alpha}{\pi}} \qquad (7\text{-}22)$$

晶闸管电流有效值及可能承受到最大正反向电压分别为

$$I_T = \frac{1}{\sqrt{2}} = \frac{1}{\sqrt{2}}\frac{U}{R_d} = \frac{U_2}{R_2}\sqrt{\frac{1}{4\pi}\sin 2\alpha + \frac{\pi-\alpha}{2\pi}}$$

$$U_{TM} = +\sqrt{2}\,U_2 \sim -2\sqrt{2}\,U_2$$

电路要求的移相范围为 $0\sim\pi$，与单相半波相同。而触发脉冲间隔为 $\pi$，不同于单相半波。

**（2）大电感负载**

在单相半波可控整流带大电感负载，如果不并接续流二极管，无论如何调节移相角 $\alpha$，输出整流电压 $u_d$ 波形的正负面积仍几乎相等，负载直流平均电压 $U_d$ 均接近于零。单相全波可控整流带大电感负载情况就截然不同，如图 7-21（a）可看出：在 $0\leqslant\alpha<90°$ 范围内，虽然 $u_d$ 波形也会出现负面积，但正面积总是大于负面积，当 $\alpha=0$ 时，$u_d$ 波形不出现负面积，为单相不可控全波整流输出电压波形，其平均值为 $0.9U_2$。显然，在这区间

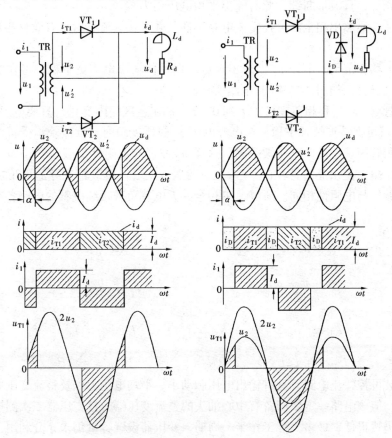

图 7-21　单相全波大电感负载电路与波形
（a）不接续流管；（b）接续流管

输出电压平均值 $U_d$ 与控制角 $\alpha$ 的关系为

$$U_d = \frac{1}{2\pi}\int_\alpha^{\pi+\alpha} \sqrt{2}U_2\sin\omega t\,d(\omega t) = 0.9U_2\cos\alpha \qquad (7\text{-}23)$$

输出电流 $i_d$ 为脉动很小的直流，其计算式为

$$i_d \approx I_d = \frac{U_d}{R_d}$$

晶闸管的电流平均值、有效值以及管子可能承受到的最大电压分别为

$$I_{dT} = \frac{1}{2}I_d$$

$$I_T = \frac{1}{\sqrt{2}}I_d$$

$$U_{TM} = \pm 2\sqrt{2}U_2$$

在 $\alpha = 90°$时，晶闸管被触通，一直要持续到下半周接近于 90°时才被关断，负载两端 $u_d$ 波形正负面积接近相等，平均值 $u_d$ 为零，其输出电流波形是一条幅度很小的脉动直流。

在 $\alpha > 90°$时，出现的 $u_d$ 波形和单相半波大电感负载相似，无论如何调节 $\alpha$。$u_d$ 波形正负面积都相等，且波形断续，此时输出平均电压均为零。

综上所述，显然单相全波可控整流电路感性负载不接续流管时，有效移相范围只能是 $0 \sim \pi/2$。

为了扩大移相范围，不让 $u_d$ 波形出现负值以及使输出电流更平稳，可在电路负载两端并接续流二极管，如图 7-21（b）电路所示。

接续流管后，$\alpha$ 的移相范围可扩大到 $0 \sim \pi$。$\alpha$ 在这区间内变化，只要电感量足够大，输出电流 $i_d$ 就可保持连续且平稳。在电源电压 $u_2$ 过零变负时，续流管承受正向电压而导通，此时晶闸管因承受反向电压被关断。这样 $u_d$ 波形与电阻性负载相同，如图 7-21（b）波形所示。$i_d$ 电流是由晶闸管 $VT_1$、$VT_2$ 及续流管 VD 三者相继轮流导通而形成的。晶闸管两端电压波形与电阻性相同。所以，单相全波大电感负载接续流管的电路各电量计算式如下

$$U_d = 0.9U_2\frac{1+\cos\alpha}{2} \qquad I_d = \frac{U_d}{R_d}$$

$$I_{dT} = \frac{\pi-\alpha}{2\pi}I_d \qquad I_T = \sqrt{\frac{\pi-\alpha}{2\pi}}I_d$$

$$I_{dD} = \frac{\alpha}{\pi}I_d \qquad I_D = \sqrt{\frac{\alpha}{\pi}}I_d$$

$$U_{TM} = +\sqrt{2}U_2 \sim -2\sqrt{2}U_2 \qquad U_{DM} = -\sqrt{2}U_2$$

单相全波可控整流电路，具有输出电压脉动小、平均电压大以及整流变压器没有直流磁化等优点。但该电路一定要配备有中心抽头的整流变压器，且变压器二次侧抽头的上下绕组利用率仍然很低，最多只能工作半个周期，变压器设置容量仍未充分利用，其次晶闸管承受电压高，可达 $2\sqrt{2}U_2$，元件价格昂贵。为克服以上缺点，可采用单相全控桥式电路。

### 2.2.2 单相半控桥式整流电路

在单相桥式二极管整流电路中，把其中两个二极管换成晶闸管就组成单相半控桥式整流电路，如图7-22所示。这种电路由于对变压器的容量和晶闸管参数的要求都比全波整流电路低，也不需要中心抽头的变压器，因此广泛应用于中小容量场合。它的工作原理如下：晶闸管 $VT_1$ 和 $VT_2$ 的阴极接在一起称共阴极连接。即使 $U_{g1}$ 和 $U_{g2}$ 同时触发两管时，只能使阳极电位高的管子导通，导通后使另一管子承受反压而阻断。当电源电压 $u_2$ 处于正半周时，$VT_1$ 管阳极电位高，触发 $VT_1$ 导通（此时即使同时触发 $VT_2$ 管，$VT_2$ 管也不可能导通），电流经 $VT_1 \rightarrow R_d \rightarrow VD_2$ 路径流通，此时 $VT_2$ 和 $VD_1$ 均承受反压，$u_2$ 正半周结束时，$VT_1$ 关断。当 $u_2$ 负半周时，触发 $VT_2$ 管，电流经 $VT_2 \rightarrow R_d \rightarrow VD_1$ 路径流通。要在负载 $R_d$ 上得到与全波整流一样的波形，下面分三种不同负载来讨论。

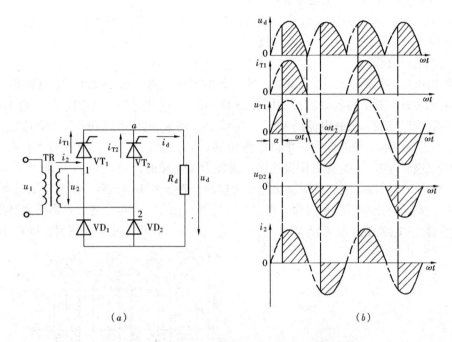

图 7-22　单相半控桥式整流电路及其电流电压波形

（1）电阻性负载

电压、电流波形如图7-22（b）所示。输出电压 $U_d$ 与控制角 $\alpha$ 的关系与全波整流时一样为

$$U_d = \frac{1}{2\pi} \int_\alpha^{\pi+\alpha} \sqrt{2} U_2 \sin\omega t \, d(\omega t) = 0.9 U_2 \cos\alpha \tag{7-24}$$

电流平均值 $I_d$ 为

$$I_d = \frac{U_d}{R_d} = 0.9 \frac{U_2}{R_d} \frac{1+\cos\alpha}{2} \tag{7-25}$$

负载有效电流 $I$ 与交流输入电流有效值 $I_2$ 相同为

$$I = I_2 = \sqrt{\frac{1}{\pi} \int_\alpha^\pi \left(\frac{\sqrt{2} U_2}{R_d} \sin\omega t\right)^2 d\omega t} = \frac{U_2}{R_d} \sqrt{\frac{1}{2\pi} \sin 2\alpha + \frac{\pi-\alpha}{\pi}} \tag{7-26}$$

负载 $R_d$ 上的有效功率即发热消耗功率 $P=UI$。流过每个晶闸管的平均电流 $I_{dT}=\frac{1}{2}I_d$，在电路节点 $a$，平均电流符合基尔霍夫第一定律 $\Sigma I_d=0$，即 $I_{dT1}+I_{dT2}=I_d$；而流过每个晶闸管的有效电流 $I_T=\frac{1}{\sqrt{2}}I$，节点有效电流代数和不等于零，即 $I_{T1}+I_{T2}\ne I$。电路功率因数、电流波形系数等均与全波可控整流时一样。

晶闸管两端电压波形如图 7-22（b）所示。承受的最大正反向电压为电源电压峰值的 $\sqrt{2}$ 倍，在直流电压 $U_d$ 相同时，比全波整流时的值低了一半。当 $VT_1$ 和 $VT_2$ 均不导通时，如图中 $\omega t_1 \sim \omega t_2$ 区间，2 端为正，1 端为负，由于经 $VT_2 \to R_d \to VD_1$ 回路存在漏电流，而 $VT_2$ 的正向漏电阻远大于 $VD_1$ 的正向电阻与 $R_d$ 之和，分压结果使 $a$ 点与 1 点同电位，所以在此期间，$VT_1$ 管两端电压近似为零。

变压器二次电流 $i_2$ 为正向对称的缺角正弦，无直流分量，但存在奇次谐波，控制角 $\alpha=90°$ 时谐波分量最大，对电网有不利影响。

（2）大电感负载

当输出电压串接的电感 $L_d$ 足够大，使负载电流波形为一水平直线时，这种负载通常称为大电感负载，其电路各处波形如图 7-23 所示。当 $u_2$ 电压在正半周，控制角为 $\alpha$ 时，触发晶闸管 $VT_1$ 导通，负载电流经 $VT_1$、$VD_2$ 流通。到 $u_2$ 电压下降到零开始变负时，由于电感 $L_d$ 产生感应电动势的作用，维持电流流通，$VT_1$ 将继续导通。但此时 1 点电位比 2 点低，因二极管 $VD_1$、$VD_2$ 为共阳极连接，故转为 $VD_1$ 导通，$VD_2$ 关断，因此负载电流 $i_d$ 经 $VT_1$、$VD_1$ 所成回路续流，此时输出电压为这两个管子的正向压降，接近于零。当 $u_2$ 为负半周且控制角与正半周时相同为 $\alpha$ 时触发 $VT_2$ 管，由于 2 点电位比 1 点高，故经过换流使 $VT_2$ 导通，$VT_1$ 关断，电流经 $VT_2$、$VD_1$ 流通，在 $u_2$ 负半周过零变正时，同样由 $VT_2$、

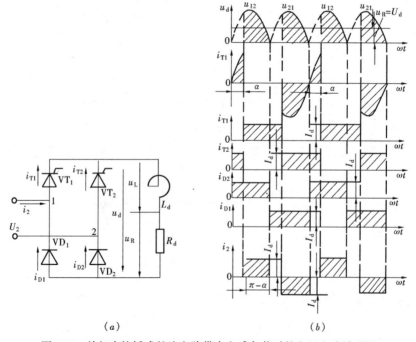

图 7-23 单相半控桥式整流电路带大电感负载时的电压电流波形图

VD$_2$ 起续流作用，输出电压为零。电路工作的特点是：晶闸管在触发时刻换流，二极管则在电源过零时刻换流。所以单相半控桥式整流电路即使直流输出端不接续流二极管，由于桥路二极管内部的续流作用，负载两端与接续流管时一样，$U_d$、$I_d$ 的计算公式与电阻性负载相同。流过晶闸管与二极管的电流都是宽度为 180°的方波且与 $\alpha$ 无关，交流侧电流 $i_2$ 为正负对称的交变方波，有较强的谐波电流分量流入电网。

这种线路看起来虽不另接续流二极管也能工作，但在实际运行时，当突然把控制角 $\alpha$ 增大到 180°或突然切断触发电路时，会发生正在导通的晶闸管一直导通而两个二极管轮流导通的失控现象。例如切断触发电路时 VT$_1$ 管正在导通，当 $u_2$ 电压变负时，因 $L_d$ 的作用，使电流通过 VT$_1$、VD$_1$ 形成续流。$L_d$ 中储存的能量如在整个 $u_2$ 负半周都没有释放完，就使 VT$_1$ 在整个负半周都保持导通。当 $u_2$ 又进入正半周时，VT$_1$ 又承受正压继续导通，同时 VD$_1$ 关断而 VD$_2$ 导通。因此，即使不加触发脉冲，负载上仍保留了正弦半波的输出电压，这在使用时是不允许的。失控时，维持导通的晶闸管二端波形为一条直线，不导通的晶闸管二端的电压波形为 $u_2$ 交流波形。

由于上述原因，这种半控桥式整流电路还需加接续流二极管。接上续流二极管后，当电源电压降到零时，负载电流经续流管续流，使桥路直流输出端只有 1V 左右的压降，迫使晶闸管与二极管串联电路中的电流减小到维持电流下，使晶闸管关断，这样就不会出现失控现象了。为了使续流二极管可靠工作，其接线要粗而短，接触电阻要小，且不宜串接熔断器。

接续流管后各处的电流波形如图 7-24 所示。若控制角为 $\alpha$，则每个晶闸管导通角为

$$\theta_T = 180° - \alpha$$

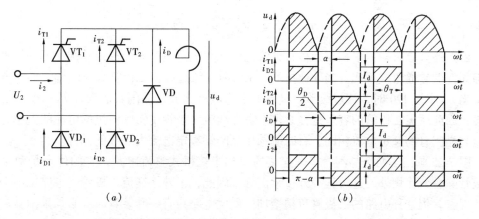

图 7-24 单相半控桥式整流电路带大电感、接续流管时的电压电流波形

流经晶闸管的平均电流为

$$I_{dT} = \frac{\theta_T}{360°}I_d = \frac{180° - \alpha}{360°}I_d$$

有效电流为

$$I_T = \sqrt{\frac{180° - \alpha}{360°}}I_d$$

流经续流管的平均电流为

$$I_{dD} = \frac{\theta_D}{360°}I_d = \frac{2\alpha}{360°}I_d$$

有效电流为

$$I_D = \sqrt{\frac{2\alpha}{360°}}I_d$$

续流二极管承受最大反向电压为$\sqrt{2}U_2$。

**【例7-3】** 有一大电感负载采用单相半控桥式有续流二极管的整流电路供电,负载电阻为5Ω,输入电压为220V,晶闸管控制角$\alpha = 60°$,求流过晶闸管、二极管的电流平均值及有效值。

**【解】** 先求整流输出电压平均值

$$U_d = 0.9U_2\frac{1+\cos\alpha}{2} = 0.9 \times 220 \times \frac{1+0.5}{2} = 149V$$

再求负载电流平均值

$$I_d = U_d/R_d = 149/5 \approx 30A$$

晶闸管及整流二极管每周期的导电角是

$$\theta = 180° - \alpha = 180° - 60° = 120°$$

续流二极管每周期导电角是

$$360° - 2\theta = 360° - 2 \times 120° = 120°$$

所以电流的平均值与有效值分别为

$$I_{dT} = I_{dD} = \frac{120°}{360°}I_d = 10A$$

$$I_T = I_D = \sqrt{\frac{120°}{360°}}I_d = 17.3A$$

由上述计算可知:单相半控桥式整流电路接大电感负载时,流过晶闸管元件的平均电流与元件的导通角成正比。当导通角$\theta_T = 120°$时,流过续流二极管和晶闸管的平均电流相等。当$\theta_T$小于120°时,流过续流二极管的平均电流比流过晶闸管的大,$\theta_T$越小前者大得越多,因此续流二极管的容量选择必须考虑在续流二极管中实际流过的电流的大小,有时可以与晶闸管的额定电流相同,有时应选比晶闸管额定电流大一级的元件。

图7-25画出了两个晶闸管串联连接的单相半控桥式整流电路,它的优点是两个串联二极管除整流作用外,还可代替外接续流管。因此,不外接续流二极管,电路也不会出现失控现象,但这种电路的二极管负担增加。触发电路只有一套装置时,必须采用脉冲变压器,并且其二次侧要有两组相互绝缘的绕组,能够承受交流电压峰值。

本电路的电流波形如图7-25(b)所示,流过$VT_1$、$VT_2$的电流波形与图7-24相同,但流过$VD_1$、$VD_2$的电流增大了,其平均值与有效值分别为

$$I_{dD} = \frac{180°+\alpha}{360°}I_d$$

$$I_D = \sqrt{\frac{180°+\alpha}{360°}}I_d$$

负载电阻$R_d$的功率计算时:由电工基础知识可知,非正弦电压与电流构成的有功功率是其直流分量功率与各次谐波的有功功率之和,即

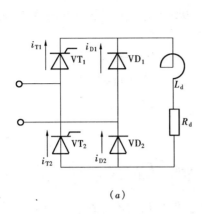 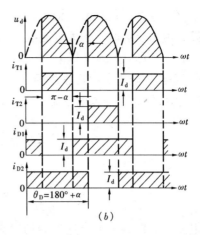

图 7-25 晶闸管串联的单相半控桥式整流电路及其电流电压波形

$$P = U_d I_d + U_1 \cdot I_1 \cos\varphi_1 + U_2 \cdot I_2 \cos\varphi_2 + \cdots$$
$$= P_d + P_1 + P_2 + \cdots$$

式中 $U_1$、$U_2$…——一次、二次谐波电压有效值；

$I_1$、$I_2$…——一次、二次谐波电流有效值；

$\cos\varphi_1$、$\cos\varphi_2$…——一次、二次谐波功率因数。

只有相同频率的电压、电流才能构成有功功率。在大电感负载中，$i_d = I_d$，电流是直流电，没有交流分量，所以 $P_1$、$P_2$、…都为零，$P = P_d$，即负载电阻 $R_d$ 上有功功率等于直流功率。

(3) 反电动势负载（Back EMF Load）

充电蓄电池、直流电动机等负载本身具有一定的直流电动势，对可控整流电路来说，是一种反电动势性质的负载。现以蓄电池负载为例来分析，$R_0$ 为蓄电池内阻。图 7-26 所示为反电动势负载，其具有如下特点：

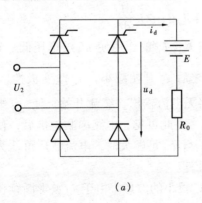 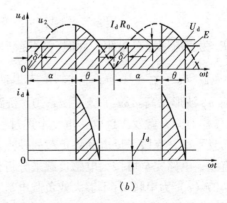

图 7-26 单相半控桥反电动势负载

1) 只有整流电压 $u_d$ 的瞬时值大于负载电动势 $E$ 时，整流桥路中的晶闸管才能承受正压而触发导通，整流桥路才有电流 $i_d$ 输出。当晶闸管导通时，$u_d = u_2 + E + i_d R_0$；当晶闸管关断时，$u_d = E$（是负载本身的电动势，并不是整流输出电压），因此，在反电动势负载时,电流不连续,负载端直流电压 $U_d$ 升高。例如,直接由电网 220V 电压供电的桥式整流电路,电阻负载时,最大直流电压 $U_d$ = 198V(忽略管子压降等因素),而带反电动势负载时,$U_d$ 值可达到 250V 以上。

2) 即使整流桥路直流电压平均值 $U_d < E$,只要 $u_d$ 的峰值大于 $E$,在直流回路电阻 $R_o$ 很小时,仍可以有相当大的电流输出,输出电流瞬时值 $i_d$ 为

$$i_d = \frac{u_d - E}{R_o}(u_{dm} > E)$$

平均电流 $I_d$ 为

$$I_d = \frac{1}{\pi}\int_{\alpha}^{\alpha+\theta} \frac{\sqrt{2}U_2\sin\omega t - E}{R_o}d(\omega t)$$

由于电流波形在每一个周期内导通 $\theta$ 较小,波形严重不连续,电流峰值又大,使波形系数 $K_f = I/I_d$ 增大。这种电流波形对直流电动机这类负载来说,使其特性变坏,换相容易产生火花,并且在相同的直流平均电流 $I_d$ 时,电流有效值增大,相应要求管子额定电流与电源容量也增大。但若考虑蓄电池充电的要求,则这种断续冲击形式的充电电流却有利于蓄电池充电。

3) 若以 $\delta$ 表示电源电压自零上升到 $E$ 的电角度,则

$$\delta = \arcsin\frac{E}{\sqrt{2}U_2}$$

当控制角 $\alpha < \delta$ 时,由于触发脉冲出现时,电源瞬时电压低于反电动势,故晶闸管受反压而不导通。为使电路可靠工作,要求触发脉冲有足够宽度,保证晶闸管开始承受正压时,脉冲尚未消失。

为了克服电流不连续的缺点,对于直流电动机负载,常串联电抗器。图 7-27 (a) 所示为电路图,(b) 图所示为串联电抗器 $L_d$ 的电感较大时,电流连续工作情况。

在 $\omega t_1$ 时,$u_d > E$,$U_{g1}$ 触发晶闸管 $VT_1$ 导通。回路瞬时电压方程为

$$u_d = u'_d + u_L = E + i_d R_o + L\frac{di_d}{dt}$$

上式中 $R_o$ 为直流回路总电阻。此时,$i_d$ 逐渐增大,$L_d$ 的作用使 $u'_d$ 波形压低。到 $\omega t_2$ 时刻,$u_d = u'_d$,$L_d \frac{di_d}{dt} = 0$,$i_d$ 上升到最大值,之后 $i_d$ 开始减小,$u_L$ 改变极性,电感 $L_d$ 的作用使 $u'_d$ 波形抬高。$\omega t_3$ 时刻,$u_d = 0$,桥路无电流输出,续流开始,使 $u'_d$ 维持一定电压值。$\omega t_4$ 时刻,触发 $VT_2$ 管,重复上述过程。由此可见,电路串联电抗后,使负载电流连续而且平稳,克服了反电动势负载的缺点。当 $L_d$ 足够大时,电流波形可认为是平行横轴的直线,电路完全可按大电感负载来分析计算。

图 7-27 (c) 为串联 $L_d$ 不够大或负载电流 $i_d$ 很小的波形。由于 $i_d$ 波形断续,断续期间使 $u_d$ 波形出现台阶,但电流脉动情况比不串联电抗时有很大改善。对小容量直流电动机,因对电源影响较小,且电动机电枢本身的电感量较大,也可不串联电抗器。

2.2.3 单相全控桥式整流电路

单相全控桥式整流电路如图 7-28 所示。带电阻负载时,电路工作情况与半控桥式整流电路没有什么区别,所不同的仅是全控桥式整流电路每半周要求同时触发桥路对角的两

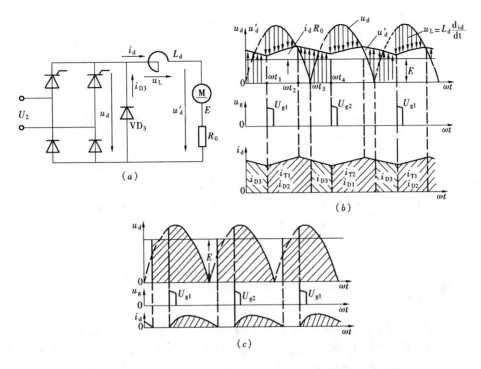

图 7-27 串联电抗器的带反电动势负载的电路及电压、电流波形
（a）电路图；（b）电流连续波形；（c）电流断续波形

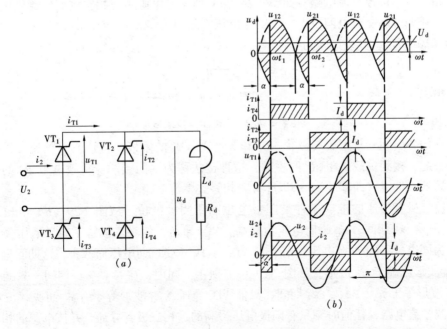

图 7-28 带大电感负载的单相全控桥式整流电路及其电压电流波形

只晶闸管。带电感性负载时，由于没有半控桥式整流电路的自然续流作用，因此与单相全波可控整流时一样，晶闸管轮流导通 180°，$u_d$ 波形出现负电压，输出电压平均值 $U_d$ 为

$$U_\mathrm{d} = \frac{1}{\pi}\int_{\alpha}^{\pi+\alpha} \sqrt{2}\,U_2\sin\omega t\,\mathrm{d}(\omega t) = 0.9U_2\cos\alpha\,(0° \leqslant \alpha \leqslant 90°) \qquad (7-27)$$

电路工作过程如下：

当 $u_2$ 为正向时刻（$\omega t_1$）同时触发晶闸管 $VT_1$、$VT_4$ 导通，电源电压 $u_2$ 加于负载上，当 $u_2$ 过零变负时，由于 $L_\mathrm{d}$ 上反电动势的作用，触发 $VT_2$、$VT_3$ 导通，$VT_1$、$VT_4$ 因承受反压而关断，负载电流改由 $VT_2$、$VT_3$ 回路供给。$\alpha$ 在 0～90° 内变化时，$U_\mathrm{d}$ 从 $0.9U_\mathrm{d}$ 下降到零，每个晶闸管轮流导通 180°。当 $\alpha>90°$ 时，$U_\mathrm{d}\approx0$，电流很小并且断续，情况与图 7-21 (a) 一样。整流桥路输入的交流电流 $i_2$ 为正负对称的矩形波且与 $u_2$ 波形有 $\alpha$ 的相移。

在电阻负载时，单相全控整流电路不比半控电路优越，线路复杂且费用大，所以一般均采用半控桥式整流电路。在直流电动机调速电路中，为了满足更高要求，便于规格化和实现互换，不管电动机是否需要可逆运转，有时也采用全控桥式整流电路。

## 2.3 三相可控整流电路

一般整流装置容量大于 4kW，要求直流电压脉动较小，选用三相整流较为合适。三种可控整流电路形式很多，有三相半波、三相桥式、三相双反星形等，其中三相半波可控整流电路是最基本电路，其他均由三相半波电路以不同方式串联或并联组合而成。常见的三相触发电路有正弦波同步的触发电路、锯齿波同步的触发电路等，后者应用比较广泛。

### 2.3.1 三相半波可控整流电路

(1) 三相半波不可控整流电路

三相半波不可控整流电路，如图 7-29 (a) 所示。电源由三相整流变压器供电，也可直接由三相四线制交流电网供电。二次相电压有效值为 $U_2$（或 $U_{2\varphi}$），而三相电压波形如图 7-29 (b) 所示，其表达式为

U 相 　　　　　　　　$u_\mathrm{U} = \sqrt{2}U_2\sin\omega t$

V 相 　　　　　　　　$u_\mathrm{V} = \sqrt{2}U_2\sin(\omega t - 2\pi/3)$

W 相 　　　　　　　　$u_\mathrm{W} = \sqrt{2}U_2\sin(\omega t + 2\pi/3)$

将它们各引到三只整流二极管 $VD_1$ 和 $VD_3$ 与 $VD_5$ 的阳极，将这三只整流二极管的阴极接在一起，接到负载电阻 $R_\mathrm{d}$ 的一端，这种接法称为共阴接法。负载电阻 $R_\mathrm{d}$ 的另一端接到变压器中性线（即零线），所以亦称三相零式整流电路。

整流二极管导通的惟一条件是阳极电位高于阴极电位。从图 7-29 (b) 电压波形可知，在 $\omega t_1 \sim \omega t_3$ 期间，$u_\mathrm{U}$ 瞬时电压值最高，$VD_1$ 导通，忽略二极管正向导通压降，U 点与 K 点为同电位，即 K 点电压为 $u_\mathrm{U}$，使 $VD_3$、$VD_5$ 承受反向电压而截止，这期间整流输出电压 $u_\mathrm{d}$ 波形就等于 $u_\mathrm{U}$ 波形，如图 7-29 (c) 所示。同理，在 $\omega t_3 \sim \omega t_5$ 期间，只能 $VD_3$ 导通，$u_\mathrm{d}$ 波形等于 $u_\mathrm{V}$。$\omega t_5 \sim \omega t_7$ 期间，只能 $VD_5$ 导通，$u_\mathrm{d}$ 波形等于 $u_\mathrm{W}$。可见，三相共阴接法半波整流电路，任何时刻只有阳极电压最高的这相二极管导通，并按电源的相序，每个管轮流导通 120°。显然，电源相电压正半波的相邻交点，即图 (b) 中 1、3、5 交点分别是 $VD_1$、$VD_3$、$VD_5$ 轮流导通的始末点。每过其中一个交点，负载电流就从前相二极管交换到后相二极管。这种换相轮流工作是靠三相电源电压变化自然循环进行的，所以将 1、3、5 交点称为自然换相点。$u_\mathrm{d}$ 波形就是三相电源电压波形的正向包络线，如图 7-29

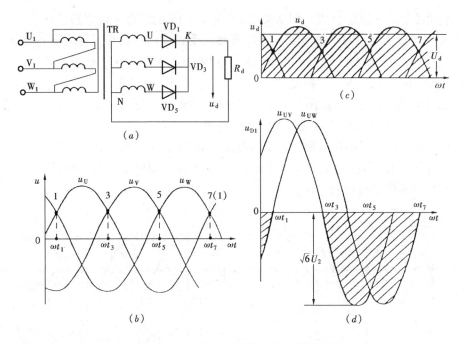

图 7-29 三相半波不可控整流电路及波形

(c) 所示。输出直流平均电压为

$$U_{\mathrm{d}} = \frac{3}{2\pi}\int_{\pi/6}^{5\pi/6}\sqrt{2}U_2\sin\omega t\,\mathrm{d}(\omega t) = \frac{3\sqrt{6}}{2\pi}U_2 = 1.17U_2$$

整流二极管两端电压 $u_{\mathrm{D1}}$ 波形，如图 7-29 (d) 所示。$\omega t_1 \sim \omega t_3$ 期间，由于 $VD_3$ 导通，所以 $VD_1$ 管阳极将承受 $u_{\mathrm{UV}}$ 的线电压波形（$u_{\mathrm{UV}}$ 线电压波形应超前 $u_{\mathrm{U}}$ 相电压波形 30°）；同理，在 $\omega t_5 \sim \omega t_7$ 期间，$VD_5$ 导通，$u_{\mathrm{D1}}$ 等于 $u_{\mathrm{UW}}$ 波形。由波形可见，整流二极管承受的最大反向电压为电源线电压的峰值，即

$$U_{\mathrm{DM}} = -\sqrt{6}U_2$$

分析整流输出电压 $u_{\mathrm{d}}$ 和整流管、晶闸管阳极承受的电压波形，在调试与维修时很有用，根据这些波形可判断电路、管子工作是否正常，以及故障发生在何处。

(2) 三相半波可控整流电路

将图 7-29 (a) 二极管分别换成晶闸管 $VT_1$、$VT_3$ 与 $VT_5$ 即为三相半波可控整流电路。由于共阴极接法触发脉冲有共用线，使用调试方便，所以共阴极接法三相半波电路常被采用。现按三种不同性质负载的工作情况分析如下：

1) 电阻性负载　三相半波可控整流电路采用的变流器件是晶闸管，晶闸管的导通条件，除阳极必须承受正向电压外，还得同时给门极触发脉冲，这就要求三相触发脉冲的相位间隔应与三相电源相电压的相位差一致，即均为 120°。如果在图 7-29 (b) 所示波形 1、3、5 三个自然换相点，分别向 $VT_1$、$VT_3$ 与 $VT_5$ 送出 $u_{\mathrm{g1}}$、$u_{\mathrm{g3}}$ 与 $u_{\mathrm{g5}}$ 触发脉冲。此时输出直流平均电压为最大，即 $U_{\mathrm{do}} = 1.17U_2$。所以，不可控整流电压波形的自然换相点 1、3、5 就是三相半波可控整流各晶闸管移相控制角 $\alpha$ 的起始点，即 $\alpha = 0°$ 点。由于自然换相点距相电压原点为 30°，所以，触发脉冲距对应相电压的原点为 30° + $\alpha$。

A. 不同控制角 $\alpha$ 波形分析　图 7-30（a）为 $\alpha=15°$ 的波形。设电路已在工作，W 相 $VT_5$ 已导通，经过 1 交点时，虽然 U 相 $VT_1$ 开始承受正向电压，可是触发脉冲尚未送到，故 $VT_1$ 无法导通，于是 $VT_5$ 管仍承受 $u_W$ 正向电压继续导通。当过 U 相自然换相点 "1" 15°，触发电路送出 $u_{g1}$，$VT_1$ 被触发导通，而 $VT_5$ 承受到 $u_{WU}$ 反压而关断，输出电压 $u_d$ 波形由 $u_W$ 波形换成 $u_U$ 波形，如图 7-30（a）所示。其他两相也依次轮流导通与关断，阻性负载 $i_d$ 波形与 $u_d$ 波形相似，而流过 $VT_1$ 管的电流 $i_{T1}$ 波形仅是 $i_d$ 波形的 1/3 区间，如图 7-30（a）$i_{T1}$ 波形所示。晶闸管阳极承受的电压 $u_{T1}$ 波形，可分成三部分：$VT_1$ 本身导通时 $u_{T1}\approx 0$；$VT_3$ 导通时，$u_{T1}=u_{UV}$；$VT_5$ 导通时，$u_{T1}=u_{UW}$。其他两相晶闸管阳极电压波形与 $u_{T1}$ 相似，但相位依次相差 120°。

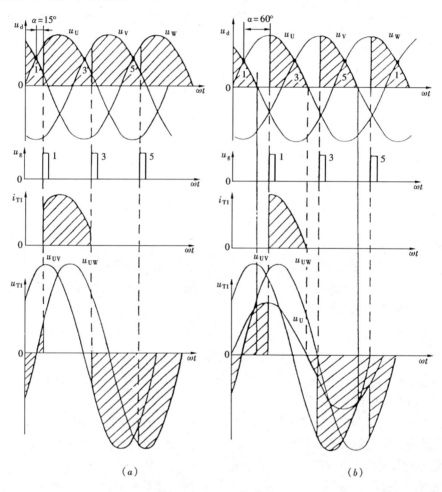

图 7-30　三相半波可控整流电阻负载的波形

图 7-30（b）为 $\alpha=60°$ 的波形。$u_d$ 与 $i_d$ 波形均出现 30°的断续，晶闸管关断点均在各自相电压过零处。$u_{T1}$ 波形除上述三部分组成外，当三只晶闸管均不导通时，$VT_1$ 将承受本相 $u_U$ 的波形，即 $u_{T1}=u_U$。

显然，当触发脉冲后移到 $\alpha=150°$ 时，由于晶闸管已不再承受正向电压，无法导通，所以，触发脉冲移相控制范围为 0～150°。

B. 各电量计算:

a. 输出电压平均值 $U_d$ 与负载平均电流 $I_d$  根据电路工作原理,$U_d$ 在 $0°\leqslant\alpha\leqslant30°$ 范围变化总是连续的,而在 $30°<\alpha\leqslant150°$ 范围变化 $u_d$ 波形出现断续。$U_d$ 值分别为:

当 $0°\leqslant\alpha\leqslant30°$ 时(如图 7-30a 所示)

$$U_d = \frac{3}{2\pi}\int_{\pi/6+\alpha}^{\pi/6+\alpha+2\pi/3}\sqrt{2}U_2\sin\omega t\,d(\omega t)$$
$$= \frac{3\sqrt{6}}{2\pi}U_2\cos\alpha = 1.17U_2\cos\alpha \tag{7-28}$$

当 $30°<\alpha\leqslant150°$ 时(如图 7-30b 所示)

$$U_d = \frac{3}{2\pi}\int_{\pi/6+\alpha}^{\pi}\sqrt{2}U_2\sin\omega t\,d(\omega t)$$
$$= 0.675U_2[1+\cos(\pi/6+\alpha)] \tag{7-29}$$

当 $u_d$ 波形断续时,一个周期里有三块相同波形,$\alpha$ 的起始点是过相电压波形原点 $30°$,这时可直接套用单相半波可控整流计算式(7-6)求 $U_d$。

$$U_d = 3\times0.45U_2\frac{1+\cos(\pi/6+\alpha)}{2}$$

由于 $i_d$ 波形与 $u_d$ 波形相似,仅差 $R_d$ 比例系数,故 $I_d$ 计算式为

$$I_d = U_d/R_d$$

b. 晶闸管平均电流 $I_{dT}$ 与承受的最大电压 $U_{TM}$:

$$I_{dT} = \frac{1}{3}I_d \qquad U_{TM} = \sqrt{6}U_2$$

2) 大电感负载  全控整流电路,大电感负载不接续流管与接续流管均能正常工作,现分别分析如下:

A. 不接续流管情况  电路及其波形如图 7-31 所示。当 $\alpha\leqslant30°$ 时,与电阻性负载一样,不过 $i_d$ 波形为平稳的一条直线。当 $\alpha>30°$(图中 $\alpha=60°$)时,$VT_1$ 管导通到 $\omega t_1$ 时,其阳极电源电压 $u_U$ 已过零开始变负,于是流过大电感的负载电流 $i_d$ 在减小,产生感应电动势,使 $VT_1$ 管阳极仍承受到正向电压维持着导通,直到 $\omega t_2$ 时刻,$u_{g3}$ 触发 $VT_3$ 导通,$VT_1$ 才承受反压被关断。所以,尽管 $\alpha>30°$,$u_d$ 波形出现有部分负压,但只要 $u_d$ 波形的平均值 $U_d$ 不等于零,电路均能正常工作,$i_d$ 波形仍可连续平稳,工程计算时,均视为一条直线。显然,当 $\alpha=90°$ 时,$u_d$ 波形正压部分与负压部分近似相等,输出电压平均值 $U_d$ 为零。所以,有效移相范围为 $\alpha=0\sim90°$。$u_T$ 波形与电阻性负载分析方法相同。电路各物理量计算式为

$$U_d = \frac{3}{2\pi}\int_{\pi/6+\alpha}^{5\pi/6+\alpha}\sqrt{2}U_2\sin\omega t\,d(\omega t) \qquad I_d = U_d/R_d$$
$$= 1.17U_2\cos\alpha$$

$$I_{dT} = \frac{1}{3}I_d \qquad I_T = \sqrt{\frac{1}{3}}I_d \qquad U_{TM} = \sqrt{6}U_2$$

B. 接续流管情况  为了扩大移相范围并使负载电流 $i_d$ 更平稳,可在大电感负载两端并接续流管 VD,电路及其波形如图 7-32 所示。当 $\alpha\leqslant30°$ 时,$u_d$ 波形与电阻性负载时的 $u_d$ 相同,且连续均为正压,续流管 VD 不起作用,各电量计算与不接续流管情况相同。当

α>30°时，续流管能在电源电压过零变负时刻及时导通续流，$u_d$ 波形不出现负压，但已出现断续，$u_d$ 波形与移相范围均同电阻性负载，而负载电流 $i_d$ 波形是更加平稳的直流电流。所以，电路各物理量计算式为

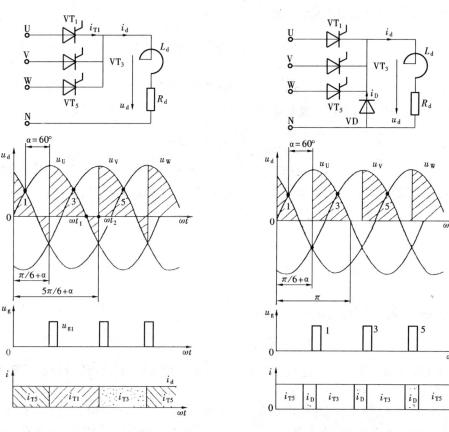

图 7-31 三相半波大电感负载不接续流管时的电路与波形

图 7-32 三相半波大电感负载接续流管时的电路与波形

$$U_d = \begin{cases} 1.17U_2\cos\alpha & \text{适用在} \quad \alpha \leqslant 30° \\ 0.675U_2[1 + \cos(\pi/6 + \alpha)] & \text{适用在} 30° \leqslant \alpha \leqslant 150° \end{cases}$$

$$I_d = U_d/R_d$$

$$I_{dT} = \begin{cases} \dfrac{1}{3}I_d & \text{适用在} \quad \alpha \leqslant 30° \\ \dfrac{150° - \alpha}{360°}I_d & \text{适用在} 30° \leqslant \alpha \leqslant 150° \end{cases}$$

$$I_T = \begin{cases} \sqrt{1/3}\,I_d & \text{适用在} \quad \alpha \leqslant 30° \\ \sqrt{\dfrac{150° - \alpha}{360°}}\,I_d & \text{适用在} 30° \leqslant \alpha \leqslant 150° \end{cases}$$

$$U_{TM} = \sqrt{6}\,U_2$$

$$I_{dD} = \dfrac{\alpha - 30°}{120°}I_d \quad \text{适用在} 30° \leqslant \alpha \leqslant 150°$$

$$I_D = \sqrt{\frac{\alpha - 30°}{120°}} I_d \quad \text{适用在 } 30° \leq \alpha \leq 150°$$

**【例 7-4】** 已知三相半波可控整流电路大电感负载，电感内阻为 2Ω，直接由 220V 交流电源供电，试求当 $\alpha = 60°$ 时，不接续流管与接续流管两种情况时的 $u_d$、$i_{T1}$、$u_{T1}$ 与 $i_D$ 波形，并计算晶闸管、续流管电流的平均值与有效值。

**【解】** 由于大电感负载 $i_d$ 视为平稳的直流，故其波形如图 7-33 所示。两种情况求解如下：

不接续流管时

$$U_d = 1.17 U_2 \cos\alpha$$
$$= (1.17 \times 220 \times \cos 60°)$$
$$= 128.7\text{V}$$
$$I_d = U_d / R_d = 128.7/2 = 64.4\text{A}$$
$$I_{dT} = \frac{1}{3} I_d = \frac{1}{3} \times 64.4 \approx 21\text{A}$$
$$I_{dD} = \frac{60° - 30°}{120°} \times 74.4 \approx 18.6\text{A}$$

接续流管时

$$U_d = 0.675 U_2 [1 + \cos(\pi/6 + \alpha)]$$
$$= 0.675 \times 220 [1 + \cos(30° + 60°)]$$
$$= 148.5\text{V}$$
$$I_d = U_d / R_d = 148.5/2 = 74.3\text{A}$$
$$I_{dD} = \frac{150° - 60°}{360°} \times 74.3 \approx 18.6\text{A}$$
$$I_D = \sqrt{\frac{60° - 30°}{120°}} \times 74.4 \approx 37\text{A}$$

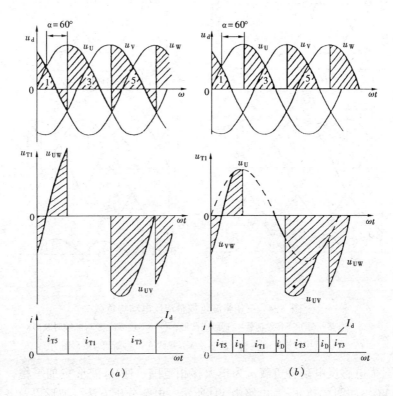

图 7-33 例 4 题求解波形
(a) 不接续流管时；(b) 接续流管时

3) 含有反电动势的大电感负载电路如图 7-34 (a) 所示，它与单相可控整流反电动势负载类似。为了能使电枢电流 $i_d$ 连续平稳，在电枢回路串入电感量足够的平波电抗器

$L_\mathrm{d}$，这样电路就成为含有反电动势的大电感负载。电路分析方法及波形与大电感负载相同，如图 7-34（b）所示。电路各电量计算式除 $I_\mathrm{d}$ 应按下式外，其余均相同。

$$I_\mathrm{d} = \frac{U_\mathrm{d} - E}{R_\mathrm{a}}$$

式中　$E$——电枢反电动势；
　　　$R_\mathrm{a}$——电枢电阻。

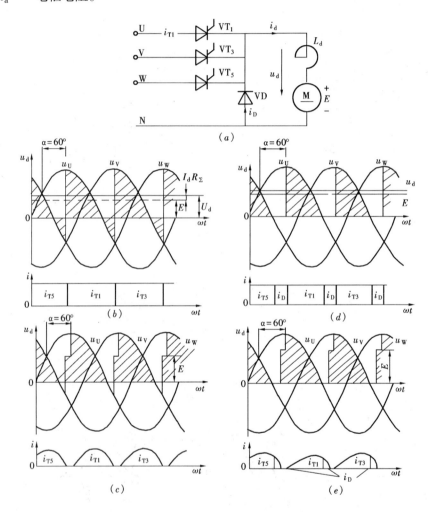

图 7-34　三相半波可控整流反电动势负载

(a) 电路；(b) 不接续流管 $i_\mathrm{d}$ 连续时波形；(c) 不接续流管 $i_\mathrm{d}$ 断续时波形；
(d) 接续流管 $i_\mathrm{d}$ 连续时波形；(e) 接续流管 $i_\mathrm{d}$ 断续时波形图

同样，对大电感反电动势负载，为扩大移相范围、使 $i_\mathrm{d}$ 波形更加平稳，可在输出端并联续流管 VD，如图 7-34（a）电路中 VD 所示。电路分析方法、波形以及各物理量计算式，与接续流管的三相半波大电感负载相同，波形如图 7-34（d）所示。

如果串入的平波电抗器 $L_\mathrm{d}$ 电感量不够，在电动机空载或轻载下，就有可能使 $i_\mathrm{d}$ 波形出现断续，如图 7-34（c）与图 7-34（e）所示。$u_\mathrm{d}$ 波形就出现带有反电动势阶梯的波形，

$u_d$ 值显然增大,电动机转速明显升高,使电动机机械特性变软,应尽量避免出现这种状况。

(3) 共阳极三相半波可控整流电路

三相半波可控整流电路除了上面介绍的共阴极接法外,另一种是将三只晶闸管的阳极连接在一起,而三个阴极分别接到三相交流电源,如图 7-35(a) 所示。这种接法就称为共阳极接法。由于三个阳极连接在一起同电位,故三个晶闸管阳极可固定在同一块大散热器上,散热效果好,安装方便。缺点是三块触发电路输出没有公用线,给调试和使用带来不便。

由于共阳极接法,三只晶闸管 $VT_2$、$VT_4$ 与 $VT_6$ 的阴极分别接在三相交流电源 $u_W$、$u_U$ 与 $u_V$ 上,因此只能在电源相电压负半周时工作。显然,共阳极接法的三只晶闸管 $VT_2$、$VT_4$ 与 $VT_6$ 的 α 零点(即自然换相点)应在电源相电压负半周相邻两相波形的交点处,分别是 2、4、6,如图 7-35(b) 所示。图中为 $α = 30°$ 时的波形,在 $ωt_1$ 时刻触发 W 相 $VT_2$ 导通,输出电压 $u_d = u_W$(为负半周波

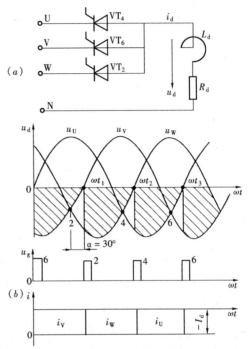

图 7-35 三相共阳极半波可控整流电路及波形

形),直到 $ωt_2$ 时刻触发 U 相 $VT_4$,由于 U 相电压更负,所以当 $VT_1$ 导通后,$VT_3$ 承受反压关断,输出电压 $u_d$ 等于 $u_W$ 换成 $u_U$ 波形,同理 $ωt_3$ 时刻 V 相 $VT_6$ 触发导通,$VT_4$ 承受反压关断。如此循环输出电压 $u_d$ 波形与共阴极接法相同,仅是输出整流电压极性变为上负下正(中线为正)恰好相反,所以大电感负载共阳极接法三相半波可控整流输出电压平均值为

$$U_d = -1.17 U_2 \cos α$$

式中负号表示与图中假定的 $U_d$ 正方向相反。其他各物理量与共阴极接法相同。

(4) 共用变压器共阴极共阳极三相半波可控整流电路的分析

三相半波可控整流电路只用三只晶闸管,与单相比较,具有输出电压脉动小、三相负载平衡、而且对于额定电压为 220V 的直流电动机负载可省去整流变压器,由 380V 三相四线制交流电网直接供电等优点。但不论是共阴极还是共阳极接法的三相半波电路,若各自单独使用,都存在弊病:如负载电流一定要流过中线才构成回路,势必影响其他负载正常工作;其次,变压器二次绕组每周最多只工作 1/3 周期,变压器利用率很低;另外,由于流过变压器二次电流是单方向的,故铁芯严重被直流磁化,易饱和影响利用率。

为了克服上述缺点,可利用共阴极与共阳极接法共用一台整流变压器,利用两组作用相反的特点,组成如图 7-36(a) 所示的共阴极共阳极三相半波可控整流电路。

如果两台直流电动机额定参数一样,两组要求调速所移的控制角 α 均相等,则两组

电压与电流波形如图 7-36（b）所示。显然，两组电路虽然各自独立工作，但由于两组流过公用中性线的负载电流方向相反，大小又相等，所以中线就不存在电流，两组互成回路。流过整流变压器 U 相绕组电流分别由共阴极组的 $i_{T1}$ 与共阳极组的 $i_{T4}$ 构成，两者大小相等而方向相反，这样，整流变压器就不存在直流磁化，且变压器利用率也提高了一倍。

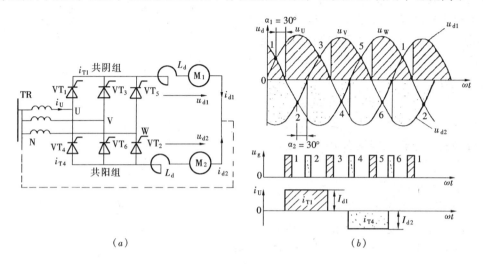

图 7-36　共用变压器共阴极共阳极三相半波可控整流电路与波形

### 2.3.2　三相全控桥可控整流电路

前节刚介绍的图 7-36（a）电路中共阴极与共阳极组当负载和控制角 α 完全相同时，两组负载平均电流 $I_{d1}$ 与 $I_{d2}$ 大小相等，方向相反，流过 N～N′连接的中线电流为零。因此将中线取消不影响工作，再将两个负载合并为一，就成为工业上广泛被采用的三相全控桥整流电路，如图 7-37 所示。所以三相全控桥整流电路实质上是由一组共阴极组与另一组共阳极组的三相半波可控整流电路相串联构成的，可用三相半波可控整流电路基本原理来分析。

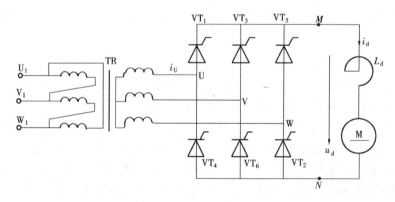

图 7-37　三相全控桥整流电路

（1）工作原理

图 7-38 所示，为三相全控桥整流电路在 α = 0°、直流电动机串平波电抗器负载时的电压电流波形。电路要求 6 块触发电路先后向各自所控制的 6 只晶闸管的门极在自然换相点

送出触发脉冲,即共阴极组在三相电源相电压正半波的 1、3、5 交点处向 VT$_1$、VT$_3$ 与 VT$_5$ 输出触发脉冲;而共阳极组在三相电源相电压负半波的 2、4、6 交点处向 VT$_2$、VT$_4$ 与 VT$_6$ 输出触发脉冲。共阴极组输出直流电压 $u_{d1}$ 为三相电源相电压正半波的包络线,共阳极组输出直流电压 $u_{d2}$ 为三相电源相电压负半波的包络线,如图 7-38(a)所示。三相全控桥整流电路输出整流电压 $u_d = u_{MN} = u_{d1} - u_{d2}$,为三相电源 6 个线电压正半波的包络线,如图 7-38(b)所示。各线电压正半波的交点 1~6 就是三相全控桥电路 6 只晶闸管 VT$_1$~VT$_6$ 的 $\alpha = 0°$ 的点,详细分析如下:

在 $\omega t_1 \sim \omega t_2$ 区间,U 相电压仍然最高,VT$_1$ 继续导通,W 相电压最低,在 VT$_2$ 管的 2 交点($\alpha = 0°$)时刻被触发导通,VT$_2$ 管的导通使 VT$_6$ 承受 $u_{WV}$ 的反压关断。这区间负载电流仍然从电源 U 相流出经 VT$_1$、负载回到电源 W 相,于是这区间三相全控桥整流输出电压 $u_d$ 为

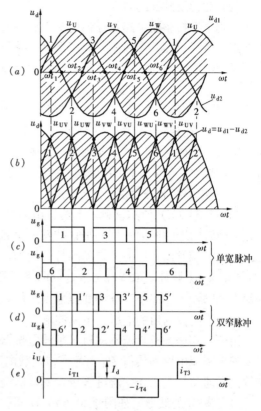

图 7-38 三相全控桥整流 $\alpha = 0°$ 的波形

$$u_d = u_U - u_W = u_{UW}$$

经过 60°,进入 $\omega t_3 \sim \omega t_4$ 区间,这时 V 相电压最高,在 VT$_3$ 管的 3 交点($\alpha = 0°$)处被触发导通。电流由 VT$_3$、负载、VT$_2$ 回到电源 W 相,于是这区间三相全控桥输出电压 $u_d$ 为

$$u_d = u_V - u_W = u_{VW}$$

其他区间,依此类推,电路中 6 只晶闸管导通的顺序及输出电压如图 7-39 所示。

由上述可见,三相全控桥输出电压 $u_d$ 是由三相电源 6 个线电压 $u_{UV}$、$u_{UW}$、$u_{VW}$、$u_{VU}$、$u_{WU}$ 和 $u_{WV}$ 的轮流输出所组成的。各线电压正半波的交点 1~6 分别为 VT$_1$~VT$_6$ 的 $\alpha = 0°$ 点。因此在分析三相全控桥整流电路不同 $\alpha$ 角的 $u_d$ 波形时,只要用线电压波形图直接分析画 $u_d$ 波形即可。

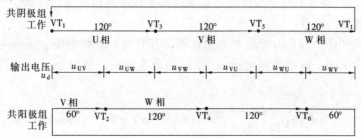

图 7-39 三相全控桥晶闸管导通顺序与输出电压

(2) 对触发脉冲的要求

三相全控桥整流电路在任何时刻都必须有两只晶闸管同时导通，而且其中一只是在共阴极组，另一只在共阳极组。为了保证电路能启动工作，或在电流断续后再次导通工作，必须对两组中应导通的两只晶闸管同时加触发脉冲，为此可采用以下两种触发方式：

1) 采用单宽脉冲触发：

如图 7-38（a）所示，使每一个触发脉冲的宽度大于 60°而小于 120°（一般取 80°~90°为宜），这样在相隔 60°要触发换相时，当后一个触发脉冲出现时刻，前一个脉冲还未消失，因此均能同时触发该导通的两只晶闸管。例如，在送出 $u_{g3}$ 触发 $VT_3$ 的同时由于 $u_{g2}$ 还未消失，故 $VT_3$ 与 $VT_2$ 便同时被触发导通，整流输出电压 $u_d$ 为 $u_{VW}$。

2) 采用双窄脉冲触发：

如图 7-38（d）所示，触发电路送出的是窄的矩形脉冲（宽度一般为 20°）。在送出某一组晶闸管的同时向前一相晶闸管补发一个触发脉冲（称为辅助脉冲，简称辅脉冲），因此均能同时触发该导通的两只晶闸管。例如，在送出 $u_{g3}$ 触发 $VT_3$ 的同时，触发电路也向 $VT_2$ 送出 $u'_{g2}$ 辅脉冲，故 $VT_3$ 与 $VT_2$ 同时被触发导通，输出电压 $u_d$ 为 $u_{VW}$。由于双窄脉冲的触发电路输出功率小，脉冲变压器铁芯体积较小，所以这种触发方式被广泛采用。

(3) 不同控制角的电压、电流波形

由于三相全控桥直流电动机带平波电抗器负载属于内含反电动势的大电感性质，所以只要输出整流电压平均值 $U_d$ 不为零，负载电流 $i_d$ 波形均认为是一条平稳的直流，每只晶闸管的导通角均为 120°，流过管子、变压器绕组的电流波形均为矩形。

1) $\alpha = 60°$的波形　如图 7-40（a）所示，在电源电压 $u_{WV}$ 与 $u_{UV}$ 相交点 1（该点为自然换相点，也就是 $VT_1$ 管 $\alpha$ 角起算点），过该点 60°往右，触发电路同时向 $VT_1$ 和 $VT_6$ 送出 $u_{g1}$ 与 $u'_{g6}$ 双窄触发脉冲，于是 $VT_1$ 和 $VT_6$ 同时被触发导通，输出电压 $u_d$ 为 $u_{UV}$。经过 60°，$u_{UV}$ 波形已降到零，但此时触发电路又同时送出 $u_{g2}$ 与 $u'_{g1}$，于是 $VT_1$ 与 $VT_2$ 同时被触发导通。$VT_2$ 的导通，使 $VT_6$ 承受反压而关断。输出电压 $u_d$ 改为 $u_{UW}$，负载电流从 $VT_6$ 换到 $VT_2$，其余各段依次类推分析，得到 $u_d$ 波形如图 7-40（a）所示的一周有 6 个相同形状、不同线电压组成的波形。晶闸管阳极一周承受的电压波形，与三相半波分析的方法相同，即管子本身导通期间 $u_T = 0$；同组相邻管子导通时，它将承受相应线电压波形的某一段，如图 7-40（a）中 $u_{T1}$ 所示。负载电流是一条平稳直流，$i_T$ 与 $i_U$ 波形均为矩形。

2) $\alpha > 60°$的波形　$\alpha > 60°$，$u_d$ 波形出现了负波形，但只要输出电压平均值 $U_d$ 不降为零，在大电感作用下，其 $i_d$ 波形仍然是一条平稳的直流，每只晶闸管导通角总是能维持 120°，当 $\alpha \geqslant 90°$时，出现了 $u_d$ 波形正负波形相等，以致输出电压平均值 $U_d = 0$，如图 7-40（b）所示。所以，三相全控桥大电感负载移相控制角范围为 0°~90°。

(4) 各物理量的计算

1) 直流平均电压 $U_d$　由于是大电感负载，在 $0° \leqslant \alpha \leqslant 90°$范围，负载电流是连续的，晶闸管导通均为 120°，输出整流电压 $u_d$ 波形均是连续的，所以 $u_d$ 波形的直流平均电压 $U_d$ 为

$$U_d = \frac{6}{2\pi}\int_{\pi/3+\alpha}^{2\pi/3+\alpha} \sqrt{6}U_2\sin\omega t\,d(\omega t) = \frac{3\sqrt{6}}{\pi}U_2\cos\alpha$$

$$\approx 2.34U_2\cos\alpha$$

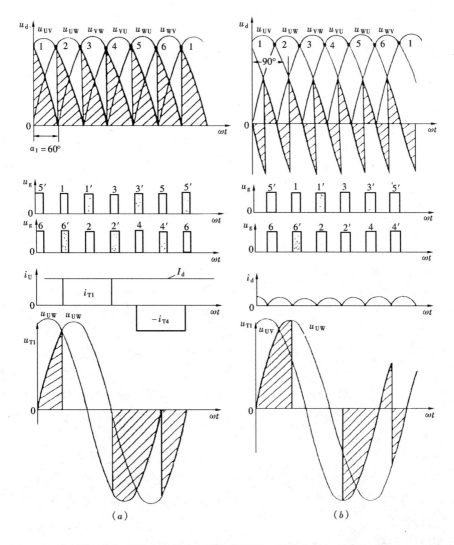

图 7-40 三相全控桥大电感负载不同 α 时的电压与电流波形
（a）α=60°波形；（b）α=90°波形

式中　$U_2$——电源相电压有效值。

2）直流平均电流 $I_d$　由于负载是属于含有反电动势 $E$ 的大电感，所以 $I_2$ 为

$$I_2 = \sqrt{\frac{2}{3}} I_d = 0.817 I_d$$

3）晶闸管电流平均值 $I_{dT}$、有效值 $I_T$ 和承受的最大电压 $U_{TM}$。

$$I_{dT} = \frac{1}{3} I_d \qquad I_T = 0.577 I_d \qquad U_{TM} = \sqrt{6} U_2$$

综上所述，三相全控桥整流输出电压脉动小，脉动频率高，基波频率为 300Hz，所以串入的平波电抗器电感量较小。在负载要求相同的直流电压下，晶闸管承受的最大电压，比采用三相半波可控整流电路要减小一半，且无需中线，谐波电流也小。所以，广泛应用于大功率直流电动机调速系统。为了省去整流变压器，可以选用额定电压为 440V 的直流电动机。

### 2.3.3 三相半控桥可控整流电路

将三相全控桥整流电路中共阳极组的 3 只晶闸管换成 3 个二极管，就组成如图 7-41（a）所示的三相半控桥整流电路。电路特点与单相半控桥电路相似。共阳极接法的 3 个二极管，只要电路通上电源，任何时候总有 1 个二极管的阴极电位最低而处在"通态"，如图 7-41（b）所示。在三相电源线电压的正半波交点 2、4、6 就是 $VD_2$、$VD_4$、$VD_6$ 的导通与截止的自然换相点。例如，在 2～4 区间，由于电源 $u_W$ 相电压最负，所以 $VD_2$ 处在通态。4～6 区间，电源 $u_U$ 相电压最负，$VD_4$ 处在通态。6～2 区间，电源 $u_V$ 相电压最负，$VD_6$ 处在通态。可见 2 交点既是 $VD_2$ 的自然导通点，也是 $VD_6$ 关断点。同理，4 交点既是 $VD_4$ 的自然导通点，也是 $VD_2$ 关断点；6 交点既是 $VD_6$ 的自然导通点，也是 $VD_4$ 关断点。虽然共阳极组的 3 个二极管不断轮流处在通态 120°，但因共阴极组的 3 个晶闸管未触发，都处在阻断状态，所以电路不会有整流电压输出。

可见，三相半控桥和单相半控桥整流电路的工作原理与分析方法相似，下面分别对电阻性负载和大电感负载的工作原理、波形及各物

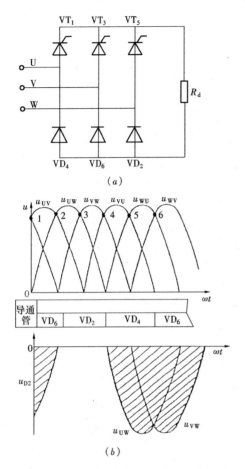

图 7-41 三相半控桥电路 3 个二极管工作情况
（a）电路；（b）二极管波形

理量计算进行分析。

(1) 电阻性负载

图 7-42 为 $\alpha = 30°$ 的波形。经过 $VT_1$ 管 $\alpha$ 角起算点 1 往右 30°的 $\omega t_1$ 时刻，$u_{g1}$ 触发 $VT_1$ 导通，在这区间 $VD_6$ 已处在通态，于是电源电压 $u_{UV}$，经 $VT_1$ 与 $VD_6$ 加到负载电阻 $R_d$ 两端，输出整流电压 $u_d = u_{UV}$，当 $\omega t = \omega t_2$ 时刻（即 2 交点），二极管 $VD_6$ 关断，$VD_2$ 导通，晶闸管 $VT_1$ 仍然导通，于是输出电压 $u_d$ 从 $u_{UV}$ 自然换成 $u_{UW}$ 波形。到了 $\omega t_3$ 时刻，虽然 $VT_3$ 已承受正向电压，但触发脉冲 $u_{g3}$ 送出时间还未到无法导通，$VT_1$ 就继续导通到 $\omega t_4$ 时刻，触发电路送出，$u_d$ 波形由 $u_{UW}$ 上跳到 $u_{VW}$ 波形。依次类推，3 个晶闸管与 3 个二极管分别轮流导通，负载得到的整流电压 $u_d$ 波形为 3 块相似的波形，如

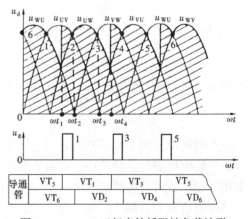

图 7-42 $\alpha = 30°$ 三相半控桥阻性负载波形

图 7-42 所示。

可见 $0°\leqslant\alpha\leqslant 60°$ 移相范围，$u_d$ 波形总是连续的，每个管子导通角均为 $120°$。$u_T$ 波形分析方法与大电感不接续流管三相半波可控整流电路相同。这移相区间输出整流电压平均值 $U_d$ 可按图 7-43 积分取样求得。

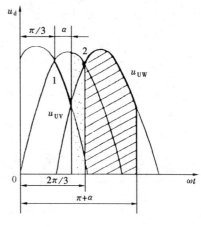

图 7-43 $0°\leqslant\alpha\leqslant 60°$ 区间求 $U_d$ 的积分取样波形

$$U_d = \frac{3}{2\pi}\int_{\pi/3+\alpha}^{2\pi/3}\sqrt{6}U_2\sin\omega t\,\mathrm{d}(\omega t)$$
$$+ \frac{3}{2\pi}\int_{2\pi/3}^{\pi+\alpha}\sqrt{6}U_2\sin(\omega t - \pi/3)\,\mathrm{d}(\omega t)$$
$$= \frac{3\sqrt{6}}{2\pi}U_2(1+\cos\alpha) = 2.34U_2\frac{1+\cos\alpha}{2} \quad (7-30)$$

$60°\leqslant\alpha\leqslant 90°$ 移相区间的 $u_d$ 波形（例如 $\alpha = 90°$ 的 $u_d$ 波形）如图 7-44 所示。在 $VT_1$ 的 $\alpha$ 起算点的交点 1 往右 $90°$ 即 $\omega t_1$ 时刻，$u_{g1}$ 触发 $VT_1$ 导通，与已处在通态的 $VD_2$ 配合，输出电压 $u_d$ 为 $u_{UW}$ 波形。当 $\omega t = \omega t_1$ 时刻，由于 $u_{UW} = 0$，$i_{T1} = 0$，$VT_1$ 自然关断，$u_d = 0$。在 $\omega t_2 \sim \omega t_3$ 区间虽然 $VD_4$ 已处在通态，$VT_3$ 也承受正向电压，但因触发脉冲 $u_{g3}$ 尚未送出，$VT_3$ 仍在正向阻断状态，故电路无输出，$u_d$ 波形出现了断续。等待到 $\omega t_3$ 时刻，$VT_3$ 管才被 $u_{g3}$ 触发导通，$u_d$ 波形从零上跳到 $u_{VU}$ 波形。依此类推，输出电压 $u_d$ 波形为一组断续波形，其平均值为

$$U_d = \frac{3}{2\pi}\int_\alpha^\pi\sqrt{6}U_2\sin\omega t\,\mathrm{d}(\omega t) = 2.34U_2\frac{1+\cos\alpha}{2}$$

在 $u_d$ 波形断续情况下，$u_T$ 波形的分析方法与单相半控桥相似。例如，$\alpha = 90°$，$u_{T1}$ 波形：在 $\omega t_1 \sim \omega t_2$ 区间，$VT_1$ 本身导通，$u_{T1}\approx 0$；在 $\omega t_2 \sim \omega t_3$ 区间，由于 3 个晶闸管均关断，又是与 $VT_1$ 接在同一相电源的 $VD_2$ 处在通态，所以 $VT_1$ 阳极阴极同电位，$u_{T1} = 0$，接着，$\omega t_3 \sim \omega t_4$ 区间，由于 $VT_3$ 触发导通，$VT_1$ 就承受到 $u_{UV}$ 线电压，所以 $u_{T1} = u_{UV}$。同理，当 $VT_5$ 导通时，$u_{T1} = u_{UW}$。3 个晶闸管都关断，如果遇到的是不同相的二极管导通，$u_T$ 就承受相应线电压的波形，如 $VD_6$ 处在通态，$u_{T1} = u_{UV}$ 波形，$VD_2$ 处在通态，$u_{T1} = u_{UW}$ 波形，如图 7-44 中 $u_{T1}$ 波形所示。可见三相半控桥晶闸管与二极管承受到的最大电压均为 $\sqrt{6}U_2$。

（2）大电感负载

电路波形如图 7-45 所示，若不接续流管，将与单相半控桥相似，电路会出现失控。例如，正当 $VT_3$ 导通时，突然切断触发电路或将移相角 $\alpha$ 很快调到 $180°$ 位置，由于共阳极组 3 个二极管轮流导通各 $120°$，这样正在导通的 $VT_3$ 与 $VD_2$ 或 $VD_4$ 配合，处在整流状态，输出电压为 $u_{VW}$ 或 $u_{VU}$ 波形。$VT_3$ 与 $VT_6$ 配合，就构成内部续流。如此循环，负载两端的电压 $u_d$ 波形如图 7-45（b）所示。失控时输出电压平均值 $U_d$ 为

$$U_d = 2\times 0.45\sqrt{3}U_2\frac{1+\cos 60°}{2} = 1.17U_2$$

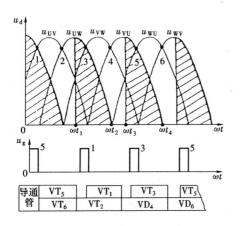
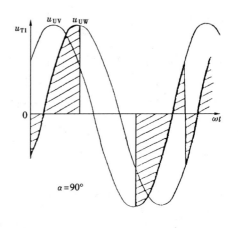

图 7-44 α=90°三相半控桥阻性负载波形

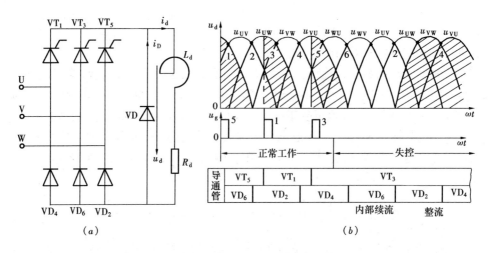

图 7-45 三相半控桥大电感负载
(a) 电路；(b) 正常及失控的 $u_d$ 波形

可见出现失控后，输出电压平均值大，而且 $VT_3$ 又一直处在导通连续工作，可能引起管子过电流而损坏。所以三相半控桥大电感负载必须接续流管，以防止出现失控。

接续流管的三相半控桥大电感负载，输出电压 $u_d$ 波形，$u_T$ 波形与阻性负载完全相同，$U_d$ 计算式也相同。所不同的是，由于大电感负载，$i_d$ 波形是一条平稳的直流，$i_T$ 与 $i_D$ 波形均为方波，所以电路各物理量计算如下：

1) 输出电压平均值 $U_d$：

$$U_d = 2.34 U_2 \frac{1+\cos\alpha}{2}$$

2) 负载电流 $I_d$：

A. 大电感负载：

$$I_d = U_d / R_d$$

B. 含反电动势的大电感负载：

$$I_\mathrm{d} = \frac{U_\mathrm{d} - E}{R_\mathrm{a}}$$

3）晶闸管与续流管的电流平均值与有效值：

A. $0° \leqslant \alpha \leqslant 60°$

$$I_\mathrm{dT} = \frac{1}{3} I_\mathrm{d} \qquad I_\mathrm{T} = \sqrt{1/3}\, I_\mathrm{d}$$

B. $60° \leqslant \alpha \leqslant 180°$

$$I_\mathrm{dT} = \frac{\pi - \alpha}{2\pi} I_\mathrm{d} \qquad I_\mathrm{T} = \sqrt{\frac{\pi - \alpha}{2\pi}}\, I_\mathrm{d}$$

$$I_\mathrm{dD} = \frac{\pi - 60°}{120°} I_\mathrm{d} \qquad I_\mathrm{D} = \sqrt{\frac{\alpha - 60°}{120°}}\, I_\mathrm{d}$$

此外，晶闸管与续流管承受到的最大电压均为 $\sqrt{6}\, U_2$。

#### 2.3.4 三相半控桥与三相全控桥整流电路的比较

（1）电路结构和触发方式不同

半控桥只有共阴极组是晶闸管，触发电路只需给共阴极组 3 个晶闸管送出相隔 120°的单窄触发脉冲，而全控桥要向 6 个晶闸管送出相隔 60°的双窄触发脉冲。半控桥电路较简单，投资省。

（2）输出电压的脉动、平波电抗器的电感量不同

在移相控制角 $\alpha$ 较大时，半控桥输出电压脉动较大，脉动频率也低（为 150Hz）。全控桥脉动小，脉动频率也高（为 300Hz）。半控桥要求的平波电抗器电感量较大。

（3）控制滞后时间及用途不同

半控桥触发脉冲间隔在 120°（为 6.6ms），全控桥触发脉冲间隔仅 60°（为 3.3ms），全控桥动态响应快，系统调整及时。全控桥电路又可以实现有源逆变（在第五章中介绍），因此三相全控桥广泛应用在大功率直流电动机可逆或不可逆调速系统，以及对整流各项指标要求较高的整流装置。三相半控桥一般只能用在直流电动机不可逆调速系统，以及一般要求的调流装置中。

## 实验　晶闸管的简易测试及其导通、关断条件

### 一、实验目的

1. 观察晶闸管的结构，掌握测试晶闸管的正确方法。
2. 研究晶闸管导通条件。
3. 研究晶闸管关断条件。

### 二、实验电路

如图 7-46、图 7-47 和图 7-48 所示。

### 三、实验设备

1. 直流电源 110V

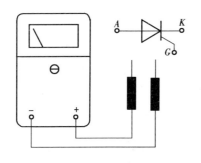

图 7-46　测试晶闸管

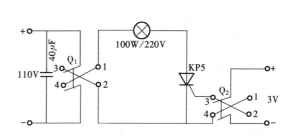

图 7-47　晶闸管导通条件实验电路

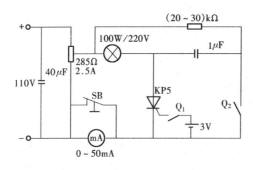

图 7-48　晶闸管关断条件实验电路

2．电容器 40μF/300V　　　　　　1 只
3．电容器 1μF/300V　　　　　　　1 只
4．灯泡 220V/100W　　　　　　　1 只
5．干电池 2×1.5V　　　　　　　　1 组
6．晶闸管 KP5-5（好、坏）　　　各 1 只
7．单刀开关　　　　　　　　　　2 只
8．双刀双抛开关　　　　　　　　2 只
9．常闭单按钮　　　　　　　　　1 只
10．电阻 20～30kΩ/5W　　　　　1 只
11．滑变电阻 285Ω/2.5A　　　　　1 只
12．万用表　　　　　　　　　　　1 块
13．直流电流表 0～50mA　　　　 1 块

### 四、实验内容及步骤

1．鉴别晶闸管的好坏

见图 7-46，用三用表 $R\times1k$ 的电阻挡测量两只晶闸管的阳极 $A$、阴极 $K$ 以及用 $R\times10$ 或 $R\times100$ 挡测量两只晶闸管的门极 $G$、阴极 $K$ 之间正反向电阻，并将所测数据填入下表，判断被测晶闸管的好坏。

| 被测晶闸管 | $R_{ak}$ | $R_{ka}$ | $R_{gk}$ | $R_{kg}$ | 结论 |
|---|---|---|---|---|---|
| $KP_1$ | | | | | |
| $KP_2$ | | | | | |

2．晶闸管的导通条件（按图 7-47 接线）

（1）当 110V 直流电源电压的正极加到晶闸管的阳极时（即双刀开关 $Q_1$ 右投），不接门极电压或接上反向电压（即双刀开关 $Q_2$ 右投）观察灯泡是否亮？当门极承受正向电压（即 $Q_2$ 左投）灯泡是否亮？

（2）当 110V 直流电源电压的负极加到晶闸管的阳极时，给门极加上负压或正压，观察灯是否亮？

（3）当灯泡亮时，切断门极电源（即 $Q_2$ 断开），灯是否继续亮。

（4）当灯泡亮时，给门极加上反向电压（即 $Q_2$ 右投），观察灯泡是否继续亮。

3．晶闸管关断条件的实验

按图实 7-48 接线，接通 110V 直流电源。

（1）合上开关 $Q_1$ 晶闸管导通，灯泡发亮。

（2）断开开关 $Q_1$，再合上开关 $Q_2$，灯泡熄灭。

（3）合上开关 $Q_1$，断开开关 $Q_2$，晶闸管导通灯亮。调节滑变电阻，使负载电源电压减小，这时灯泡慢慢地暗淡下来。在灯泡完全熄灭之前，揿下按钮 SB 让电流从毫安表通过，继续减小负载电源电压 $U_a$，使流过晶闸管的阳极电流逐渐地减少到某值（一般几十毫安），毫安表指针突然降到零，然后再调节滑变电阻使 $U_a$ 再升高，这时观察灯不再发亮，这说明晶闸管已完全关断，恢复阻断状态。毫安表从某值突然降到零，该值电流就是被测晶闸管的维持电流 $I_H$。

### 五、实验现象的分析

1. 用万用表测量晶闸管门极与阴极之间正向电阻时，有时会发现表的旋钮放在不同电阻档的位置，读出的 $R_{gk}$ 欧姆值相差很大。这是由于旋钮放在不同档位时，加到晶闸管 $J_3$ 结的正向电压数值就不同，而 $J_3$ 结相当于二极管，其正向电阻在外加电压数值不同所测阻值也不同，这是 $J_3$ 结的非线性电阻所致。所以用万用表测试晶闸管各极间的阻值时旋钮应放在同一挡测量。

2. 用万用表测试晶闸管门极与阴极正反向电阻。旋钮放在 $R \times 10k$ 档时发现有的管正反向电阻很接近，约为几百欧姆。出现这现象还不能判断被测管已损坏，还要留心观察，因正反向阻值虽然很接近，但只要正向电阻值比反向电阻值小一些，一般说被测管还是好的。

3. 在做晶闸管关断条件实验时，如果关断电容 $C$ 值取太小（如取 $0.1\mu F$）就会发现晶闸管难以关断，这是由于 $C$ 值太小，当 $Q_2$ 接通放电因其放电时间太快而小于晶闸管关断所需的时间，致使晶闸管难以关断。

### 六、实验说明及注意问题

1. 用万用表测试晶闸管极间电阻时，特别在测量门极与阴极间的电阻时，不要用 $R \times 10k$ 档以防损坏门极，一般应放在 $R \times 10$ 挡测量。

2. 在做关断实验时，一定要在灯泡快要熄灭通过灯泡的电流极小时，方准揿下常闭按钮 SB，否则将损坏表头。

### 七、实验报告提纲及要求

1. 根据实验记录判断被测晶闸管的好坏，写出简易判断的方法。
2. 根据实验内容写出晶闸管导通条件和关断条件。
3. 说明关断电容 $1\mu F$ 的作用以及电容值大小对晶闸管关断时间的影响。

## 思考题与习题

1. 晶闸管的正常导通条件是什么？导通后流过晶闸管的电流大小取决于什么？负载上电压平均值与什么因素有关系？晶闸管关断的条件是什么？如何实现？关断后阳极电压又取决于什么？

2. 图 7-49 中阴影部分表示流过晶闸管的电流波形，其最大值为 $I_m$，试求各波形电流平均值及电流有效值，并计算波形系数 $K_f$。

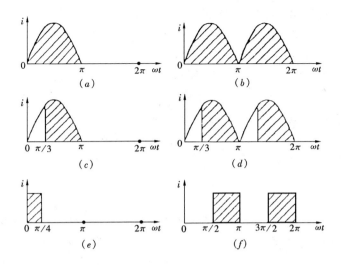

图 7-49 题 7-2 图

3. 在可控整流电路中，若负载是纯电阻，试问电阻上的电压平均值与电流平均值的乘积是否等于负载消耗的功率，为什么？

4. 某电阻负载要求 0～24V 直流电压，最大电流 $I_d$ = 30A，如使用 220V 交流直接供电与用整流降压变压器 $U_2$ = 60V 供电，都采用单相半波可控整流电路，是否都能满足负载要求？试比较两种供电方案的晶闸管导通角、额定电压、额定电流、电源与变压器二次侧的功率因数以及对电源容量的要求。

5. 试画出单相半波可控整流电路，$\alpha$ = 60°时如下三种情况 $u_d$、$i_T$ 和 $u_T$ 波形。

(1) 电阻性负载；

(2) 大电感负载不接续流管；

(3) 大电感负载接续流管。

6. 输出端接一个晶闸管的单相半控桥电路，如图 7-50 所示，试画出 $\alpha$ = 60°时，$u_d$、$i_T$、$i_D$、$u_T$ 波形，如果 $u_2$ = 220V，大电感内阻为 5Ω。计算并选择晶闸管与二极管的型号。

7. 两个晶闸管串联式单相半控桥整流电路，如图 7-51 所示，负载为大电感，其内阻为 5Ω，电源电压 220V。试画出 $\alpha$ = 60°时的 $u_d$、$i_T$、$i_D$ 波形，并计算 $U_d$、$I_{dT}$、$I_d$、$I_{dD}$ 及 $I_D$ 值。

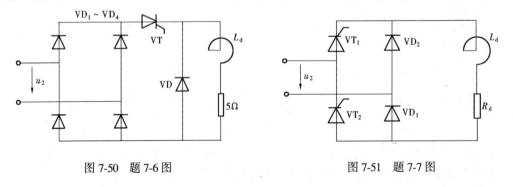

图 7-50 题 7-6 图　　　　　　图 7-51 题 7-7 图

8. 对三相半波可控整流电阻性负载的电路，如果触发脉冲出现在自然换相点以前 15°处，试画出触发脉冲宽度分别为 10°和 20°时，输出电压 $u_d$ 的波形，并判断电路是否正常工作。

9. 对三相半波可控整流电阻性负载电路，如果只用一块触发电路送出触发脉冲，同时触发三个晶闸管，触发脉冲间隔为120°，试解答输出电压 $u_d$ 是否连续可调？正常移相范围是多少？

10. 三相半波大电感负载可控整流电路（不接续流管），电感内阻为10Ω，$U_2 = 220\text{V}$。求 $\alpha = 45°$ 时，$U_d$、$I_{dT}$、$I_T$ 值，并画出 $u_d$、$i_{T3}$ 和 $u_{T3}$ 波形。

11. 三相全控桥整流电路大电感负载，已知：$U_2 = 120\text{V}$，电感内阻10Ω。求 $\alpha = 45°$ 时，$U_d$、$I_d$、$I_{dT}$ 和 $I_T$ 的值，并画出 $u_d$、$i_{T1}$、$u_{T1}$ 的波形。

12. 三相半控桥整流电路大电感负载方式，负载两端并接续流管。已知：$U_2 = 100\text{V}$、电感内阻10Ω。求 $\alpha = 120°$ 时的 $U_d$、$I_{dT}$、$I_T$、$I_{dD}$ 及 $I_D$ 值，并画出 $u_d$、$i_{T1}$、$u_{T3}$ 的波形。

# 参 考 文 献

1. 朱克主编．建筑电工．北京：中国建筑工业出版社，2003
2. 颜伟中主编．建筑电工技术．北京：高等教育出版社，1998
3. 步丰盛主编．低压电工实用技术问答．北京：机械工业出版社，2002
4. 薛文主编．电子技术基础（模拟部分）．北京：高等教育出版社，2001
5. 刘春泽主编．电子技术．北京：中国建筑工业出版社，2005
6. 莫正康主编．半导体变流技术．北京：机械工业出版社，2004
7. 韩永学主编．建筑电气施工技术．北京：中国建筑工业出版社，2004
8. 谢忠钧主编．电气安装实际操作．北京：中国建筑工业出版社，2000